"创新设计思维"
数字媒体与艺术设计类新形态丛书

全|彩|微|课|版

Premiere Pro CC 新媒体视频编辑案例教程

互联网 + 数字艺术教育研究院 策划
张宝龙 编著

人民邮电出版社
北京

图书在版编目（CIP）数据

Premiere Pro CC新媒体视频编辑案例教程 : 全彩微课版 / 张宝龙编著. -- 北京 : 人民邮电出版社, 2023.8

（“创新设计思维”数字媒体与艺术设计类新形态丛书）

ISBN 978-7-115-61841-2

Ⅰ. ①P… Ⅱ. ①张… Ⅲ. ①视频编辑软件－高等学校－教材 Ⅳ. ①TN94

中国国家版本馆CIP数据核字(2023)第091858号

内 容 提 要

本书全面、系统地介绍了 Premiere Pro CC 的基本操作方法及视频制作技巧，内容包括视频基础知识、Premiere Pro CC 视频制作流程、如何高效使用 Premiere Pro CC、时间轴和序列的使用、基本编辑技巧、音频编辑技巧、视频过渡效果、字幕与图形、高级编辑技术、视频效果和关键帧动画、画面叠加技术、色彩校正、导出媒体文件及综合案例制作等。

本书作者具有丰富的高校教学经验和行业实践经验，将积累多年的经验融入本书，并结合典型的案例阐述复杂的技术和方法。本书既可作为高等院校数字媒体艺术、计算机等相关专业及广告学、广播电视编导等新闻传播类相关专业的教材，也可作为视频制作爱好者的自学参考书。

◆ 编　　著　张宝龙
　责任编辑　许金霞
　责任印制　王　郁　陈　犇

◆ 人民邮电出版社出版发行　　北京市丰台区成寿寺路 11 号
　邮编　100164　　电子邮件　315@ptpress.com.cn
　网址　https://www.ptpress.com.cn
　固安县铭成印刷有限公司印刷

◆ 开本：787×1092　1/16
　印张：14.5　　　　2023 年 8 月第 1 版
　字数：433 千字　　2024 年 10 月河北第 3 次印刷

定价：79.80 元

读者服务热线：(010) 81055256　印装质量热线：(010) 81055316
反盗版热线：(010) 81055315
广告经营许可证：京东市监广登字 20170147 号

前言

本书特色

Premiere Pro CC是Adobe公司推出的视频后期编辑软件，广泛应用于影视剪辑、广告设计、动画制作等领域。随着互联网的发展，视频成为一种重要的表达方式，在新媒体领域也得到了快速发展，并创作着更大的商业价值。使用Premiere Pro CC制作视频已成为大多数传媒工作者、自媒体人士必备的技能之一。

本书将软件操作技巧融入案例制作过程，力求通过理论讲解和案例训练，使读者快速掌握软件的使用技巧。在本书的编写过程中，作者融入了其多年的教学与实践经验，全面介绍了新媒体视频编辑的基础知识，结合案例详细介绍了使用Premiere Pro CC制作新媒体视频的方法和技巧。本书在每章最后（除第1章和最后一章外）设置了练习，同时适当添加了能够拓宽读者知识面的“扩展阅读”板块，以夯实读者的基础能力。在最后一章中精心设计了几个精彩的综合案例，力求通过这些案例的制作，整合前面的知识点并将它们运用于实践中，提高读者的艺术设计水平和视频创意制作能力。

本书的目的是帮助读者进入视频制作的世界，并实现从新手到专业大师的转变。

说明

- 前期知识和技术基础

视频制作是以静态图像为基础的，包括对图片素材的基本处理，所以学习关于图像处理的知识和掌握基本的图像软件操作技巧，对视频制作有很大的帮助。

- macOS 还是 Windows

不同系统中的Premiere Pro CC软件的核心功能和使用方法是相同的，需要区分的是相应的键盘按键，如Command (⌘)对应Ctrl控制键、Option（⌥）对应Alt换挡键、Shift（⇧）对应Shift上挡键，其他按键大同小异。

教学资源

本书提供了丰富的教学资源，读者可登录人邮教育社区（www.ryjiaoyu.com），在本书页面中下载。

微课视频：本书所有案例配套微课视频，扫描书中二维码即可观看。

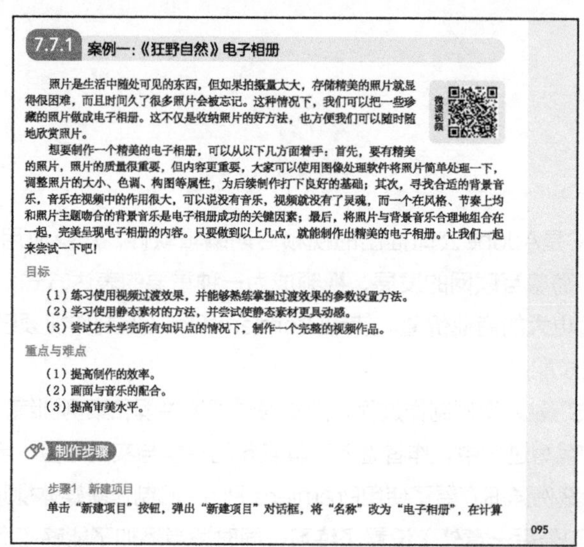

7.7.1 案例一：《狂野自然》电子相册

微课视频

照片是生活中随处可见的东西，但如果拍摄量太大，存储精美的照片就显得很困难，而且时间久了很多照片会被忘记。这种情况下，我们可以把一些珍藏的照片做成电子相册。这不仅是收纳照片的好方法，也方便我们可以随时随地欣赏照片。

想要制作一个精美的电子相册，可以从以下几方面着手：首先，要有精美的照片，照片的质量很重要，但内容更重要，大家可以使用图像处理软件将照片简单处理一下，调整照片的大小、色调、构图等属性，为后续制作打下良好的基础；其次，寻找合适的背景音乐，音乐在视频中的作用很大，可以说没有音乐，视频就没有了灵魂，而一个在风格、节奏上均和照片主题吻合的背景音乐是电子相册成功的关键因素；最后，将照片与背景音乐合理地组合在一起，完美呈现电子相册的内容。只要做到以上几点，就能制作出精美的电子相册。让我们一起来尝试一下吧！

目标

（1）练习使用视频过渡效果，并能够熟练掌握过渡效果的参数设置方法。
（2）学习使用静态素材的方法，并尝试使静态素材更具动感。
（3）尝试在未学完所有知识点的情况下，制作一个完整的视频作品。

重点与难点

（1）提高制作的效率。
（2）画面与音乐的配合。
（3）提高审美水平。

制作步骤

步骤1 新建项目

单击“新建项目”按钮，弹出“新建项目”对话框，将“名称”改为“电子相册”，在计算

095

素材和效果文件：本书提供了所有案例需要的素材和效果文件，素材和效果文件均以案例名称命名。

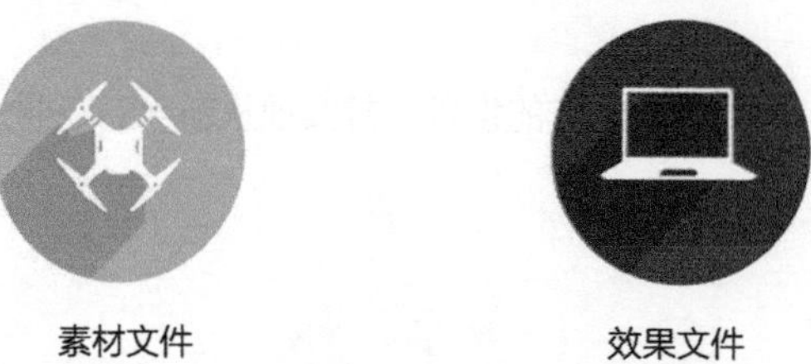

素材文件　　效果文件

教学辅助文件：本书提供PPT课件、教学大纲、教学教案、拓展案例库、拓展素材资源等。

PPT 课件　　教学大纲　　教学教案　　拓展案例库　　拓展素材资源

作者

2023年8月

目录

第1章 视频制作的前期准备——视频基础知识

第2章 如何快速上手视频制作——Premiere Pro CC 视频制作流程

第3章

工欲善其事，必先利其器——如何高效使用Premiere Pro CC

第4章

Premiere Pro CC实操——时间轴和序列的使用

第5章

Premiere Pro CC核心功能——基本编辑技巧

第6章 制作美妙的旋律——音频编辑技巧

第7章 镜头间的流畅转换——视频过渡效果

第 8 章 视频的点缀——字幕与图形

第 9 章 高效的编辑方法——高级编辑技术

第10章 视效动画的制作基础——视频效果和关键帧动画

第11章 初级合成技巧——画面叠加技术

第12章 色调和氛围的营造——色彩校正

第13章 最后一步——导出媒体文件

第14章 千锤百炼造就高手——综合案例制作

第1章 视频制作的前期准备——视频基础知识

1.1 线性编辑与非线性编辑

1.1.1 线性编辑简介

线性编辑是一个传统的视频编辑概念，这种编辑方式以通过磁粉记录在磁带中的视频信号为编辑基础，是非数字化的编辑。线性编辑是在视频编辑过程中必须按照拍摄顺序寻找所需的视频画面，也必须按照拍摄顺序进行编辑的一种视频编辑方式。使用这种编辑方式制作作品时，通常是按照拍摄的顺序进行播放和编辑的。如果把一个镜头替换成另一个时间长度不同的镜头，那么这个被替换镜头之后的所有内容，都必须按照之前的顺序重新编辑一次。

线性编辑虽然有连续性好、制作成本低的特点，但是一套线性编辑设备的价格远高于具有同样功能的非线性编辑设备，而且它的视频线、音频线和控制线较多，容易出现故障，维修量较大，如图1.1所示。由于模拟信号经多次复制会导致声画质量大幅降低、素材不能随机存取、所需设备较多和安装调试过程复杂等，这种传统的编辑方式逐渐被淘汰，取而代之的是以数字化为基础的非线性编辑方式。

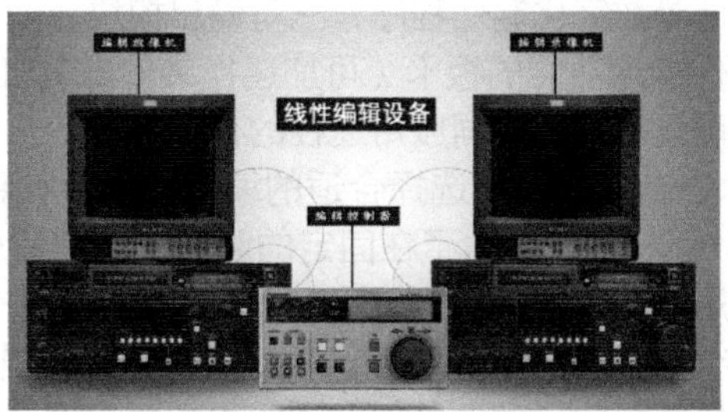

图1.1　线性编辑设备

1.1.2 非线性编辑简介

非线性编辑（Non-Linear Editing，NLE）是基于数字化的视频编辑方式，这种编辑方式主要应用在电视制作领域，多年前主要以磁带为介质来拍摄视频，所以用来剪辑视频的设备和理念都基于模拟视频的剪辑方式，这在很大程度上限制了视频制作的效率和创意实现。

由于数字化技术的发展，非线性编辑系统将传统的线性编辑系统中的各种外部设备，如编辑放像机、编辑录像机、遥控器、字幕机、特技台、时基校正器等融入一台个人计算机（CPC），这种高集成性，使得非线性编辑系统的优势更为明显。而且这种基于数字化的非线性编辑方式的应用，使得视频制作的效率得到大幅度提高，剪辑师再也不必花费大量的时间在磁带上寻找编辑位置，所有的素材都以数字化形式存储在计算机磁盘、手机或平板电脑的闪存中。

非线性编辑技术给初学者的印象一般只限于在非线性编辑软件中可以对影片素材进行任意调度裁剪，这是线性编辑和非线性编辑的最大区别，也是非线性编辑的主要特征。可以将非线性编辑理解为一种数字化的视频编辑方式，它能实现对原素材任意部分的存取、修改和处理。而“非线性”在这里的含义是指不按拍摄和制作的先后顺序和时间的长短对素材进行任意编排和裁剪。

相较于传统的线性编辑，非线性编辑具有非常明显的优势。首先，非线性编辑的制作方式是以计算机为载体的数字化平台，可以确保其信号的质量，无论翻版重制多少次，质量都没有任何损失，省时省设备，且修改方便。其次，数字化图像的捕获和处理方式可以最大程度地保证图像的高精度，可以随意选择使用高清（High Definition，HD）、4K甚至8K超高清晰度的视频文件，也可以随意选择编/解码器，以适应网络时代的各种传播渠道。最后，非线性编辑技术与专业的应用程序配合使用，可以最大限度地帮助视频制作人员实现“天马行空”的创意，制作出美观大方的视觉效果。图1.2所示为一台线性编辑设备。

图1.2　苹果的非线性编辑系统

要明确的是，“非线性编辑”和“非线性编辑系统”是两个不同的概念。非线性编辑系统是一套由软件和硬件组成的系统。一般来说，一套完整的非线性编辑系统由以下3个模块组成：一是输入模块，一般包括视频采集卡、声卡、MIDI等外部输入设备和组成个人计算机的基础硬件部分；二是编辑模块，包括操作系统、非线性编辑（视频剪辑）软件、二维动画制作软件、三维动画制作软件和音频制作软件等数字化制作程序；三是输出模块，一般包括能输出视频到各种应用介质的硬件设备和带有硬件加速功能的板卡（可加速视频输出）、DVD刻录机、输出视频到磁带上的录像机、加密的数字硬盘等具有不同应用途径的存储介质。

通常情况下，根据影片的制作要求来选择合适的编辑方式。在新闻和记录类型的影片中，一般每个镜头的时间长度都短于5秒，且为了在固定的时间内增加信息量，镜头组接时很少加入过渡和特效，所以更适合选用硬切的方式组接镜头，并采用类似于线性编辑的思维方式。

在制作电视片头、广告片及专题片时，选用非线性编辑方式比较合适。因为，在电视片头和广告片中需要大量使用多层画面的运动、叠加、透明和画面的快、慢动作等效果，还要进行三维动画、颜色和字幕的特殊处理等。在专题片中，除了需要应用特殊效果以外，还需要大量使用时间长度长于5秒的镜头。这些要求用非线性编辑系统实现起来非常容易。

两种画面剪接方法中的一种称为硬切，也称为快切，即将两个相邻的镜头直接相接，中间不加转场，是无技巧的镜头组接方法，也是视频制作中最常用的画面切换方式。另一种方法是利用数字编辑软件，在两个镜头间加入变换效果，给观看者一种柔和的视觉变换感受，这种方法称为特技剪接，也可称为软切。最常用的切换方式是“淡入淡出”，即前一个画面由清晰逐渐变得透明，而后一个画面由透明逐渐变得清晰，以此完成画面的柔和切换。

1.2 视频基础知识

无论是让人激情澎湃的视效大片，还是清新的音乐短片；无论是用计算机制作的视频作品，还是用手机编辑的短视频，我们都非常熟悉。而我们在观看视频时不一定知道这些视频是否为我们所看到的绝对动态的视频画面。要学习视频制作的方法和技巧，应该先了解我们所使用的素材的本质和制作视频的属性、结构。只有了解了这些，才能在视频编辑过程中找到合适的操作方向，避免进入误区。

1.2.1 数字视频

视频是由一系列单幅图像组成的连续画面。一幅单独的图像称为一帧，每秒在屏幕上播放若干帧，就形成了我们看到的动态画面。

为什么连续出现的图像会给我们造成这样的感觉呢？这是由于人眼在观察对象时有一种被称为“视觉暂留”（Persistence of Vision）的现象，又称“余晖效应”。人眼在观看影像时，影像在视网膜上成像，影像消失后视网膜上的影像会停留0.1～0.4秒，当有连续动作的单幅图像不断出现、消失时，我们的眼睛看到的就是连续动作的影像，如图1.3所示。这种现象很早就应用到了视觉和影像领域，“走马灯”“西洋镜”“费纳奇镜”都利用了这种现象。

图1.3　视觉暂留现象（图片来自网络，版权属于原作者）

视频一般分为两类。一类为模拟视频，由连续的模拟信号组成。模拟视频主要通过光的漫反射呈现视觉画面，通过物体的振动传播声音，我们在影院中和老式电视机上看到的视频都属于这个类型。另一类是我们研究的重点——数字视频。数字视频是以数字方式记录的视频信号，一般通过数码产品捕捉现实世界的影像（模拟信号）并将其转换为计算机能够读取和处理的电信号（数字信号）；数字视频也可以由计算机程序直接制作和生成，如DV视频和数字电视。数字视频是由单幅图像组成的，而每一幅图像都由相应数量的像素组成，所以也可以认为数字视频的画面由像素组成。

提示　模数转换：将模拟信号通过模拟数字转换器（Analog to Digital Converter，ADC）转换为数字信号的过程，一般可以理解为使用摄像机、视频采集卡等设备将模拟信号转换为计算机可以处理的数字信号的过程。

1.2.2 像素及其宽高比

像素是位图的基本单位，每一个像素都是一个小方块，具有特定的位置并且记录图像中相应位置的亮度信息和色彩信息，如图1.4所示。单位面积内的像素数量越多，图像的画质也就越好，相应的文件也就越大。但是并不是所有情况下像素数量的多少都能决定画质的优劣，还要看成像装置画面中的“有效像素数”。如果图像是通过计算和像素插值方式得到的，那么图像并不能具有超过原始图像的清晰度，像素插值方式只增加了图像中的像素数量，图像的清晰度并无明显提升。

在视频的标清（Standard Definition，SD）时代，像素并非正方形，所以画面的宽高比（纵横比）为4：3时，如果像素宽高比不正确，视频画面就会被拉长或压扁。而高清时代中所有由数码产品生成的全高清数字视频的像素都是正方形的，也就是说，像素的宽高比是1：1，如图1.5所示。

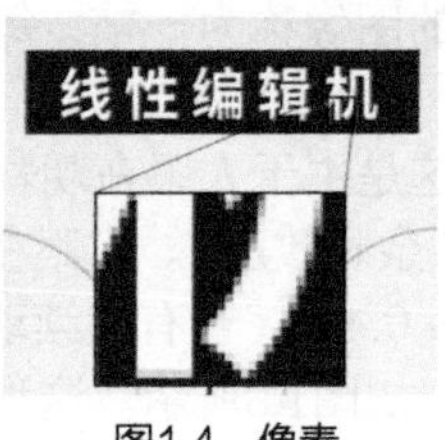

图1.4　像素

类 型	像素宽高比
正方形像素	1:1
D1/DV PAL	1.09:1
D1/DV PAL宽屏	1.46:1
D1/DV PAL	0.9:1
D1/DV PAL宽屏	1.21:1

图1.5　像素宽高比

1.2.3 帧速率

帧速率（Frame Rate）是指组成每秒视频的帧的数量，单位是帧/秒（fps）。较高的帧速率可以得到较高的画面流畅度，给人较好的视觉感受。但超过60帧/秒后，人眼对流畅度的变化不再敏感；如果低于10帧/秒，视频在视觉上就会出现比较严重的卡顿。不同的电视制式适用不同的帧速率，我国采用的电视制式为PAL，其帧速率是25帧/秒，如图1.6所示，详细内容可参考“1.2.6 电视制式”。

序号	类型	格式	水平像素数×垂直像素数	宽高比	扫描方式	帧速率（帧/秒）
1	标清(SD) DV PAL/SECAM	D1/DV-PAL	720px x 576px	4:3	隔行(下场优先)	25
2		D2/DV-PAL宽屏	720px x 576px	16:9	隔行(下场优先)	25
3	标清(SD) DV NTSC	D1/DV-NTSC	720px x 480px	4:3	隔行(下场优先)	30
4		D1/DV-NTSC宽屏	720px x 480px	16:9	隔行(下场优先)	30
5	高清(HDTV)	720P	1280px x 720px	16:9	逐行（无场）	24/25/30/50/60
6	全高清(Full HDTV)	1080P	1920px x 1080px	16:9	逐行（无场）	24/25/30/50/60
7	超高清（Ultra HDTV）	4K UHD	3840px × 2160px	16:9	逐行（无场）	30/50/60
8		8K UHD	7680px × 4320px	16:9	逐行（无场）	30/50/60

图1.6　常用视频标准

1.2.4 帧大小

帧大小（Frame Size）是指组成视频的单幅画面的尺寸，即画面水平和垂直方向上的像素数，数量越多，画面的清晰度越高，帧大小的基本单位是像素（px）。一般可以通过“水平像素数×垂直像素数”来表示，如标准为720P的视频尺寸可表达为1280 px×720 px，也就是画面的水平方向上有1280像素，而画面的垂直方向上有720像素。宽高比是指视频图像的宽度和高度的比例，传统的标清视频的宽高比是4：3；高清视频的宽高比是16：9，即宽屏画面，这种画面更符合人眼的结构和观察习惯。

1.2.5 扫描方式

扫描方式分为“隔行扫描”和“逐行扫描”两种。隔行扫描主要用于制作DV标清视频或电视台播出的视频，画面内物体运动过快或场类型选择错误会导致其边缘有较明显的锯齿感。

逐行扫描是指显示屏对显示图像进行扫描时，从屏幕左上角的第一行开始逐行进行扫描，整幅图像一次扫描完成。这样得到的画面闪烁小，质量高。现在的液晶显示器大都采用逐行扫描方式，如图1.7所示。

隔行扫描是一种非逐行的扫描方式，在成像时每幅画面都被分割成若干个水平线条，按照排列顺序给线条编号为1，2，3，4，5，6，7，8，9，10，…，n，将画面一分为二，由编号为奇数的行组成的一半画面称为“奇数场”（上场），由编号为偶数的行组合成另一半画面称为“偶数场”（下场），两者组成一幅完整的画面。隔行扫描又分为两种情况：第一种是先扫描奇数场，后扫描偶数场，再将扫描到的图像拼合成一幅画面，称为奇数场优先或上场优先；第二种是先扫描偶数场，后扫描奇数场，再将扫描到的图像拼合成一幅画面，称为偶数场优先或下场优先。

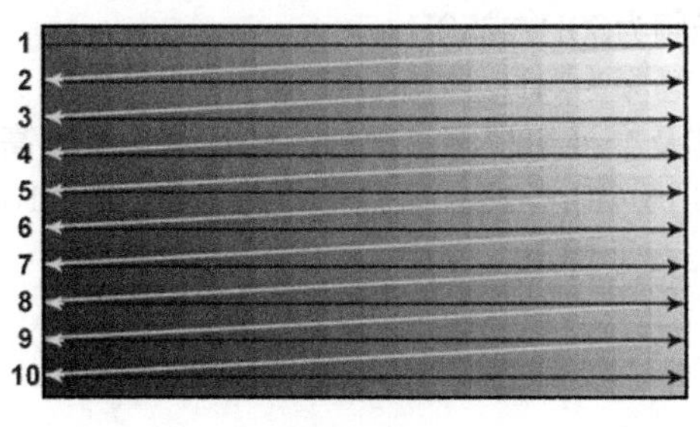

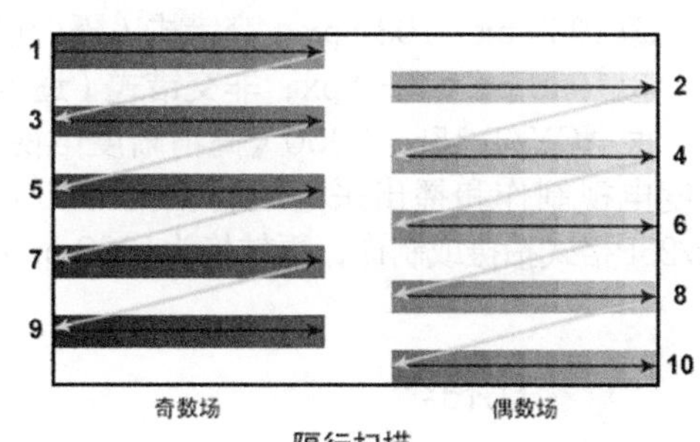

图1.7 逐行扫描和隔行扫描

1.2.6 电视制式

我们制作的视频需要符合电视台的播出标准才能在电视机上播放，世界上各个国家和地区的电视视频标准不尽相同，这种标准就是我们所说的电视制式。世界上广泛使用的电视制式主要有PAL、NTSC、SECAM这3种，各种电视制式的区别主要体现在分辨率、帧速率和扫描方式上。

1. PAL制式（1967年）

PAL（Phase Alteration Line），又称帕尔制，意为逐行倒相扫描。PAL制式主要应用于中国、朝鲜和德国等国家和地区。根据不同的参数，PAL制式又可以进一步划分为G、I、D等制式，其中我国采用的是PAL－D制式。

- 帧速率：每秒25帧。
- 扫描方式：隔行扫描，奇数场（上场）优先。
- 标准分辨率：720px×576px。
- 画面宽高比：4∶3。

2. NTSC制式（1952年）

NTSC（National Television Standards Committee），N制，意为（美国）国家电视标准委员会。NTSC制式主要应用于美国、加拿大、日本、韩国等国家和地区。

- 帧速率：每秒29.97帧。
- 扫描方式：隔行扫描，偶数场（下场）优先。
- 标准分辨率：（标清）720 px×480 px。

- 画面宽高比：4∶3。

3. SECAM制式（1966年）

SECAM（法语：Séquentiel couleur à mémoire），塞康制，意为“按顺序传送彩色与存储”。SECAM制式主要应用于法国、俄罗斯、东欧和中东等国家和地区，这种制式的参数与PAL制式类似。

- 帧速率：每秒25帧。
- 扫描方式：隔行扫描，奇数场（上场）优先。
- 标准分辨率：720 px×576 px。
- 画面宽高比：4∶3。

随着时代的发展，高清晰度电视（High Definition Television，HDTV）已经逐渐替代了传统的标准清晰度电视（Standard Definition Television，SDTV），随之而来的就是高清视频的应用和普及。HDTV源于数字电视（Digital Television，DTV）技术，采用数字信号，具有较好的视频、音频效果。HDTV有以下3种显示格式。

① 1280 px×720 px，非交错式（逐行扫描），场频为60Hz。

② 1920 px×1080 px，交错式（隔行扫描），场频为60Hz或50Hz。

③ 1920 px×1080 px，非交错式（逐行扫描），场频为24Hz、25Hz或30Hz。

根据GY/T 155—2000《高清晰度电视节目制作及交换用视频参数值》的规定，我国高清晰度电视制作和播出采用隔行扫描1920 px×1080 px/50i格式，但也可以用1920 px×1080 px/25P格式拍摄或制作，再转换为1920 px×1080 px/50i 播放。

1.2.7 比特率

比特率是指每秒传输的比特（bit）数，可理解为视频生成过程中所使用的数据容量，单位是kbit/s（千比特）或Mbit/s（兆比特）。比特率主要表示经过编码（压缩）后的音、视频数据每秒需要用多少比特来表示。比特率越高，音、视频的质量就越好，但编码后的文件也就越大。

比特率编码模式有以下两种。

可变比特率（Variable Bit Rate，VBR）：没有固定的比特率，压缩软件在压缩过程中，根据视频数据使用或高或低的比特率，如编码光影变化复杂或运动剧烈的画面时会加大数据容量，而编码相对静止或简单的画面时将会减小数据容量。无论哪种画面，VBR模式都以质量为前提并兼顾文件大小，因此该模式是推荐编码模式。设置比特率时，“目标比特率”直接决定数据容量大小，而“最大比特率”是数据速率的最高界限。

固定比特率（Constant Bit Rate，CBR）：压缩文件时自始至终都采用一种比特率。相对于VBR模式，在CBR模式下压缩得到的文件更大，而且画面质量不会有明显提高。

1.2.8 视频的压缩与解压缩

视频的压缩与解压缩实际上就是编码、解码的过程。视频压缩是使用硬件或软件将未经压缩的原始数据进行编码的过程，而视频的解压缩过程与视频压缩的过程相反，即把编码后的数据还原为原始数据。摄像机录制视频，软件采集、转码视频或生成视频等属于压缩的过程，而DVD机播放光盘、播放器软件播放视频等属于解压缩的过程。数据压缩方法也可以理解为编码方法。

我们在录制和生成视频的过程中，要根据客户要求、硬件、传播载体和网络带宽等对数字信号进行适当压缩，这样做可以精简视频数据中的冗余信息，如相似的像素、相邻帧、色彩深度、分辨率、帧率、码率等，以便在特定情况下更好地进行视频的传播。

数据压缩的方式较多，不同特点的数据要选择不同的数据压缩（编码）方法，本书主要涉及无损压缩和有损压缩两种方法。无损压缩是指对数据中的冗余信息进行压缩，所以无损压缩的压缩比一般比较小。这类方法主要应用于特殊应用场合的图像数据等需要精确存储的数据的压缩，而有损压缩利用了人类视觉、听觉对图像、声音中的某些频率成分不敏感的特性，允许数据在压缩过程中损失一定的信息。有损压缩广泛应用于语音、图像和视频数据的压缩，是我们研究的重点。

1.2.9 视频编码标准

视频编码标准主要有动态图像专家组（Moving Picture Experts Group，MPEG）与H.26x两大系列（见图1.8），以及音视频编码标准（Audio Video Coding Standard，AVS）系列和AV1（Alliance for Open Media Video 1）系列，压缩视频时应选择具有兼容性和高效性的编码标准。

序号	标准名称	制定组织		数据传输速率	用途	标准描述
1	MPEG-1	ISO/IEC		最高约1.5MB/s	VCD (PAL 352px × 288px)、互联网音频MP3(MPEG-1 Layer 3)	数字存储媒体的运动图像及伴音信号标准
2	MPEG-2	ISO/IEC	ITU-T VCEG	3 MB/s~10 MB/s	DVD (PAL 720px × 576px)、HDTV、数字卫星电视	运动图像及伴音信号标准
3	MPEG-4			4.8KB/s~64KB/s	实时多媒体监控、移动多媒体通信、交互媒体、网络视频等	音/视频信号的编码标准，低传输速率方案，注重交互性和通用性的多媒体应用标准
4	MPEG-7	ISO/IEC			快速有效地搜索出用户所需的不同类型的多媒体资料	不是一种编码方法，而是一个"多媒体内容描述接口"，用于搜索庞大的图像、声音的多媒体数据
5	MPEG-21				可将不同多媒体协议、标准和技术集成为一个整体	不是一种编码方法，而是一个"多媒体框架标准"
6	H.261	ITU-T VCEG		40kbit/s~2Mbit/s	可视电话、视频会议	只对CIF和QCIF两种图像格式进行处理，属于恒定码流可变质量编码
7	H.262	ISO/IEC	ITU-T VCEG	3 MB/s~10 MB/s	DVD（PAL 720px × 576px）、数字卫星电视等消费类电子视频设备中使用非常广泛的视频编码标准	H.262在技术内容上和ISO/IEC的MPEG-2视频标准(正式名称是ISO/IEC13818-2）一致
8	H.263	ITU-T VCEG			视频会议等	为低码流通信而设计的，但也可用在很宽的码流范围中
9	H.264	ISO/IEC	ITU-T VCEG		蓝光（Blu-Ray）影碟、HD DVD，该标准具有较高的数据压缩比和较好的图像质量，在同等图像质量下，压缩效率比以前的标准(MPEG-2) 提高了2倍左右	H.264/MPEG-4 AVC，同时也是MPEG-4 Part10，是由ITU-T视频编码专家组和ISO/IEC动态图像专家组联合组成的JVT提出的高度压缩数字视频的编/解码标准
10	H.265	ITU-T VCEG		在低于1.5Mbit/s的传输带宽下，可实现1080P全高清视频的传输	H.265能在有限带宽下传输更高质量的网络视频，仅需原先的一半带宽即可播放相同质量的视频。H.265能够在线播放1080P的全高清视频，同时也支持4K（4096px × 2160px）和8K (8192px × 4320px)超高清视频	H.265是ITU-T VCEG继H.264之后制定的新的视频编码标准

图1.8　视频编码标准（MPEG与H.26x系列）

1. MPEG系列

MPEG是国际标准化组织（International Origanization for Standardization，ISO）与国际电工委员会（International Electrotechnical Commission，IEC）于1988年成立的专门针对运动图像和语音压缩制定国际标准的组织。MPEG标准包括MPEG-1、MPEG-2、MPEG-4、MPEG-7、MPEG-21等。

2. H.26x系列

这个标准是国际电信联盟（International Telecommunications Union，ITU）下属的视频编码专家组（Video Code Experts Group，VCEG）制定的标准，主要应用于实时视频通信领域。VCEG制定的标准包括H.261、H.262、H.263、H.264和H.265等。

H.264/AVC，也就是MPEG-4 Part 10，是由来自ISO、IEC和ITU的成员共同组成的联合视频专家组（Joint Video Team，JVT）确立的标准。其良好的编码质量和较快的编码速度使得该标准受到许多平台的支持，至今依然是高清视频经常使用的编码标准。2013年推出的H.265/高能效视频编码（High Efficiency Video Coding，HEVC）具有惊人的压缩比和超高画质，但因为专利收费问题，其应用始终没有得到普及。

2020年推出的H.266/多功能视频编码（Versatile Video Coding，VVC）有望成为未来的主流标准。H.266/VVC是由德国弗劳恩霍夫通信技术研究所（Fraunhofer HHI）和苹果、爱立信、英特尔、华为等公司在2020年联手推出的新一代视频编码标准，相比于视频编码标准H.265/HEVC，该标准大幅提高了文件的压缩比。在相同画质的条件下，采用H.266/VVC标准压缩的视频文件只有H.265/HEVC标准的一半大小。H.266/VVC主要应用于4K、8K超高清晰度视频及3D、全景等多维度视频，可以进一步改善用户的视觉体验。

3. AVS系列

AVS是“信息技术先进音视频编码”系列标准的简称，是我国具备自主知识产权的音视频编码标准。AVS是一套包含系统、视频、音频、媒体版权管理在内的完整标准体系，具有先进性、自主知识产权和开放化三大特点，为数字音视频产业提供全面的解决方案。

该系列标准有AVS+、AVS2和AVS3共3个。2012年，国家广播电影电视总局正式颁布了GY/T 257.1—2012《广播电视先进音视频编解码 第1部分：视频》行业标准，简称 AVS+。2018年推出的AVS2编码标准在某些方面有显著的优势。2019年推出的AVS3 编码标准是我国拥有自主知识产权的第三代音视频编解码技术标准，2021年春晚就采用AVS3编码标准，实现了全球首次8K超高清试播。

4. AV1

AV1视频编码标准是由AOM（Alliance for Open Media，开放媒体联盟）制定和开发的第一代视频编码标准。其特点是开放、免版权费。AOM的主要成员包括亚马逊、思科、谷歌、英特尔、微软、Netflix、NVDIA、爱奇艺、腾讯、阿里巴巴及三星等公司。

AV1是类似于VP9的免费、开源的视频编解码标准，相较于H.265/HEVC，在保证相同的分辨率和画质的条件下，使用AV1标准压缩的视频的文件量可以降低20%左右。

1.2.10 常用视频/音频格式

视频是由若干幅静态图像组成的，直接捕捉的画面的原始数据容量极大且使用困难，而且我们在播放和使用的过程中受到播放介质和网络条件等诸多限制，无法得到最佳的使用体验。所以一些国际组织和公司制定了相应的编码格式和封装格式，以保证视频使用的便捷性和规范性。

编码格式属于内容部分，是一个视频文件的核心，它负责使用特定的压缩技术将视频或音频信号源编码成一种数据文件。这种文件是决定音、视频的种类和品质的关键。而封装格式属于包装部分，是大家常见的音、视频格式，它将编码后的音频、视频等数据封装起来，封装格式在一个音频、视频文件中起到容器的作用，它解决了数据同步和回放的问题。容器无法决定数据的品质，却有自己的特点，如有的封装格式可以支持多个视频或音频，有的支持外挂字幕，有的则具有流媒体功能。

1. 常用编码格式

（1）H.264/AVC

H.264/AVC是在MPEG-4技术基础上建立起来的，其编码后的文件格式是常用的MP4格式。其优点是码率低、质量高、网络适应能力强，是常见的流媒体文件格式，也是目前主流的HD视频的首选编码格式。

（2）H.265/HEVC

H.265/HEVC是在H.264的基础上制定的新的视频编码标准，其编码后的文件格式是常用的MP4格式。在码率降低50%的情况下，H.265可以提供与H.264相同的画质，但高昂的专利费用和复杂的授权政策导致多年来该编码格式的普及率并不高。

（3）QuickTime

QuickTime是苹果公司提供的一个完整的多媒体架构，支持macOS和Windows平台，其编码后的文件格式是常用的MOV格式。其具有H.264、Animation（动画）、Apple ProRes 422（HQ）、Apple ProRes 4444（XQ）等先进的视频编码技术，是流媒体代表格式之一。

（4）DNxHD/HR MXF OP1a

数字非线性可扩展高清（Digital Nonlinear Extensible High Definition，DNxHD）编码后的文件格式是常用的MXF格式，这是一种开放的媒体文件格式，能够实现Avid系统与第三方MXF产品间的数据交换。其特点是能在反复修改的情况下保证画面质量，在macOS与Windows平台中都有较好的兼容性。

（5）MPEG2

MPEG的设计目标是高级工业标准的图像质量及更高的传输率，其编码后的文件格式是我们常用的MPG格式。MPEG2是较为落后的编码格式，压缩率不高，编码后的文件大，多用于DVD影碟的制作，而影碟中的视频使用的格式是VOB格式，可以使用Premiere Pro CC进行编辑。

（6）MXF OP1a

素材交换格式（Material eXchange Format，MXF）是我们常用的一种文件格式，是美国电影与电视工程师协会（SMPTE）定义的一种专业音视频媒体文件格式，主要应用于影视行业的媒体制作、编辑、发行和存储等环节。而MXF OP1a主要用于广播电视行业的视频制作，该编码格式更常用于索尼公司的产品。

其中，有以下两种常用编码格式：一种是XDCAM，另一种是较新的XAVC。

XDCAM为索尼公司在2003年推出的无录影带式专业录影系统，其中常用的有XDCAM HD和XDCAM EX两种。XAVC格式是索尼公司在2013年推出的视频编码格式，其中常用的有XAVC QFHD和XAVC HD两种。XAVC格式支持FULL HD、2K和4K分辨率，具有可变速拍摄、码率和画质适中等特点。

（7）Windows Media Video

Windows Media Video是微软公司开发的一组数字视频编解码格式，它是Windows Media架构的一部分。最初它是作为低速率流媒体应用专有编解码格式开发出来的，微软公司基于Windows Media Video开发了几个视频编解码规范并且提交给SMPTE申请作为标准，其中包括Windows Media Video 7、Windows Media Video 8、Windows Media Video 9和用于移动端的Windows Media Video 10。相对来说，Windows Media Video 9 是微软公司研究的重点，它不仅是编码格式，还是一个平台。在保存一些AVI格式的文件时，常将其转换为WMV格式，虽然这样做会降低视频质量，但可以将视频数据容量减小为原来的几分之一，对于视频存档来说画质够用了。

（8）P2影片

P2影片是松下公司推出的编码格式，使用的是DVCPRO和AVC-Intra这两种由松下公司开发的广播级方案，其符合H.264/MPEG-4AVC编码标准，编码后的文件格式是MXF格式。AVC-Intra较新，可以看作DVCPRO的升级。

2. 常用视频封装格式

视频封装格式也就是我们平时所说的视频格式，视频的封装格式种类繁多，有的适用于不同的操作系统，有些适用于不同的生产厂商，还有的则适用于不同的时期。通常，根据视频投放平台或客户的要求进行选择即可。

（1）AVI格式

AVI格式（扩展名为.avi）：它的英文全称为Audio Video Interleaved，即音频视频交错格式。该视频格式由微软公司于1992年推出，AVI格式算是Windows操作系统中最基本的，也是最常用的一种媒体文件格式。

这种视频格式的优点是图像质量好，无损的AVI格式经常被我们用来保存Alpha通道的视频和数据。它的缺点有很多，其原始架构过于陈旧，这使得它在支持新的音视频编码标准上非常困难，而且编码后的文件容量过于庞大，更加糟糕的是由于编码标准不统一、编码混乱且编码标准相对较旧，没有更新换代，所以高版本和低版本Windows媒体播放器不兼容。

在标清时代下，DV-AVI格式使用得非常多。DV（Digital Video）是由索尼、松下、JVC等多家厂商联合提出的一种家用数字视频格式。数码摄像机就是使用这种格式记录视频数据的。它可以通过计算机的IEEE 1394接口将视频数据传输到计算机中，也可以将计算机中编辑好的视频数据回录到数码摄像机中。一盒60分钟的Mini DV带的视频数据容量约为13GB。

常见的视频编码有Cinepak Codec by Radius（画质较差、渲染时间较长）、Microsoft Video R 3.2（画质较差）、Microsoft RLE、Intel Indeo Video 4/5.10（画质好、渲染时间适中）、Intel IYUV Codec和None（无损压缩）（画质非常清晰、但文件容量大）。想要画面和质量性价比较高，可以选择康能普视的Canopus HQ AVI或Canopus None AVI。这两种编码是康能普视自主研发的，需要安装康能普视解码器才可以播放编码后的视频。如果需要通用性较强，可以选择DV、DVCPRO HD、DVCPRO或者无损压缩。

（2）MOV格式

MOV格式（扩展名为.mov）即电影数字视频技术（Movie Digital Video Technology），是苹果公司开发的一种音、视频文件封装格式，用于存储常用的数字音频和视频的媒体信息。MOV格式是非常常用的一种视频格式，其兼容性较好，支持包括macOS和Windows在内的操作系统，同时也是常用的流媒体视频格式。

MOV格式的图像质量高，视频编码种类丰富，不但可以存储高质量的视频文件，还支持流式视频的传输，其所使用的播放器是QuickTime Player。但是从macOS Mojave 10.14开始macOS彻底不支持32位应用，其中包括QuickTime Player。其部分功能被其他软件所替代。相应地，Premiere Pro CC 2018年4月版（版本12.1）、After Effects CC 2018年4月版（版本15.1）、Adobe Media Encoder 2018 年 4 月版（版本12.1）、Adobe Audition CC 2018年4月版（版本11.1.0）也不支持QuickTime Player 7系列的格式和编码器。虽然新的系统不支持旧版软件和编码器，但是其他几个常用的可在 QuickTime 电影文件中找到的专业编解码器，如 Apple ProRes、DNxHD 和Animation（动画，支持Alpha通道）不会受此次更改的影响。

MOV格式使用率非常高的原因还在于一些专业的中间编码格式的支持，如Apple ProRes。统一的编码可以有效提高后期制作效率，而且MOV格式的视频即使经过多次转码，质量损失也极小,特别是在macOS平台中。常用的编码包括Apple ProRes 4444 XQ、Apple ProRes 4444（含Alpha通 道）、Apple ProRes 422 HQ、Apple ProRes 422（10位 深）、Apple ProRes 422 LT（适合作为素材存储格式使用）、Apple ProRes 422 Proxy（适合作为代理剪辑使用）、Apple ProRes RAW。

（3）MPEG/DAT/VOB格式

MPEG格式是动态图像压缩算法的国际标准。目前，MPEG格式有4个关于视频的压缩标准，分别是MPEG－1、MPEG－2、MPEG－4和MPEG－5。MPEG－1被广泛应用于VCD，而MPEG－2则用于HDTV和DVD，MPEG－1、MPEG－2目前使用较少，使用较多的是MPEG－4，它是为了播放流媒体的高质量视频而专门设计的。

DAT格式并不是一种标准文件，许多文件都使用这种格式，但不同的文件，其含义也不同，扩展名.dat的意思是data，即数据文件。VCD中的DAT文件可以用一般的视频播放器打开。如果想直接编辑DAT文件，可以将扩展名.dat改成.mpg。DVD中的VOB文件也可以用一般的视频播放器打开，它是DVD视频介质的数字视频、音频和字幕的一种容器格式，而且也可以直接将扩展名.vob改成.mpg，原因就是DAT文件和VOB文件都是用MPEG压缩标准压制的。

（4）WMV格式

WMV（Windows Media Video）格式是微软公司开发的一系列视频编解码和与其相关的视频编码格式的统称，其兼容性较差，是Windows媒体框架的一部分。WMV格式的文件可以边下载边播放，因此很适合在网上播放和传输，WMV格式是流媒体视频的常用格式。

（5）MP4与M4V格式

MP4是一套用于音、视频的编码标准，主要用于在网上播放和传输的多媒体视频、视频电话及数字视频。MP4格式使用的压缩标准是MPEG-4压缩标准的第10部分，也就是H.264。

MP4本身不符合流媒体视频的具体要求，MP4依赖索引表，而且一开始就要固定好索引表，如果索引表在尾部，MP4文件就会无法解析。但是可以通过实时流传输协议（Real Time Streaming Protocol，RTSP）实现视频文件的在线播放。

M4V（MPEG-4的第14部分）是一个标准的视频文件格式，由苹果公司推出。此格式为iPod、iPhone 所使用，同时此格式基于 MPEG-4 编码第二版。其视频编码采用H.264或H.264/AVC，音频编码采用高级音频编码（Advanced Audio Coding，AAC）。H.264高清编码，相比于传统的H.263、Divx等，能够以更小体积的文件实现更高的清晰度。M4V格式也称为苹果公司的视频播客Podcast格式，是MP4的特殊类型。

（6）MTS格式

MTS格式的扩展名为.mts，是一种较新的高清视频格式，主要用于入门专业级高清摄像机。索尼高清数码摄像机NEX-VG900E录制的视频就是这种格式，其视频编码通常采用H.264，音频编码采用AC-3，分辨率为全高清标准分辨率或1440 px×1080 px。其中，1920 px×1080 px分辨率下的MTS达到全高清标准，意味着视频的画质很高。因此，MTS是迎接高清时代的产物。这种格式常见于当前一部分索尼高清硬盘摄像机或其他品牌摄像机录制的视频中，通过索尼或其他品牌高清硬盘摄像机录制的视频，未经采集时，在软件和摄像机上显示的扩展名为.mts。

（7）FLV格式

FLV（Flash Video）格式是由Flash MX延伸出来的一种网络视频封装格式，在优酷下载的视频可以自动转码为这个格式。FLV格式的视频文件容量特别小、加载速度也极快。随着视频网站的增多，这个格式已经非常普及。除了FLV格式CPU占有率低、视频质量良好、文件体积小等适合网络发展特点外，丰富、多样的资源也是FLV格式成为统一的在线播放视频格式的一个重要因素。

（8）Matroska和MKV格式

Matroska多媒体容器（Multimedia Container）是一种开放标准的自由容器和文件格式，也是一种多媒体封装格式，能够在一个文件中容纳无限数量的视频、音频、图片或字幕轨道。

Matroska与AVI、MP4等其他容器格式类似，但其在技术规程上完全开放，可将多种不同编码的视频及16条以上不同格式的音频和不同语言的字幕流封装到一个MKV媒体文件中。MKV是为这些音频、视频提供外壳的“组合”和“封装”格式，换句话说就是一种容器格式。

视频编辑软件对MKV格式的支持不是特别好，很少有专业的非线性编辑软件可以用来直接编辑MKV格式的文件，但是要想分割、提取、转换、合成和编辑MKV格式的文件则可使用MKVToolNix。MKVToolNix是目前功能比较齐全的Matroska合成器。

（9）RMVB和RM格式

RMVB是RealNetworks公司开发的RealMedia多媒体数字容器格式的可变比特率（VBR）扩展版本。相对于更常见的按CBR编码的流媒体RealMedia容器格式，RMVB多应用于保存在本地的多媒体内容。使用该格式的文件的扩展名是.rmvb。RMVB是一种视频文件格式，其中的VB是指可变比特率（Variable Bit Rate）。其画面较上一代RM格式清晰很多，原因是降低了静态画面的比特率。由于其压缩比非常高，画质已经没有压缩的空间，因此几乎没有剪辑软件可以用来直接编辑这种格式的文件。

3. 常用音频封装格式

音频封装格式也就是我们平时所说的音频格式，音频的封装格式种类繁多，下面介绍一些常用的音频封装格式。

（1）MP3格式

MP3（MPEG-1 Audio Layer 3）是一种音频压缩技术，其中文名称是动态影像专家压缩标准音频层面3（Moving Picture Experts Group Audio Layer III），其编码后的文件格式是我们常用的MP3格式。MP3是当今较流行的一种数字音频编码和有损压缩格式，它被设计用来大幅度地降低音频的数据容量，而对大多数用户来说压缩后的音质与最初的未压缩音频相比没有明显下降。

MP3是一种有损压缩格式，其提供了较高的数据压缩比，压缩特点是忽略音频数据中对人类听觉影响不明显的高频声音信号数据，从而大幅减小文件数据容量，音质通过选择的音频比特率来决定，如128kbit/s、192kbit/s、256kbit/s和320kbit/s。MP3是互联网中最常见的音频信号记录格式，有非常好的兼容性，适合在有网络带宽限制的环境中传播。

（2）WAV格式

WAV是最早的数字音频格式之一，是流行的声音文件格式之一，由微软公司开发，被Windows平台及其应用程序广泛支持。该格式能记录各种单声道的声音或立体声，也是无损压缩的格式之一，但其文件容量很大。其在Windows系统中的兼容性非常好，新版的macOS也支持WAV格式的导入和导出。

WAV格式支持许多压缩算法，以及多种量化位数、采样频率和声道，采用44.1kHz的采样频率和16位量化位数的音频的音质与CD相差无几，但WAV格式对存储空间的需求太大，不便于传播。

（3）AAC格式

AAC是一种专为声音数据设计的文件压缩格式。AAC是1997年推出的基于MPEG-2的音频编码技术，由Fraunhofer IIS、杜比实验室、AT&T公司、索尼公司等共同开发，目的是取代MP3格式。2000年，MPEG-4标准出现后，AAC重新集成了其特性，加入了SBR技术和PS技术，为了区别于传统的MPEG-2 AAC，重新集成后的格式又称为MPEG-4 AAC。

AAC的音频算法在压缩率上远超以前的一些音频算法（如MP3）。它能同时支持48个音轨、15个低频音轨、多种采样率和比特率、多种语言、更高的解码效率。相较于MP3，AAC格式的音质更佳，文件容量更小。AAC可以在比MP3文件容量小30%的前提下提供更好的音质，是比较好的有损压缩格式，但其音质还是无法与目前比较流行的APE、FLAC等无损压缩格式相比。

（4）AIFF格式

音频交换文件格式（Audio Interchange File Format，AIFF）是苹果公司开发的一种声音文件格式，被macOS平台及其应用程序所兼容。AIFF多应用于个人计算机及其他电子音频设备以存储音乐数据，支持16位44.1kHz立体声等。

（5）OGG格式

OGG（OGGVorbis）是一种新的音频压缩格式，类似于MP3等格式，它也是有损压缩格式，但将相同位速率（Bit Rate）编码的OGG与MP3相比，OGG的音质更好。OGG是完全免费、没有专利限制的。OGG文件的扩展名是.ogg，支持多声道。

（6）WMA格式

视窗媒体音频（Windows Media Audio，WMA），一般使用.wma为扩展名，是一种有损压缩格式。它是微软公司推出的与MP3格式齐名的音频格式。

WMA在压缩比和音质方面都超过了MP3，远胜于RA（Real Audio），即使在较低的采样频率下也能产生较好的音质。WMA格式以减少数据流量但保持音质的方法来达到更高的压缩比，其压缩比一般可以达到1：18，生成的文件大小只有相应的MP3文件的一半左右。

（7）FLAC格式

无损音频压缩编码（Free Lossless Audio Codec，FLAC）是一种著名的自由音频压缩编码，其特点是无损压缩，编解码速度快，使用广泛且开源。不同于如MP3和AAC等其他有损压缩编码格式，它不会破坏任何原有的音频信息。

无损压缩格式有很多，而国内非常流行的无损压缩格式是APE和FLAC。音频以FLAC格式压缩时不会丢失任何信息。相对于APE格式，FLAC格式的文件容量较大，但是其兼容性好，编码速度快，支持的播放器更多，免费且支持大多数操作系统。

（8）APE格式

APE是Monkey's Audio提供的数字音乐无损压缩格式，在我国有着庞大的用户群。APE这类无损压缩格式以更精练的记录方式来减小文件容量，还原后的数据与源文件一样，从而保证了文件的完整性。很多时候它被用来进行网络音频文件的传输，因为压缩后的APE文件要比WAV源文件小1/2，甚至更小，可以有效缩短传输时间。

APE是目前非常流行的数字音乐文件格式，是著名的无损压缩格式，在国内被广泛应用。它的压缩比非常大，而且效率高、速度快。APE格式受到了许多音乐爱好者的喜爱，特别是对希望通过网络传输音频CD的用户来说，APE格式可以帮助他们节省大量资源。但相比于FLAC格式，APE格式的编码速度比较慢。

1.2.11 流媒体

流媒体（Streaming Media）是指将一连串的媒体数据压缩后，以流的方式在网络中分段发送数据，实现在网络上实时传输影音文件以供观赏的一种技术与过程。

传统的视频文件需将整个视频文件的数据全部下载到系统里后才能观看，而流媒体会先下载一部分数据文件到缓存区，在播放过程中再下载剩余数据。

只有一些特殊格式的文件才适合作为流媒体文件，如FLV、RMVB、MOV、RMVB、ASF等格式，要实现其他容器格式的文件的在线播放，必须通过流媒体服务器来完成编码和传输，因此流媒体服务器是流媒体应用系统的重要组成部分。

流媒体的3个特点分别是连续性、实时性和时序性。它能够连续、实时传输数据，用户不必等到整个文件下载完毕即可观看。流媒体文件启动延时短且只需要较小的缓存容量。

1.3 视频编辑软件介绍

1.3.1 了解视频编辑软件

当今社会中互联网视频盛行，每个人或公司都可以利用视频来展示自我、发布消息、传播知识和宣传商品，掌握一款适合自己的视频编辑软件，对很多人来说已经变成十分必要的生存技能和基本需求。下面简单介绍视频编辑软件的基本内容，以帮助大家了解并找到适合自己的软件。

从软件功能的复杂程度来分，可以把软件分为普通级和专业级两种，当然随着技术的发展这两者的界限越来越模糊，越来越多的软件的功能变得完善并发展出了自己的特色和亮点。

普通用户可以选择功能简单的软件，这样可以较快地上手，制作自己的视频。这类软件种类繁多，功能简单，特点较为鲜明。大家常用的编辑软件，如爱剪辑、剪映、会声会影、HitFilm 3 Express、iMovie、Shotcut、InShot、DJI MIMO和抖音等，有的支持在网页中直接操作，如爱剪辑、剪映；有的是免费产品，如HitFilm 3 Express、iMovie、剪映和InShot；有的兼容多种平台，如剪映、HitFilm 3 Express、Shotcut；还有的支持手机平台，如剪映、InShot、DJI MIMO和抖音等。还有一些软件研发出了专业版本和特色功能，如剪映专业版，其支持语音、音乐歌词智能识别和一键添加字幕，使用起来非常方便，部分视频编辑软件如图1.9～图1.13所示。

图1.9　剪映专业版

图1.10　会声会影

图1.11　iMovie

图1.12　HitFilm 3 Express

图1.13　剪映手机版（左）、InShot手机版（中）和DJI MIMO（右）

专业用户可以选择功能强大，效果丰富，扩展性强的专业级视频编辑软件。这类软件的数量有限，学习难度较大，但功能强大，视觉效果丰富。选择这类软件时主要考虑其专业性、兼容性和扩展性。常见的专业级编辑软件有Sony Vegas、Grass Valley Edius Pro、Premiere Pro CC、Final Cut Pro X、Avid Media Composer、DaVinci Resolve等。这些软件的功能相似，没有孰强孰弱，只是应用的标准和途径不同及个人的使用习惯的区别，如图1.14～图1.19所示。

图1.14　Sony Vegas

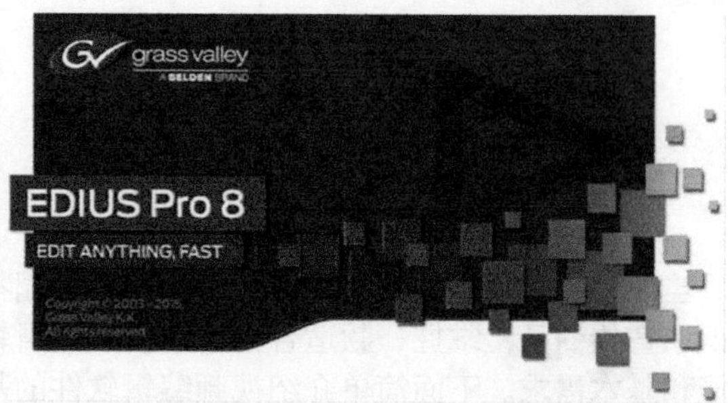

图1.15　Grass Valley Edius Pro

图1.16　Premiere Pro CC

图1.17　Final Cut Pro X

图1.18 Avid Media Composer

图1.19 DaVinci Resolve

1.3.2 认识Premiere Pro CC

Premiere Pro CC的全称为Adobe Premiere Pro CC，是由Adobe公司开发的一款视频编辑软件。在2021版本之前的版本中较有代表性的有Pro 2.0（可以编辑高清素材）、CS5（64位构架版本）、CC版本（拥有层出不穷的智能功能），如图1.20和图1.21所示。Adobe Premiere Pro CC有较好的兼容性，且可以与Adobe公司推出的其他软件相互协作。目前，这款软件广泛应用于广告制作和电视节目制作等，好莱坞电影《死侍》（Deadpool）就是剪辑师朱利安·克拉克（Julian Clarke）使用Premiere Pro CC完成的大型影片。

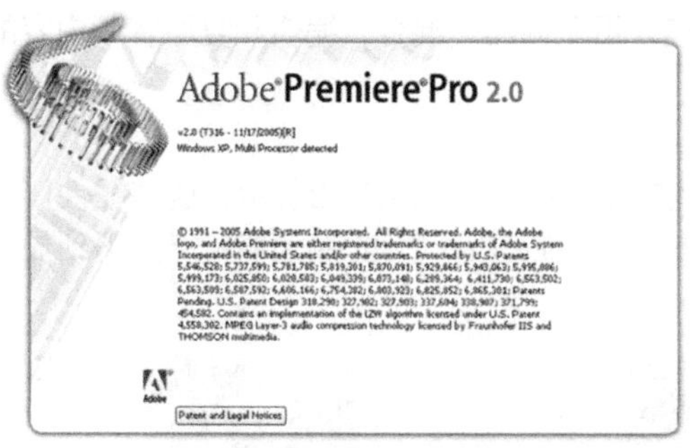

图1.20 Premiere Pro 2.0和Premiere Pro CS5的启动界面

图1.21 Premiere Pro CC和Premiere Pro CC 2021的启动界面

Premiere Pro CC是视频编辑爱好者和专业人员必不可少的视频编辑工具。它可以提高用户的创意实现能力和创作自由度，是易学、高效、精确的视频编辑软件。Premiere Pro CC提供了采集、剪辑、调色、美化音频、字幕添加、输出、DVD刻录等功能，并和其他Adobe软件高度集成，足以使用户完成在视频编辑、制作、输出等过程中遇到的所有挑战，满足用户创作高质量作品的要求。Adobe公司将Premiere Pro CC定位为一款视频编辑软件，用于完成视频段落的组合和拼接，并提供一定的特效制作与调色功能。Premiere Pro CC和After Effects CC、Audition CC和Photoshop CC可以通过Adobe动态链接联动工作，满足日益复杂的视频制作需求。

1.3.3 选择Premiere Pro CC的三大理由

1. 强大、专业的创意工具

Premiere Pro CC是适用于电影、电视和互联网领域的业界领先视频编辑软件。多种创意工具、与其他Adobe 应用程序和服务的紧密集成,以及Adobe Sensei的强大功能可帮助用户将素材打造成精美的影片和视频。借助Premiere Rush，用户可以通过任何格式、任何平台、任何设备创建和编辑新项目。利用Premiere Pro CC，用户可以编辑从8K到全景视频素材，从源文件支持、轻量代理工作流程到更快的 ProRes HDR ，用户可以随心所欲地处理媒体文件。

2. 优秀的兼容性与协作性

Premiere Pro CC可与其他Adobe Creative Cloud创意应用程序，如Adobe Photoshop CC、After Effects CC、Audition CC和Adobe Stock无缝协作。

Premiere Pro CC与兄弟产品After Effects CC的配合堪称天衣无缝，After Effects CC是一款图形视频处理软件，用于制作字幕、片头和过渡效果。

Premiere Pro CC还可以与Audition CC配合，完成编辑、混合、录制和复原音频等工作。Audition CC是一款功能完善的音频编辑软件，其中包含用于创建、混合、编辑和复原音频内容的多轨、波形和光谱显示功能。

3. 第三方插件（扩展功能）

Premiere Pro CC支持由第三方厂商提供的功能丰富的插件，如图1.22所示，这些插件厂商研发出了具有强大功能的增效工具和应用程序，使得Premiere Pro CC的视频编辑能力得到显著提升。

图1.22 Red Giant（红巨星系列插件套装）和Video Copilot系列插件

这些增效工具和应用程序可以分为以下几种类型。

（1）效果与过渡类。

- Boris FX。
- Film Impact。
- FxFactory。
- NewBlueFX。
- Red Giant。

（2）音频类。

- NUGEN 音频。
- SmartSound。

（3）字幕与隐藏类。

- BorisFX。
- proDAD。
- NewBlueFX。

（4）其他类（编码器、工作流程等）。

1.3.4 Premiere Pro CC对操作系统的要求

在使用Premiere Pro CC 进行视频编辑时，系统必须满足运行 Premiere Pro CC 的最低规格要求，本书使用的是Premiere Pro CC 15.4（2021年7月），图1.23中列出了其对Windows操作系统、macOS和在后期制作中非常常用的硬件加速系统的要求。

Windows操作系统

	最低要求	推荐要求
处理器(CPU)	Intel第6代或更新版本的CPU，或AMD Ryzen™1000系列或更新版本的CPU	Intel 第7代或更新版本的CPU，或AMD Ryzen™3000系列或更新版本的CPU
操作系统(OS)	Windows 10 (64 位) 2004 版本或更高版本	Windows 10 (64 位) 2004 版本或更高版本
内存(RAM)	8 GB RAM	16 GB RAM，用于HD媒体 32 GB，用于4K媒体或更高分辨率
显卡(GPU)	2 GB GPU VRAM	2 GB GPU VRAM
硬盘	•8 GB可用硬盘空间用于安装；安装期间所需的额外可用空间（不能安装在可移动闪存存储器上） •用于媒体的额外高速驱动器	•用于应用程序安装和缓存的快速内部SSD •用于媒体的额外高速驱动器
显示器分辨率	1280 px ×800 px	1920 px ×1080 px 或更大
声卡	与ASIO兼容或Windows Driver Model	与ASIO兼容或Windows Driver Model
网络存储连接	1GB以太网（仅HD媒体）	10 GB以太网，用于4K共享网络工作流程

macOS

	最低要求	推荐要求
处理器(CPU)	Intel第6代或更新版本的CPU	Intel第6代或更新版本的CPU
操作系统(OS)	macOS v10.15(Catalina) 或更高版本	macOS v10.15(Catalina) 或更高版本
内存(RAM)	8 GB RAM	16 GB RAM，用于HD媒体 32 GB，用于4K媒体或更高分辨率
显卡(GPU)	2 GB GPU VRAM	4 GB GPU VRAM
硬盘	•8 GB可用硬盘空间用于安装；安装期间所需的额外可用空间（不能安装在可移动闪存存储器上） •用于媒体的额外高速驱动器	•用于应用程序安装和缓存的快速内部SSD •用于媒体的额外高速驱动器
显示器分辨率	1280 px ×800 px	1920 px ×1080 px 或更大
网络存储连接	1 GB以太网（仅HD媒体）	10 GB以太网，用于4K共享网络工作流程

硬件加速系统

功能	推荐要求
硬件加速的H.264编码	•2016年或之后发售的mac硬件上的macOS10.13（或更高版本） •启用了第6代（或更高版本）Intel Core™处理器和Intel Graphics的Windows 10操作系统 •安装了受支持的NVIDIA或AMD显卡的Windows 10操作系统
硬件加速的HEVC编码	•2016年或之后发售的mac硬件上的macOS 10.13（或更高版本） •启用了第7代(或更高版本) Intel Core™处理器和Intel Graphics的Windows 10操作系统 •安装了受支持的NVIDIA或AMD显卡的Windows 10操作系统
硬件加速的H.264解码	•2016年或之后发售的mac硬件上的macOS 10.13（或更高版本） •启用了第6代（或更高版本）Intel Core™处理器和Intel Graphics的Windows 10操作系统
硬件加速的HEVC解码	•2016年或之后发售的mac硬件上的macOS10.13（或更高版本） •启用了第7代（或更高版本）Intel Core™处理器和Intel Graphics的Windows 10操作系统

图1.23 系统要求

第2章 如何快速上手视频制作——Premiere Pro CC视频制作流程

2.1 影视制作的基本流程

无论是我们看到的精彩纷呈的视效电影，还是清新唯美的短剧，大多数都是各影视团队工作人员共同努力、通力合作的成果。影视制作的基本流程通常由前期筹备阶段、中期拍摄阶段和后期制作阶段组成，如图2.1所示。

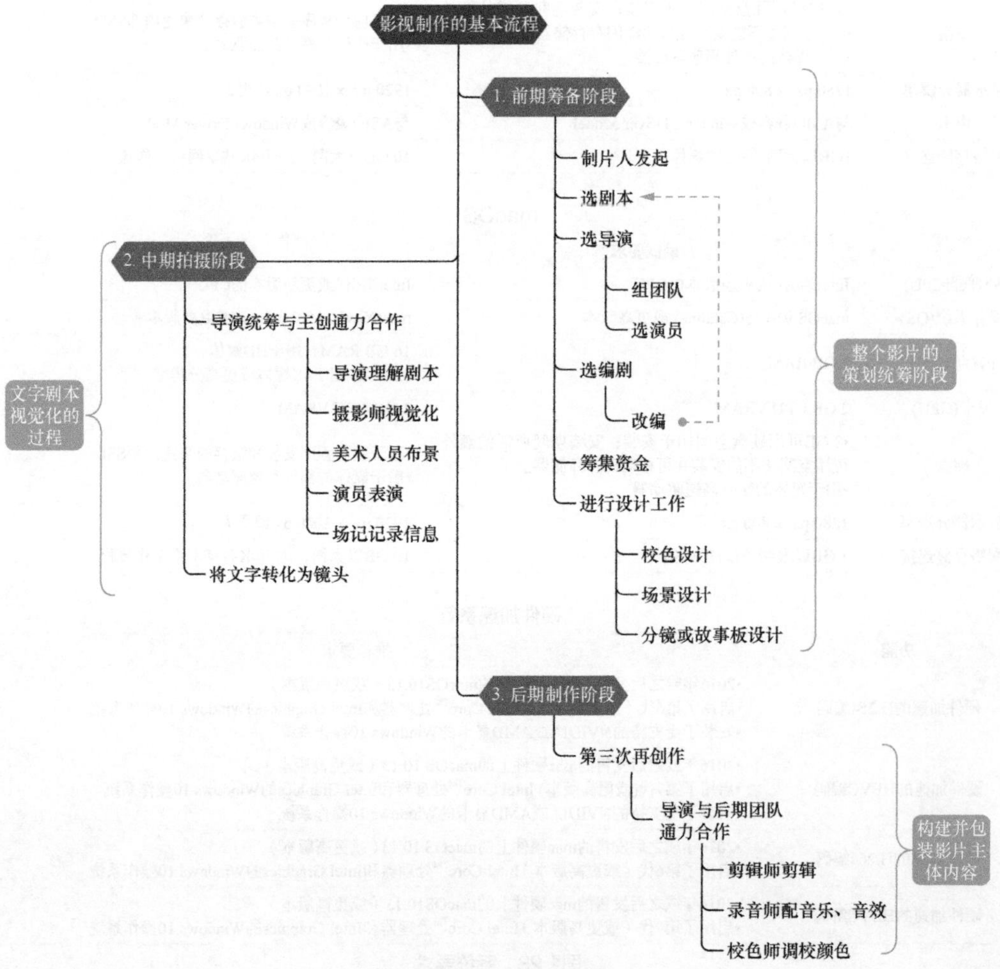

- 影视制作的基本流程
  - 1. 前期筹备阶段（整个影片的策划统筹阶段）
    - 制片人发起
    - 选剧本
    - 选导演
      - 组团队
      - 选演员
    - 选编剧
      - 改编
    - 筹集资金
    - 进行设计工作
      - 校色设计
      - 场景设计
      - 分镜或故事板设计
  - 2. 中期拍摄阶段（文字剧本视觉化的过程）
    - 导演统筹与主创通力合作
      - 导演理解剧本
      - 摄影师视觉化
      - 美术人员布景
      - 演员表演
      - 场记记录信息
    - 将文字转化为镜头
  - 3. 后期制作阶段（构建并包装影片主体内容）
    - 第三次再创作
      - 导演与后期团队通力合作
        - 剪辑师剪辑
        - 录音师配音乐、音效
        - 校色师调校颜色

图2.1 影视制作基本流程

2.1.1 前期筹备阶段

这个阶段是对整个影片的策划统筹阶段，制片人通常要进行选择剧本、导演、编剧和筹集资金等策划性活动。选定导演后，还要选择演员等其他主创人员，如果是动画电影还需要进行角色设计、场景设计、分镜设计或故事板设计等工作。

这一阶段作为影视制作的第一个环节，是整个影片的基础，剧本改编的效果、摄像指导或拍摄设备的选择、演员的选择等都有可能直接决定影片最终的质量和口碑。

2.1.2 中期拍摄阶段

这个阶段的主要工作是将文字剧本视觉化，也就是说由导演统筹，演员、摄影师、录音师和美术人员通力合作，通过摄影师的镜头，将文字视觉化，主要工作有导演选景、美术人员布景、演员表演、摄影师运用镜头语言进行拍摄、场记记录信息等。

2.1.3 后期制作阶段

这个阶段的主要工作是导演与剪辑师、录音师、校色师进行影片制作，构建影片的主体内容（这也是第三次再创作），然后进行影片的营销和上映等活动。

后期制作的工作有时会与前面的工作同时进行，比如当天拍完的素材直接发给剪辑师进行粗剪，等到影片拍摄完成基本的影片脉络已经清晰可见了。剪辑工作是后期制作中的关键环节，剪辑师要了解导演的意图，并结合自己对剧本的理解对影片进行艺术化加工，从众多视频中挑选出几帧或几秒的画面，通过剪辑技法、蒙太奇理论和审美知识，构建出一个完整的影视世界，并引导观众沉浸在这个影视世界中。

2.2 视频制作流程

Premiere Pro CC视频制作基本流程

这里探讨的重点内容是使用Premiere Pro CC制作视频的基本流程，如图2.2所示。要想快速掌握一个软件的使用方法，最好的途径就是了解这个软件的基本操作流程，只有对软件使用过程中的各个必要环节有一个初步的了解后，才能在制作具体视频内容时快速套用，因此了解软件的整体架构和使用方法，是实现较快上手制作视频的最佳途径。

1. 构思故事的主题和风格

在制作视频之前，我们应该先对视频的整体内容进行构思，包括主题或需要表达的中心思想，有时客户会告诉我们他想要制作一个什么样的作品，具体的要求是什么。在这个阶段，我们需要明确主题思想，大致确定视频的时长，然后寻找合适的素材，要考虑的内容包括选择什么样的图片、声音素材，是自己拍摄还是使用现有素材，声音素材的节奏和旋律是否符合当前影片的主题，有无版权风险等；还要考虑选择什么风格的字体，是金属风格还是手写风格，与影片的主题是否相符等，海报示例如图2.3和图2.4所示。

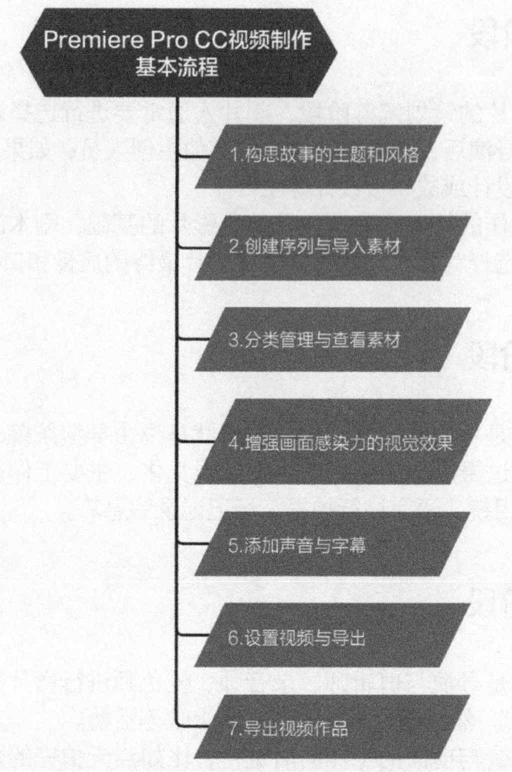

图2.2 Premiere Pro CC视频制作基本流程

图2.3 金属风格字体

图2.4 手写风格字体

2. 创建序列与导入素材

只有先导入制作视频所需的素材，才能对素材进行编辑，最终形成视频作品，如图2.5所示。素材被导入后才可以在Premiere Pro CC中被编辑，Premiere Pro CC中专门管理素材的窗口为“项目”窗口。

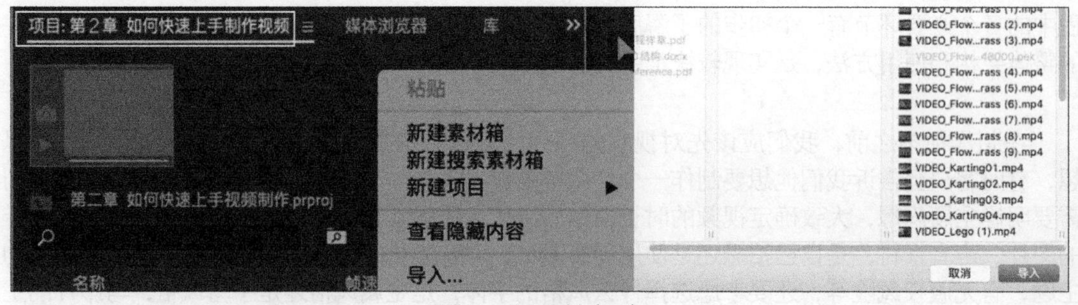

图2.5 导入素材（一）

视频制作也需要适合的序列，通常由两类内容决定所使用的序列类型：一是素材的属性，如分辨率、帧速率、像素宽高比等属性；二是客户要求，通常是投放渠道或信息载体，预设序列和自定义序列，如图2.6所示。

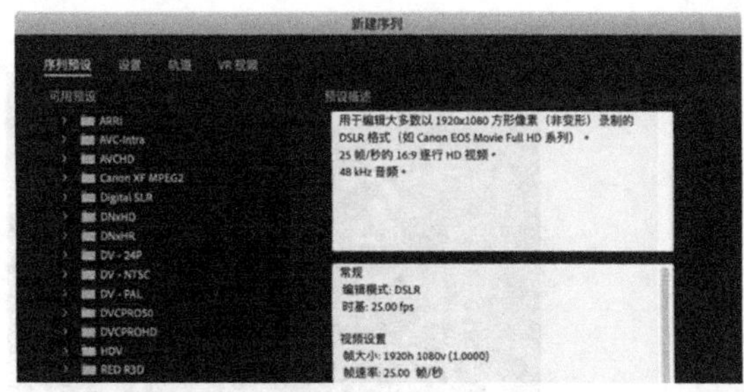

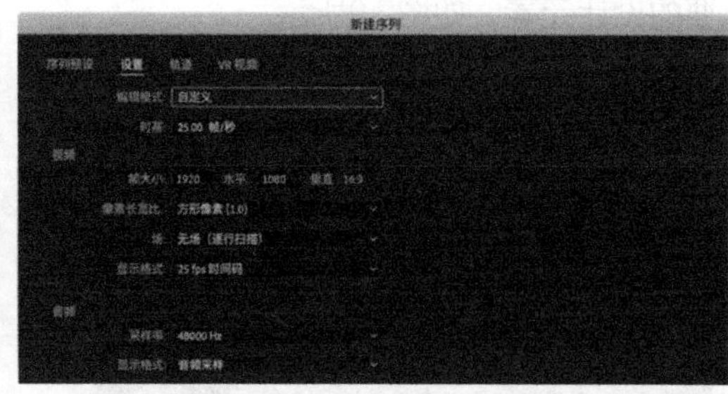

图2.6　序列预设的类型和自定义序列

3. 分类管理与查看素材

当素材数量较多或类型较多时需要对素材进行分类管理，最好是将同一类素材放到同一个文件夹中，这样方便使用，而且当素材数量非常多时，这样可以快速找到需要的素材并预览。还可以在Premiere Pro CC中查看素材的属性，以便更好地对素材进行分类管理，如图2.7所示。

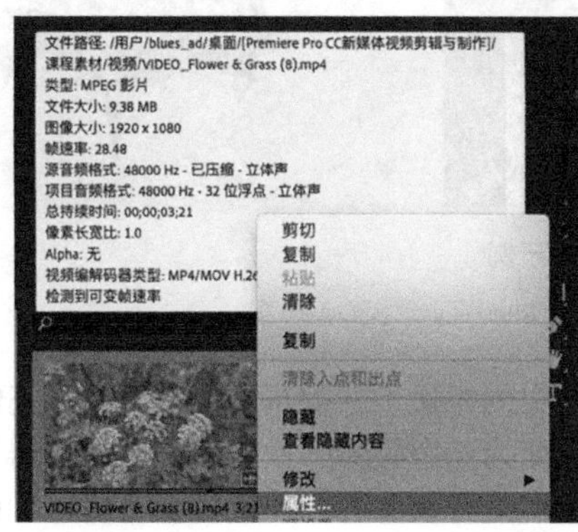

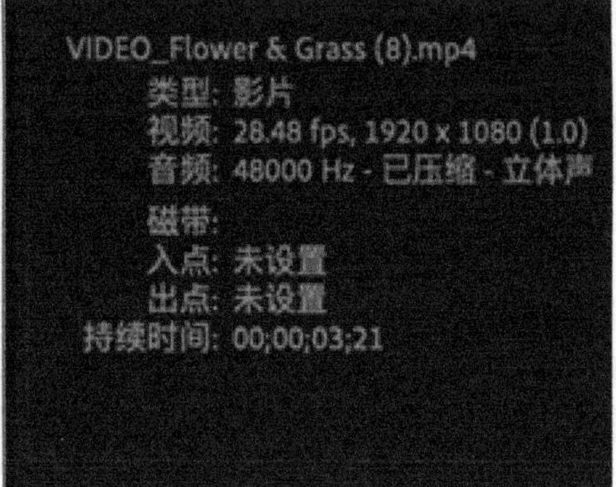

图2.7　查看素材属性

4. 添加可增强画面感染力的视觉效果

将素材按照正确的顺序摆放在“时间轴”后，就可以为素材添加相应的视觉效果。将视觉效果按素材类型划分，可以分为视频效果和音频效果两类，视频效果只能加到视频素材上，而音频效果只能加到音频素材上；按效果类型划分，可以分为视频效果和过渡效果两类，视频效果是添加到单个素材上的，而过渡效果是添加在两个素材之间的，两者的添加位置和作用都不同，如图2.8所示。

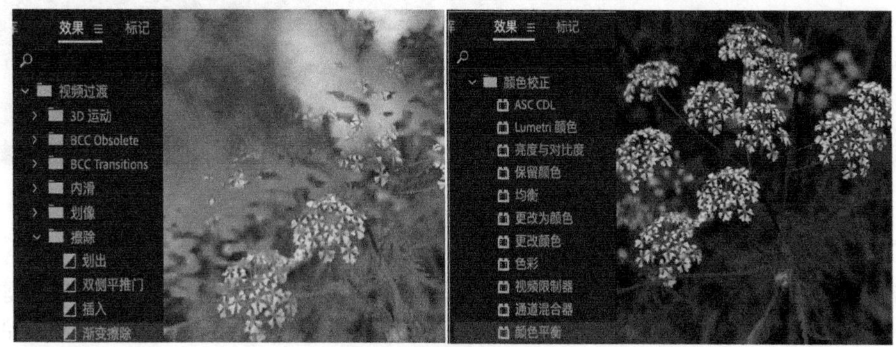

图2.8　过渡效果和视频效果

5. 添加声音与字幕

声音与字幕是视频中不可或缺的内容，没有合适的声音、贴切的音效和符合主题的字幕，就无法突出视频的基调和风格，所以声音和字幕不但是视频内容的一部分，也是视频制作中非常重要的设计元素，如图2.9所示。

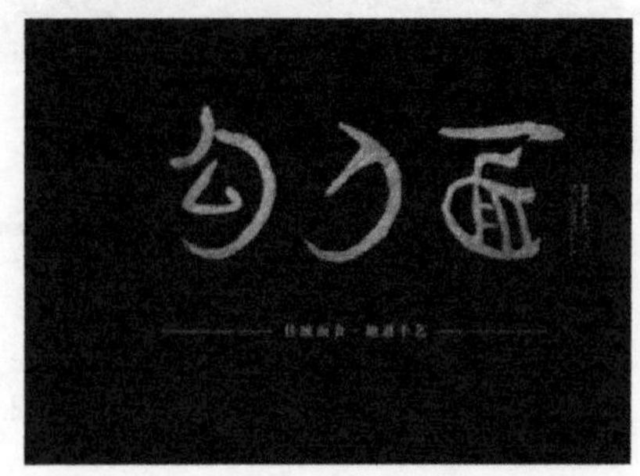

图2.9　优秀字幕示例

6. 设置视频与导出

导出之前的素材有规律地摆放在“时间轴”窗口中的轨道上，但是这还不算是真正的成品，只有通过最后一步——导出，才能将零散的素材真正变为一个整体——能够使用播放器播放的视频文件。这时必须按照制作时创建的序列或项目的标准或者按照客户的具体要求进行导出设置，每种编码格式和封装格式都需要认真选择，目的是获得最佳的画质、最小的文件等，这是视频制作的重点，如图2.10所示。

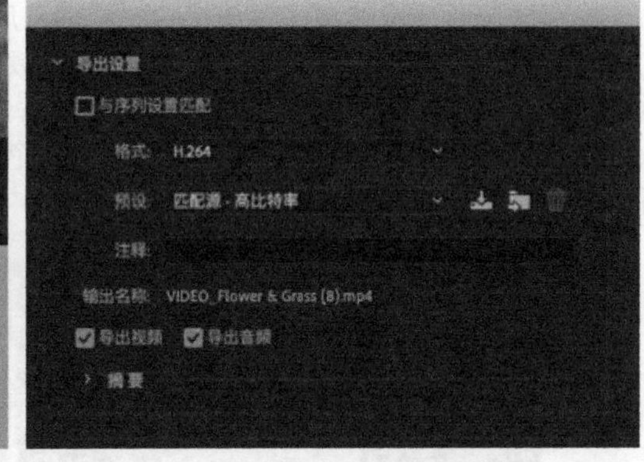

图2.10　导出

7. 导出视频作品

单击“导出”按钮后，Premiere Pro CC就开始了导出工作，“时间轴”中零散的素材将逐渐变成一帧帧的画面，等待导出完成即可欣赏自己制作的视频，此时就会觉得之前的辛苦都是值得的。

2.3 我的第一个视频作品

2.2节已经学习了视频的制作流程，对视频的制作过程有了一个初步的了解，为了巩固这个知识点，本节就来制作一个视频作品，体验一下制作完整视频的流程。

目标

（1）熟悉视频的基本制作流程，并能够掌握项目和序列的创建方法。
（2）学习使用静态素材创建视频的基本方法。
（3）构建视频制作的整体概念，并完成一个视频片段的制作。

重点与难点

（1）掌握制作视频的方法。
（2）学习如何更好地厘清视频脉络。

制作步骤

步骤1　新建项目

单击“新建项目”按钮，弹出“新建项目”对话框，将“名称”改为“我的第一个视频作品”，单击“浏览”按钮，在计算机中存取速度最快或剩余空间最大的盘符下新建一个文件夹，将所建项目存储在这个文件夹中，其他设置保持默认，如图2.11所示。单击“确定”按钮进入软件操作界面。

图2.11　新建项目

步骤2　新建序列

单击“项目”窗口中的“新建项”>“序列”，如图2.12所示。在弹出的“新建序列”对话框中选择“序列预设”>“HDV”>“HDV 720p25”选项，并在“序列名称”文本框中输入“我的第一个视频作品”，单击“确定”按钮，如图2.13所示。

步骤3　导入素材

在“项目”窗口中单击鼠标右键，选择“导入”选项，在打开的“导入”对话框中选择“课程素材”>“图片”>“动物素材”文件夹，在打开的文件夹中选择“野生动物(1).jpg”至“野生动物 (10).jpg”10个图片素材，单击“导入”按钮，导入所选图片，如图2.14 所示。

在“项目”窗口空白处单击鼠标右键，选择“新建素材箱”选项，将文件夹名改成“图片”，然后将导入的图片全部移动到“图

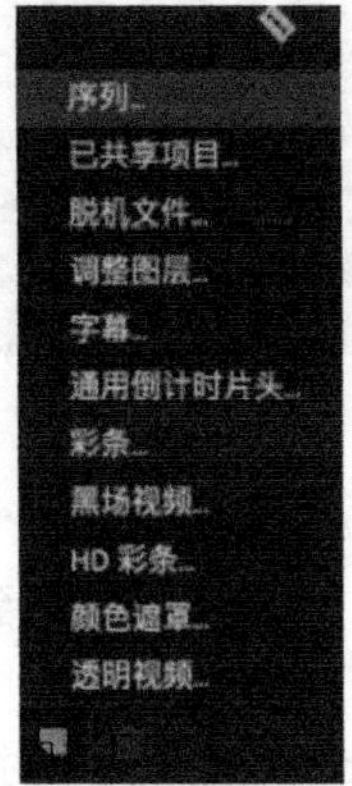

图2.12　新建序列

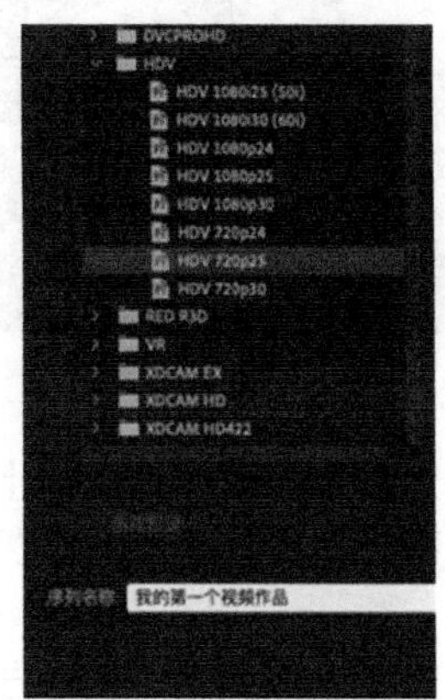

图2.13　输入序列名称

片”文件夹中，方便管理素材，如图2.15 所示。

再次打开“导入”对话框，在其中选择“课程素材”>“音频”文件夹，选择音频“狂野自然.mp3”，单击“导入”按钮，将音频素材导入“项目”窗口。新建一个名为“音频”的文件夹，将导入的音频素材放在其中，如图2.16所示。

步骤4　将素材添加至“时间轴”

在导入素材时可以直接将素材拖曳到“时间轴”，这样做更快捷、方便。方法是框选所有图片素材，如图2.17所示，将它们拖曳至“时间轴”中的V1轨道上，即视频1轨道。

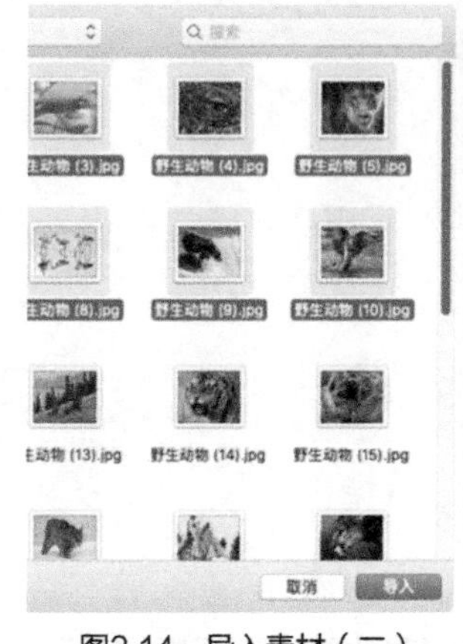

图2.14　导入素材（二）

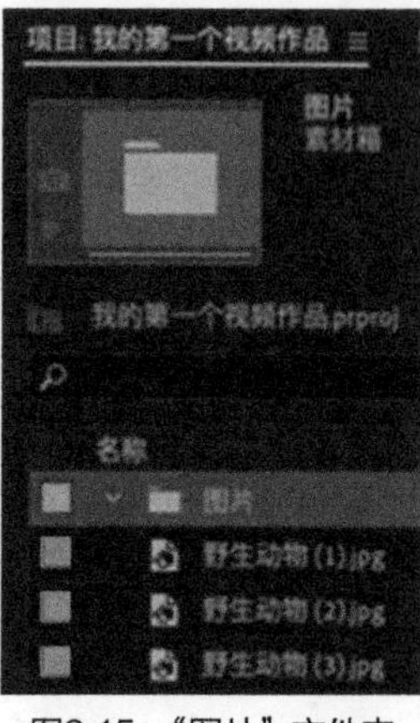

图2.15　“图片”文件夹

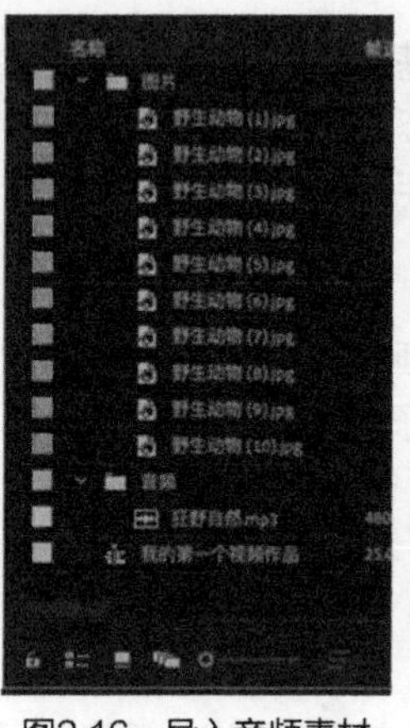
图2.16　导入音频素材

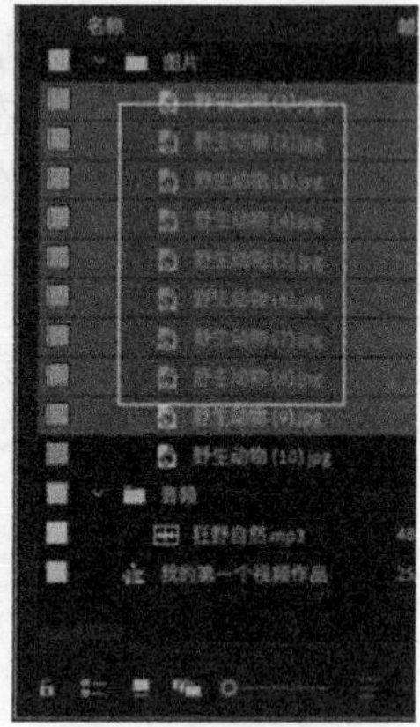
图2.17　框选素材

素材在轨道上的排列顺序是素材被选择的顺序，即首先被选择的素材排在轨道中靠前（水平排列靠左）的位置，后被选择的素材排在轨道中靠后（水平排列靠右）的位置。

向右侧拖曳“时间轴”下方的水平导航条右侧的圆环，放大轨道上的素材，这里没有增加素材的时间长度，而是相当于使用放大镜观察素材，放大镜移走后素材还是原来的大小和长度，如图2.18和图2.19所示。

缩放素材的快捷键：“=”键是放大，“-”键是缩小。
使用快捷键的前提条件：输入法处于英文状态。

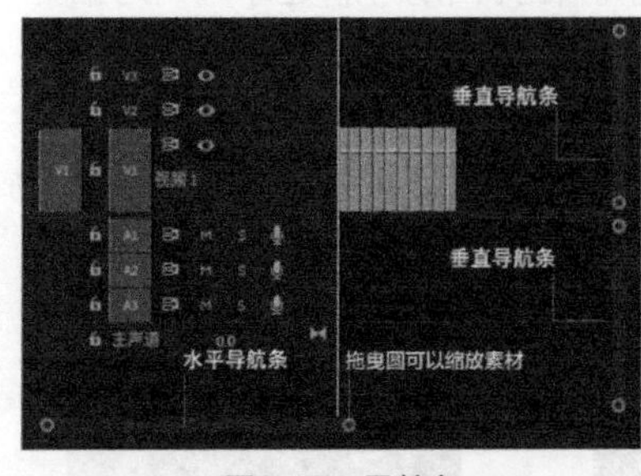

图2.18　导航条

图2.19　缩放素材

按空格键预览轨道上的素材，可以看到“时间轴”中的播放指示器正在向右侧不断移动，而在操作界面右上角的“节目”窗口中可以看到画面连续播放之后的画面效果。

步骤5　添加音频并同步时间长度

将音频素材“狂野自然.mp3”拖曳至“时间轴”中的A1轨道上，可见视频素材和音频素材的长度不同，需要同步它们的长度。选择工具栏中的“剃刀工具”，将“剃刀工具”放在音频素材上，将其右侧的虚线对齐到视频轨道上的素材的最后一帧，然后单击，在需要删除的那部分素材上单击鼠标右键，选择“清除”选项，如图2.20和图2.21所示，最后切换回“选择工具”。

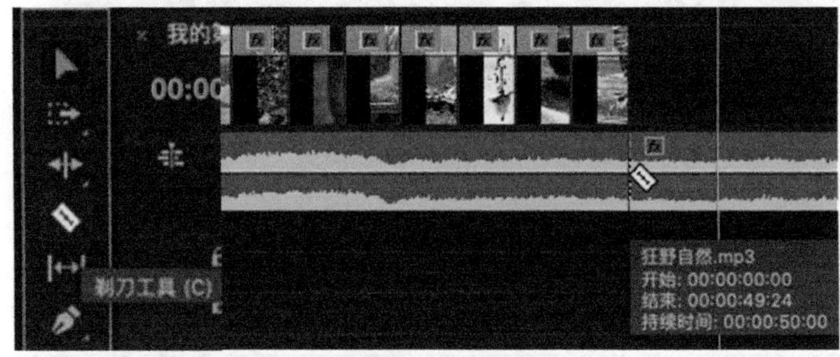

图2.20　切割素材

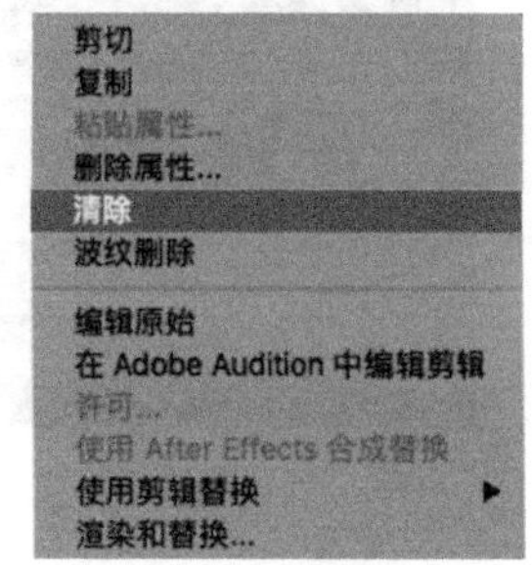

图2.21　删除素材

步骤6　添加视频过渡效果

视频1轨道中的所有图片都是一张接一张地排列的，每个画面结束后紧接着另一个画面，虽然看起来已经形成了一个连续的画面，但是总会让人觉得画面比较单一，而且每两张图片的切换看起来较为生硬，所以我们要给图片添加一点切换效果，让画面的变化更为柔和。在每两张图片的中间添加过渡效果，过渡效果的主要作用是使镜头间的切换变得柔和、舒缓。

找到“效果”窗口，拖曳“视频过渡”>“溶解”>“交叉溶解”过渡效果到“野生动物（1）.jpg”与“野生动物（2）.jpg”图片中间，如图2.22所示。单击空格键查看过渡效果，如果觉得过渡效果的持续时间偏长，可以双击时间轴上的“交叉溶解”过渡效果，在弹出的“设置过渡持续时间”对话框中单击“持续时间”右侧的时间码，将“持续时间”改为00:00:02:00，单击“确定”按钮，如图2.23所示。

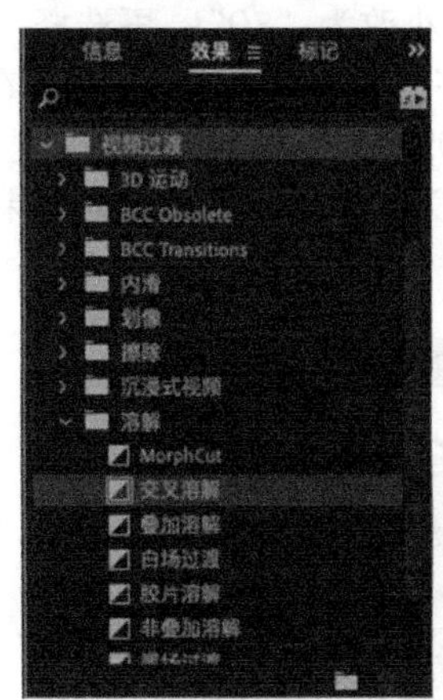

图2.22　“交叉溶解”效果

图2.23　修改持续时间

大家可以试着将不同的过渡效果添加到每两个素材中间。如果不介意所有过渡效果相同，也可以全选所有素材，按组合键Ctrl+D（Windows）或Cmd+D（macOS）,执行“应用视频过渡”命令，这样所选择的素材将同时添加“交叉溶解”过渡效果，如图2.24所示。然后依次双击其余的过渡效果，在“设置过渡持续时间”对话框中将“持续时间”改为00:00:02:00。

步骤7　添加音频过渡效果

下面添加音频的过渡效果，找到“效果”窗口，拖曳“音频过渡”>“交叉淡化”>“恒定功率”过渡效果到音频素材两端的“入点”（素材的第一帧）和“出点”（素材的最后一帧）位置。双击音频“出点”处的“恒定功率”过渡效果，在弹出的“设置过渡持续时间”对话框中单击“持续时间”右侧的时间码，将“持续时间”改为00:00:03:00，单击“确定”按钮，如图2.25所示。在入点、出点添加效果之后的音频，如图2.26所示。

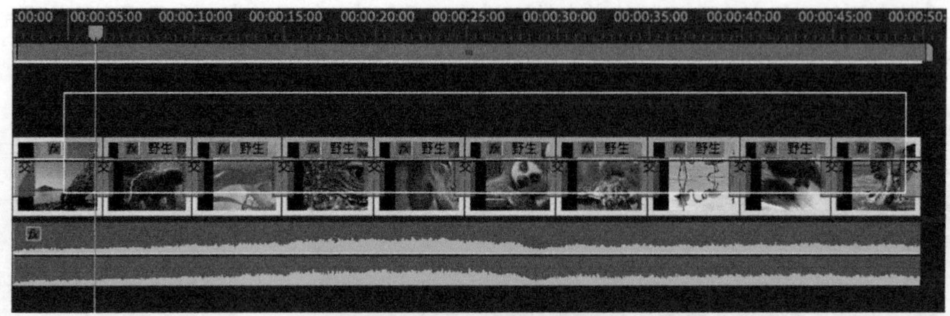
图2.24　应用视频过渡效果

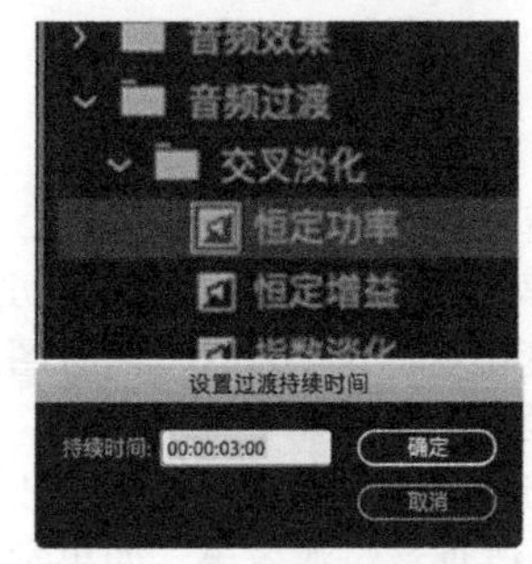

图2.25　音频过渡和设置持续时间

图2.26　添加效果之后的音频

步骤8　添加标题与字幕

选择工具栏中的“文字工具”，在“节目”窗口中单击并输入“我的第一个视频作品”文本，更改文本字体为“AliHYAiHei”（阿里汉仪智能黑体），将字体大小改为“80”，再选择“对齐并变换”中的“垂直居中对齐”和“水平居中对齐”选项，将标题对齐到视频素材的第一帧。在“时间轴”中选择标题，按组合键Ctrl+D（Windows）或Cmd+D（macOS）为其添加默认的过渡效果；再创建一个字幕“感谢观赏”，放在视频素材的最后一帧，同样也为其添加默认的过渡效果，如图2.27所示。

图2.27　添加标题与字幕

步骤9　调整视频色彩

再次浏览视频，发现素材中冷暖色调都有，而且某些素材的色彩饱和度不高，需要进行一些调整，每个人对色调和饱和度的感觉都不大一样，要靠经验的积累才能把握好调整尺度，这里带领大家简单调整一下素材的饱和度，方便大家了解“Lumetri”效果的使用方法。

选择“效果”>“视频效果”>“颜色校正”>“Lumetri颜色”效果，将其拖曳到“野生动物（2）.jpg”上。在操作界面左上方找到“效果控件”窗口，这是专门用来调整效果属性的窗口。找到最下面的“Lumetri颜色”效果，单击其左侧的下拉按钮，将“色温”属性的数值改为“25”，此时的画面色调明显变暖，如图2.28所示。

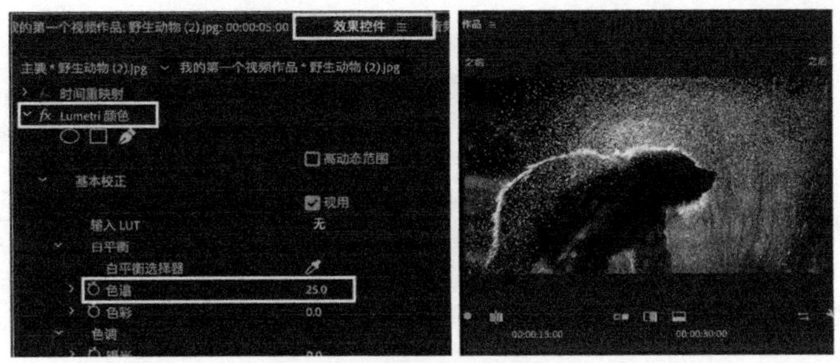

图2.28　添加并调整效果

接下来根据自己的感觉调整其他图片的色温。

步骤10　导出视频

单击“时间轴”，使其成为当前操作窗口，然后单击“文件”>“导出”>“媒体”，弹出“导出设置”对话框，将“格式”设置为H.264。在“预设”下拉列表里选择“匹配源-高比特率”选项，“输出名称”为“我的第一个视频作品.mp4”，设置完成后单击“导出设置”对话框底部的“导出”按钮，完成导出操作，如图2.29和图2.30所示。

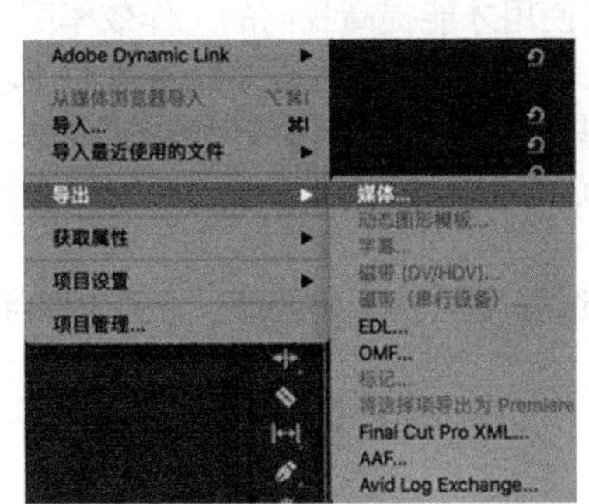

图2.29　导出媒体

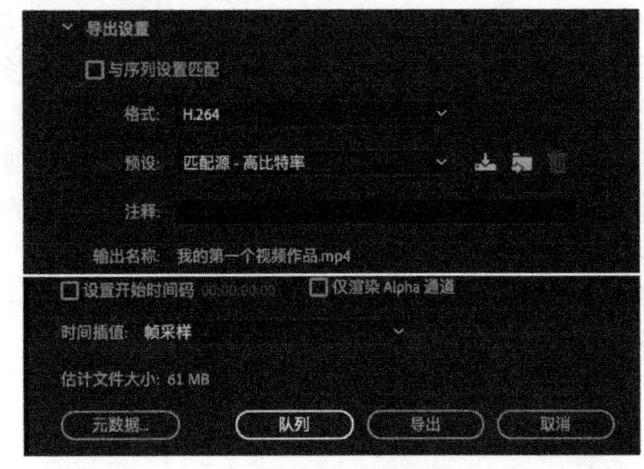

图2.30　导出设置

至此，本案例制作完成。

本章的主要任务是带领大家体验一下视频制作的整个流程，感受视频制作的乐趣，中间有很多操作为了简便都进行了省略，只要大家保持兴趣，就可以在接下来的学习中探索到更多且更有趣的技巧和方法，一起加油吧！

2.4 课后练习

尝试制作一个主题为“春天”的电子相册并输出。

制作要求如下。

（1）所选素材应符合主题的要求。

（2）适当添加字幕（片头或片尾）。

（3）加入能突出主题的背景音乐。

（4）分辨率为1920px ×1080px，帧速率为25帧/秒。

（5）时长约为一两分钟。

（6）输出格式为.mp4。

第3章 工欲善其事，必先利其器——如何高效使用Premiere Pro CC

3.1 提高效率的方法与途径

视频的剪辑和包装非常消耗时间，特别是在思路不确定时，需要对视频进行反复修改。所以提高工作效率无论是对视频制作爱好者，还是对剪辑师来说，都是非常重要的。

那么，Premiere Pro CC作为一款视频编辑软件，如何使用才能提高我们的工作效率呢？最简单、实用的方法就是多制作视频以积累经验，熟悉相关命令和工具的用途并经常应用于项目制作中。熟悉相关命令和工具的用途后，在编辑视频时，只需要考虑如何更好地实现创意，而不是花很多时间回忆某个命令或工具是干什么用的，只不过这种方法需要较长的时间来进行反复练习。

实际上，还可以通过以下几种方法来提升软件在使用过程中的性能和效率，从而提高我们的工作效率。

3.2 核心动力——首选项设置

软件中“首选项”的作用类似于汽车中发动机的作用，有的软件称“首选项”为“选项”“工具选项”或“偏好设置”等，其是一款软件的核心功能设置所在。正确设置“首选项”，对软件来说非常重要，有些功能只有在这里设置完成后才能充分地发挥作用。

Premiere Pro CC的“首选项”在哪里呢？Windows版本的“首选项”在“编辑”菜单中，而macOS版本的“首选项”在Premiere Pro CC菜单中，如图3.1所示。

图3.1 “首选项”命令的位置（左macOS版本，右Windows版本）

“首选项”对话框中的一些属性在软件的运行过程中具有非常重要的作用，接下来列举一些较为重要的属性选项并加以说明。

3.2.1 常规

“常规”选项中比较常用的是“素材箱”>“双击”下拉列表，这个下拉列表中有3个选项，分别是“在新窗口中打开”“在当前处打开”“打开新选项卡”，其中“在当前处打开”是最常用的选项。如果选择的是“在新窗口中打开”或“打开新选项卡”选项，则每次打开文件时都会弹出新的窗口，这样“项目”窗口中的窗口数量会越来越多。而当选择“在当前处打开”选项时，软件只会利用当前窗口来进行文件的管理，这样更加方便用户操作，当然具体选择哪个选项要根据个人的使用习惯来决定，如图3.2所示。

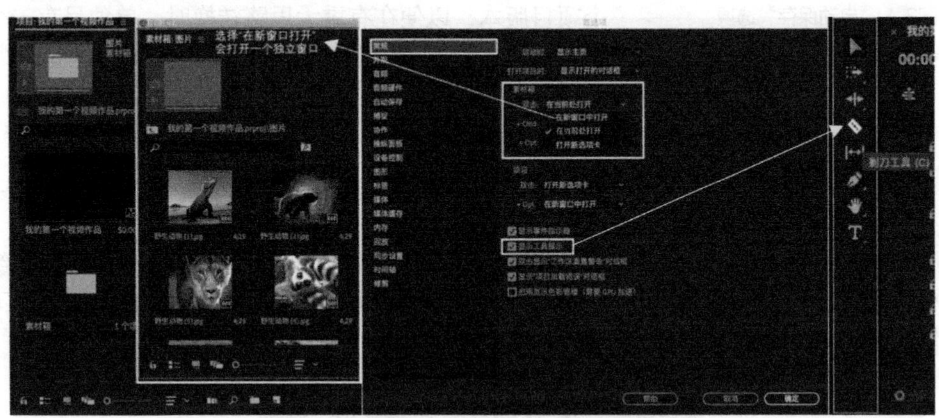

图3.2 “常规”选项

3.2.2 音频硬件

这个选项主要用于设置音频的硬件，在“默认输入”和“默认输出”中可以选择相应的输入、输出设备，如图3.3所示。单击“设置”按钮，弹出硬件设置对话框，在其中可以修改内置和外置硬件的属性。

图3.3 “音频硬件”选项和硬件设置对话框（中间是macOS版本的，右侧是Windows版本的）

3.2.3 自动保存

“自动保存”选项的作用是帮助还没有养成经常保存习惯的用户在软件意外退出时最大限度地保存作品的制作进度，是新手的“好帮手”。

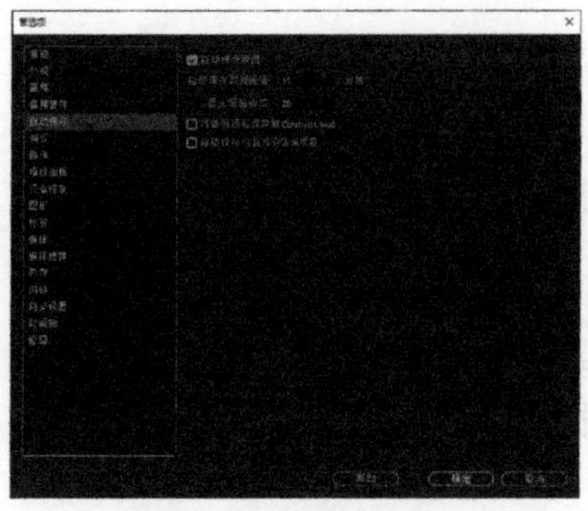

图3.4 “自动保存”选项

勾选“自动保存项目”复选框启动自动保存功能。“自动保存时间间隔”建议设置为10~15分钟，时间间隔太短，修改内容不多时频繁保存没有必要；时间间隔太长，自动保存的作用不大。“最大项目版本”是保存时最多被保存的项目数量，保存数量达到最大值后，新保存的项目将会替换最早保存的项目，依次类推，循环保存，因此建议设置为20分钟左右，如图3.4所示。

还有一个复选框是“自动保存也会保存当前项目”，不建议大家勾选该复选框，因为这样可以让剪辑师自主控制一个项目版本，以便在有重大思路转换时，单独另存一个新版本，与早期的剪辑思路区分开。无论怎样设置，应对软件意外退出的最好方法仍是养成经常保存的习惯。

3.2.4 媒体缓存

“媒体缓存”选项用于帮助软件在硬盘空间中开辟一块专门用于快速读取大量数据的缓存区域，它作为数据中转区可以提高硬盘读取和写入数据的速度，提高剪辑时硬盘和软件的工作效率，如图3.5所示。

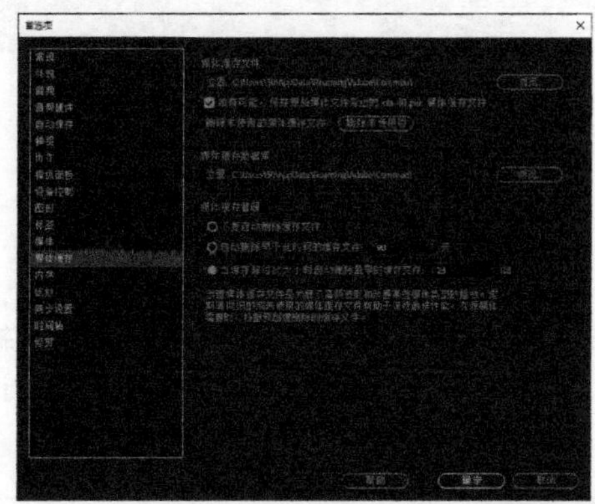

图3.5 “媒体缓存”选项

设置时可以将缓存区设置在硬盘中读取速度最快或剩余空间最大的盘符下面，如果有条件，还可以设置一个SSD专门用来存储数据和缓存文件，或者使用多个硬盘创建一个RAID磁盘阵列，加快硬盘的读取和写入速度。

3.2.5 内存

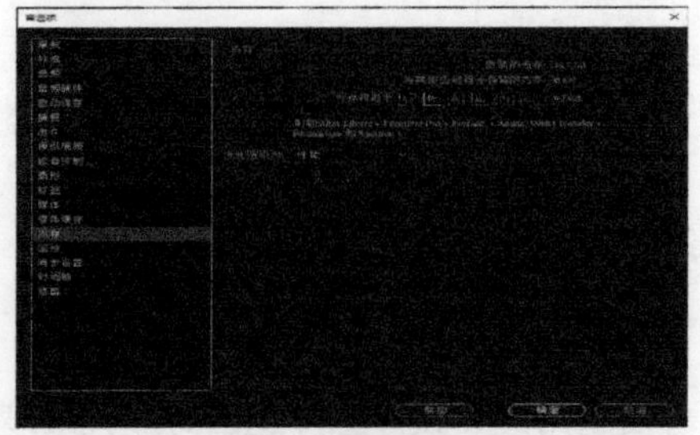

图3.6 “内存”选项

“内存”选项的作用是分配内存空间，一般来说计算机的内存容量越大，系统和软件的运行速度也越快。一般可以将“为其他应用程序保留的内存”设置为计算机内存的30%左右，系统内存太小会导致系统运行不稳定；为Adobe程序预留70%左右的计算机内存，程序内存太小也会影响程序运行的效率。如果计算机内存较大，也可以分配更多的内存给Adobe程序，如图3.6所示。

3.2.6 时间轴

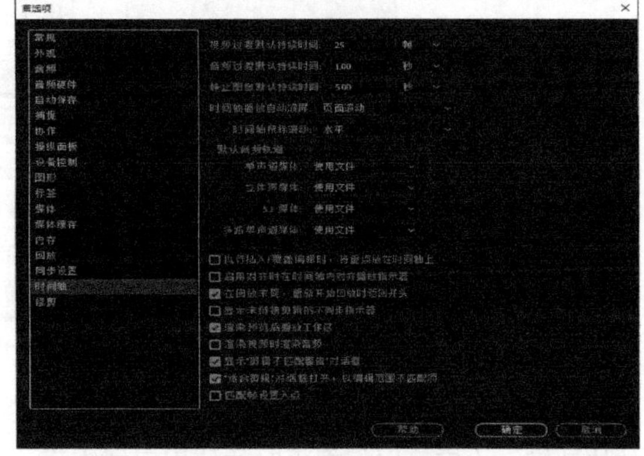
图3.7 “时间轴”选项

“时间轴”选项用于设置“时间轴”窗口中的一些操作。

“静止图像默认持续时间”选项设置的是把图片素材导入轨道后，图片素材的默认时间长度，如图3.7所示。也就是说，设置该选项后，再导入新素材到时间轴中时，素材的时间长度是设置的值。

要想在时间轴上放置100张时间长度为5秒的图片、100张时间长度为3秒的图片和100张时间长度为1秒的图片，不用逐一修改图片的时间长度，只需要在“时间轴”选项里将“静止图像默认持续时间”改为5秒，然后导入100张图片；再将这个数值改为3秒，导入100张图片，依次类推。这样不但可以批量更改图片的时间长度，还可以批量更改音、视频过渡的时间长度。

3.3 效率提升利器——快捷键

快捷键又称为热键，是用来完成指定操作的特殊按键或按键组合，往往会用到Ctrl键、Shift键、Alt键、Fn键、Windows键等。熟练使用快捷键后有些时候甚至可以抛开鼠标，不用手动寻找隐藏在菜单深处的命令，工作效率可以得到很大的提升，很多命令的右侧都标记有快捷键，如图3.8所示。

Premiere Pro CC的“键盘快捷键”中存储着不同软件的快捷键预设，方便熟悉其他软件的用户使用，直接选择相应的软件选项即可应用快捷键预设，如图3.9中的A所示。也可以自定义快捷键，如选择图3.9中B处的按键，将会在C处显示当前的按键内容，可以直接将这个按键删除，输入新的按键或按键组合。

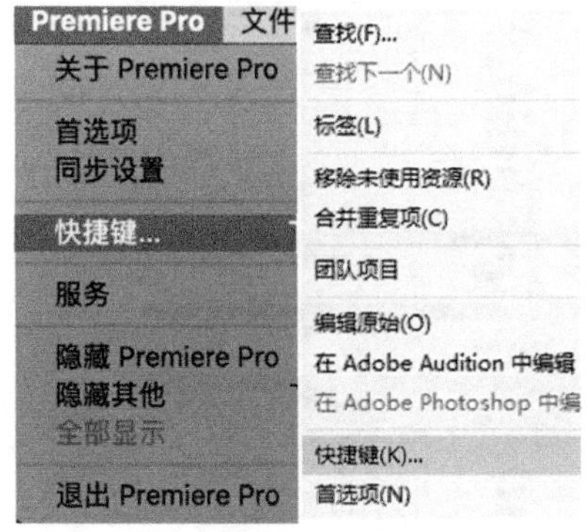

图3.8 快捷键

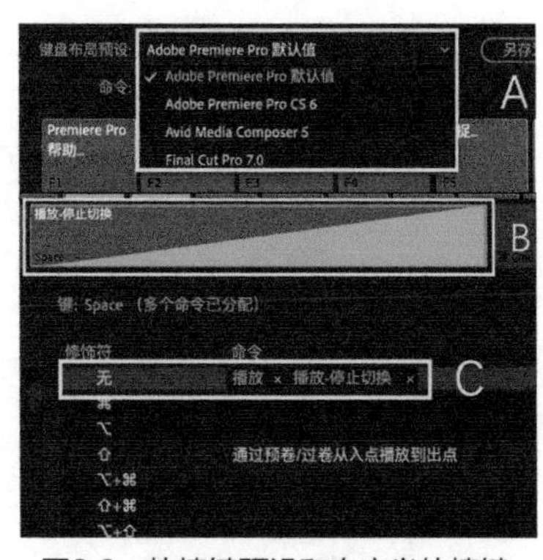

图3.9 快捷键预设和自定义快捷键

在“键盘快捷键”的编辑界面，可以选择不同的功能键，而键盘中将会显示与所选功能键的组合键，如图3.10所示，其中上图显示的是与Ctrl键组合的组合键，下图显示的是与Shift+Ctrl键组合的组合键。

图3.10　组合界面（上图是选择Ctrl键的，下图是选择Shift+Ctrl键的）

下面列举一些Premiere Pro CC中常用的快捷键，包含了Windows和macOS两种操作系统中的快捷键，大家可以根据平时的使用习惯牢记一部分常用的快捷键，以提高自己的操作效率。详细内容如图3.11所示。

	文件		
1	命令	Windows	macOS
2	项目...	Ctrl+Alt+N	Opt+Cmd+N
3	序列...	Ctrl+N	Cmd+N
4	素材箱	Ctrl + /	Cmd + /
5	打开项目...	Ctrl+O	Cmd+O
6	关闭项目	Ctrl+Shift+W	Shift+Cmd+W
7	关闭	Ctrl+W	Cmd+W
8	保存	Ctrl+S	Cmd+S
9	另存为...	Ctrl+Shift+S	Shift+Cmd+S
10	保存副本...	Ctrl+Alt+S	Opt+Cmd+S
11	捕捉...	F5	F5
12	批量捕捉...	F6	F6
13	从媒体浏览器导入	Ctrl+Alt+I	Opt+Cmd+I
14	导入...	Ctrl+I	Cmd+I
15	导出媒体	Ctrl+M	Cmd+M
16	获取选定内容的属性...	Ctrl+Shift+H	Shift+Cmd+H
17	退出 Premiere Pro	Ctrl+Q	Cmd + Q
18	编辑		
19	命令	Windows	macOS
20	还原	Ctrl+Z	Cmd+Z
21	重做	Ctrl+Shift+Z	Shift+Cmd+Z
22	剪切	Ctrl+X	Cmd+X
23	复制	Ctrl+C	Cmd+C
24	粘贴	Ctrl+V	Cmd+V
25	粘贴插入	Ctrl+Shift+V	Shift+Cmd+V
26	粘贴属性	Ctrl+Alt+V	Opt+Cmd+V
27	清除	Delete	Forward Delete
28	波纹删除	Shift+Delete	Shift+Forward Delete
29	重复	Ctrl+Shift + /	Shift+Cmd + /
30	全选	Ctrl+A	Cmd+A
31	取消全选	Ctrl+Shift+A	Shift+Cmd+A
32	查找...	Ctrl+F	Cmd+F
33	编辑原始	Ctrl+E	Cmd+E
34	键盘快捷键	Ctrl+Alt+K	Cmd+Opt+K
35	剪辑		
36	命令	Windows	macOS
37	制作子剪辑...	Ctrl+U	Cmd+U
38	音频声道...	Shift+G	Shift+G
39	音频增益	G	G
40	速度/持续时间...	Ctrl+R	Cmd+R
41	插入	,	,
42	覆盖	.	.
43	启用	Shift+E	Shift+Cmd+E
44	链接	Ctrl+L	Cmd+L
45	编组	Ctrl+G	Cmd+G
46	取消编组	Ctrl+Shift+G	Shift+Cmd+G
47	序列		
48	命令	Windows	macOS
49	渲染工作区域内的效果	Enter	Enter
50	匹配帧	F	F
51	反转匹配帧	Shift+R	Shift+R
52	添加编辑	Ctrl+K	Cmd+K
53	添加编辑到所有轨道	Ctrl+Shift+K	Shift+Cmd+K
54	修剪编辑	Shift+T	Cmd+T
55	将所选编辑点扩展到播放指示	E	E
56	应用视频过渡	Ctrl+D	Cmd+D
57	应用音频过渡	Ctrl+Shift+D	Shift+Cmd+D
58	将默认过渡应用到选择项	Shift+D	Shift+D
59	提升	;	;
60	提取	'	'
61	放大	=	=
62	缩小	-	-
63	序列中下一段	Shift + ;	Shift + ;
64	序列中上一段	Ctrl+Shift + ;	Opt + ;
65	在时间轴中对齐	S	S
66	制作子序列	Shift+U	Cmd+U
67	添加新字幕轨道	Opt + Cmd + A	Ctrl + Alt + A
68	在播放指示器处添加字幕	Opt + Cmd + C	Ctrl + Alt + C
69	转到下一个字幕段	Opt + Cmd + Down	Ctrl + Alt + Down
70	转到上一个字幕段	Opt + Cmd + Up	Ctrl + Alt + Up
71	标记		
72	命令	Windows	macOS
73	标记入点	I	I
74	标记出点	O	O
75	标记剪辑	X	X
76	标记选择项	/	/
77	转到入点	Shift+I	Shift+I
78	转到出点	Shift+O	Shift+O
79	清除入点	Ctrl+Shift+I	Opt+I
80	清除出点	Ctrl+Shift+O	Opt+O
81	清除入点和出点	Ctrl+Shift+X	Opt+X
82	添加标记	M	M
83	转到下一个标记	Shift+M	Shift+M
84	转到上一个标记	Ctrl+Shift+M	Shift+Cmd+M
85	清除所选的标记	Ctrl+Alt+M	Opt+M
86	清除所有标记	Ctrl+Alt+Shift+M	Opt+Cmd+M
87	图形		
88	命令	Windows	macOS
89	新建图层		
90	文本	Ctrl+T	Cmd+T
91	矩形	Ctrl+Alt+R	Opt + Cmd + R
92	椭圆	Ctrl+Alt+E	Opt+Cmd+E
93	对齐		
94	居中对齐	Ctrl+Shift+C	Cmd+Shift+C
95	左对齐	Ctrl+Shift+L	Cmd+Shift+L
96	右对齐	Ctrl+Shift+R	Cmd+Shift+R
97	排列		
98	移到最前	Ctrl+Shift +]	Shift+Cmd +]
99	前移	Ctrl +]	Cmd +]
100	后移	Ctrl + [	Cmd + [
101	移到最后	Ctrl+Shift + [	Shift+Cmd + [
102	选择		
103	选择下一个图层	Ctrl+Alt +]	Opt+Cmd +]
104	选择上一个图层	Ctrl+Alt + [	Opt+Cmd + [
105	窗口		
106	命令	Windows	macOS
107	重置为已保存的布局	Alt+Shift+0	Opt+Shift+0
108	音频剪辑混合器	Shift+9	Shift+9
109	音轨混合器	Shift+6	Shift+6
110	效果控件	Shift+5	Shift+5
111	效果	Shift+7	Shift+7
112	媒体浏览器	Shift+8	Shift+8
113	节目监视器	Shift+4	Shift+4
114	项目	Shift+1	Shift+1
115	源监视器	Shift+2	Shift+2
116	时间轴	Shift+3	Shift+3
117	帮助		
118	命令	Windows	macOS
119	Premiere Pro 帮助...	F1	F1
120	标题		
121	命令	Windows	macOS
122	模板	Ctrl+J	Cmd+J
123	“音频轨道混合器”面板		
124	命令	Windows	macOS
125	显示/隐藏轨道	Ctrl+Alt+T	Opt+Cmd+T
126	循环	Ctrl+L	Cmd+L
127	仅计量器输入	Ctrl+Shift+I	Ctrl+Shift+I
128	“捕捉”面板		
129	命令	Windows	macOS
130	录制视频	V	V
131	录制音频	A	A
132	弹出	E	E
133	快进	F	F
134	转到入点	Q	Q
135	转到出点	W	W
136	录制	G	G
137	回退	R	R
138	逐帧后退	左	左
139	前进	右	右
140	停止	S	S
141	“效果控件”面板		
142	命令	Windows	macOS
143	移除所选效果	Backspace	Delete
144	仅循环播放音频	Ctrl+L	Cmd+L
145	“效果”面板		
146	命令	Windows	macOS
147	新建自定义素材箱	Ctrl + /	Cmd + /
148	删除自定义项目	Backspace	Delete
149	基本图形面板		
150	命令	Windows	macOS
151	新建文本图层	Ctrl+T	Cmd+T
152	矩形	Ctrl+Alt+R	Opt + Cmd + R
153	椭圆	Ctrl+Alt+E	Opt+Cmd+E
154	移到最前	Ctrl+Shift +]	Cmd+Shift +]
155	前移	Ctrl +]	Cmd +]
156	后移	Ctrl + [	Cmd + [
157	移到最后	Ctrl+Shift + [	Cmd+Shift + [
158	选择下一个图层	Ctrl+Alt +]	Cmd+Opt +]
159	选择上一个图层	Ctrl+Alt + [	Cmd+Opt + [
160	清除选择项	Backspace	Delete
161	将行距增加一个单位	Alt+向上键	Opt+向上键
162	将行距减少一个单位	Alt+向下键	Opt+向下键
163	将行距增加五个单位	Alt+Shift+向上键	Opt+Shift+向上键
164	将行距减少五个单位	Alt+Shift+向下键	Opt+Shift+向下键
165	将字体大小增加一个单位	Ctrl+Alt+向右键	Opt+Cmd+向右键
166	将字体大小减少一个单位	Ctrl+Alt+向左键	Opt+Cmd+向左键
167	将字体大小增加五个单位	Ctrl+Alt+Shift+向右键	Opt+Shift+Cmd+向右键
168	将字体大小减少五个单位	Ctrl+Alt+Shift+向右键	Opt+Shift+Cmd+向左键

图3.11　快捷键列表

169	"历史记录"面板		
170	命令	Windows	macOS
171	后退	左侧	左侧
172	前进	右侧	右侧
173	Delete	删除	删除
174	"旧版字幕"面板		
175	命令	Windows	macOS
176	弧形工具	A	A
177	粗体	Ctrl+B	Cmd+B
178	椭圆工具	E	E
179	插入版权符号	Ctrl+Alt+Shift+C	Opt+Shift+Cmd+C
180	插入注册商标符号	Ctrl+Alt+Shift+R	Opt+Shift+Cmd+R
181	斜体	Ctrl+I	Cmd+I
182	直线工具	L	L
183	将选定对象向下微移五个像素	Shift+向下键	Shift+向下键
184	将选定对象向下微移一个像素	下	下
185	将选定对象向左微移五个像素	Shift+向左键	Shift+向左键
186	将选定对象向左微移一个像素	左	左
187	将选定对象向右微移五个像素	Shift+向右键	Shift+向右键
188	将选定对象向右微移一个像素	右	右
189	将选定对象向上微移五个像素	Shift+向上键	Shift+向上键
190	将选定对象向上微移一个像素	上	上
191	钢笔工具	P	P
192	将对象置于底端字幕安全边距内	Ctrl+Shift+D	Shift+Cmd+D
193	将对象置于左端字幕安全边距内	Ctrl + Shift + F	Shift+Cmd+F
194	将对象置于顶端字幕安全边距内	Ctrl+Shift+O	Shift+Cmd+O
195	矩形工具	R	R
196	旋转工具	O	O
197	选择工具	V	V
198	文字工具	T	T
199	下划线	Ctrl+U	Cmd+U
200	直排文字工具	C	C
201	楔形工具	W	W
202	"媒体浏览器"面板		
203	命令	Windows	macOS
204	在源监视器中打开	Shift + O	Shift + O
205	选择目录列表	Shift + 左侧	Shift + 左侧
206	选择媒体列表	Shift + 右侧	Shift + 右侧
207	"元数据"面板		
208	命令	Windows	macOS
209	循环	Ctrl + L	Cmd + L
210	播放	Space	Space

274	"节目监视器"面板		
275	命令	Windows	macOS
276	显示标尺	Ctrl+R	Cmd+R
277	显示参考线	Ctrl + ;	Cmd + ;
278	在节目监视器中对齐	Ctrl+Shift + ;	Shift+Cmd + ;
279	锁定参考线	Ctrl+Alt+Shift+R	Opt+Shift+Cmd+R
280	将选定对象向上微移五帧	Shift + Ctrl + 向上键	Shift + Cmd + 向上键
281	将选定对象向右微移五帧	Shift + Ctrl + 向右键	Shift + Cmd + 向右键
282	将选定对象向左微移五帧	Shift + Ctrl + 向左键	Shift + Cmd + 向左键
283	将选定对象向下微移五帧	Shift + Ctrl + 向下键	Shift + Cmd + 向下键
284	将选定对象向上微移一帧	Ctrl+向上键	Cmd+向上键
285	将选定对象向右微移一帧	Ctrl+向右键	Cmd+向右键
286	将选定对象向左微移一帧	Ctrl+向左键	Cmd+向左键
287	将选定对象向下微移一帧	Ctrl+向下键	Cmd+向下键
288	"项目"面板		
289	命令	Windows	macOS
290	新建素材箱	Ctrl+B	Cmd+B
291	删除	Backspace	Delete
292	列表	Ctrl+Page Up	Cmd+Page Up
293	图标	Ctrl+Page Down	Cmd+Page Down
294	悬停划动	Shift+H	Shift+H
295	删除带选项的选择项	Ctrl+Delete	Cmd+Forward Delete
296	向下展开选择项	Shift+向下键	Shift+向下键
297	向左展开选择项	Shift+向左键	Shift+向左键
298	向右展开选择项	Shift+向右键	Shift+向右键
299	向上展开选择项	Shift+向上键	Shift+向上键
300	向下移动选择项	下	下
301	移动选择项到结尾	End	End
302	移动选择项到开始	Home	Home
303	向左移动选择项	左	左
304	移动选择项到下一页	Page Down	Page Down
305	移动选择项到上一页	Page Up	Page Up
306	向右移动选择项	右	右
307	向上移动选择项	上	上
308	下一列字段	Tab	Tab
309	下一行字段	Enter	Return
310	在源监视器中打开	Shift+O	Shift+O
311	上一列字段	Shift + Tab	Shift + Tab
312	上一行字段	Shift+Enter	Shift+Return
313	下一缩览图大小	Shift +]	Shift +]
314	上一缩览图大小	Shift + [	Shift + [
315	切换视图	Shift + \	Shift + \
316	放大	=	=
317	缩小	-	-

211	多机位		
212	命令	Windows	macOS
213	转到下一个编辑点	向下	向下
214	转到任意轨道上的下一个编辑点	Shift + 向下	Shift + 向下
215	转到上一个编辑点	向上	向上
216	转到任意轨道上的上一个编辑点	Shift + 向上	Shift + 向上
217	转到所选剪辑结束点	Shift + End	Shift + End
218	转到所选剪辑起始点	Shift + Home	Shift + Home
219	转到序列剪辑结束点	End	Home
220	转到序列剪辑起始点	Home	Home
221	提高剪辑音量	]	]
222	大幅提高剪辑音量	Shift +]	Shift +]
223	最大化或恢复活动帧	Shift + `	Shift + `
224	最大化或在光标下恢复帧	-	-
225	最小化所有轨道	Shift + -	Shift + -
226	播放邻近区域	Shift + K	Shift + K
227	从入点播放到出点	Ctrl + Shift + Space	
228	通过预卷/过卷从入点播放到出点	Alt + R	Shift + Space
229	从播放指示器播放到出点	Ctrl + P	Ctrl + Space
230	播放-停止切换	Space	Space
231	显示嵌套的序列	Ctrl + Shift + F	Ctrl + Shift + F
232	波纹修剪下一个编辑点到播放指示器	W	W
233	波纹修剪上一个编辑点到播放指示器	Q	Q
234	选择相机1	1	1
235	选择相机2	2	2
236	选择相机3	3	3
237	选择相机4	4	4
238	选择相机5	5	5
239	选择相机6	6	6
240	选择相机7	7	7
241	选择相机8	8	8
242	选择相机9	9	9
243	选择查找框	Shift + F	Shift + F
244	在播放指示器上选择剪辑	D	D
245	选择下一个剪辑	Ctrl + 向下	Cmd + 向下
246	选择下一个面板	Ctrl + Shift + .	Ctrl + Shift + .
247	选择上一个剪辑	Ctrl + 向上	Cmd + 向上
248	选择上一个面板	Ctrl + Shift + ,	Ctrl + Shift + ,
249	设置标识帧	Shift + P	Cmd + P
250	向左往复	J	J
251	向右往复	L	L
252	向左慢速往复	Shift + J	Shift + J
253	向右慢速往复	Shift + L	Shift + L
254	停止往复	K	K
255	逐帧后退	左侧	左侧
256	后退多帧-单位	Shift + 左侧	Shift + 左侧
257	前进	右侧	右侧
258	前进多帧-单位	Shift + 右侧	Shift + 右侧
259	切换所有音频目标	Ctrl + 9	Cmd + 9
260	切换所有源音频	Ctrl + Alt + 9	Opt + Cmd + 9
261	切换所有源视频	Ctrl + Alt + 0	Opt + Cmd + 0
262	切换所有视频目标	Ctrl + 0	Cmd + 0
263	在快速搜索期间开关音频	Shift + S	Shift + S
264	切换操纵面板剪辑混合器模式		
265	全屏切换	Ctrl + `	Ctrl + `
266	切换多机位视图	Shift + 0	Shift + 0
267	切换修剪类型	Ctrl + Shift + T	Ctrl + T
268	向后修剪	Ctrl + 左侧	Shift + 左侧
269	大幅向后修剪	Ctrl + Shift + 左侧	Opt + Shift + 左侧
270	向前修剪	Ctrl + 右侧	Shift + 右侧
271	大幅向前修剪	Ctrl + Shift + 右侧	Opt + Shift + 右侧
272	修剪下一个编辑点到播放指示器	Ctrl + Alt + W	Opt + W
273	修剪上一个编辑点到播放指示器	Ctrl + Alt + Q	Opt + Q

318	"时间轴"面板		
319	命令	Windows	macOS
320	清除选择项	Backspace	Delete
321	降低音频轨道高度	Alt + -	Opt + -
322	降低视频轨道高度	Ctrl + -	Cmd + -
323	增加音频轨道高度	Alt + =	Opt + =
324	增加视频轨道高度	Ctrl + =	Cmd + =
325	将所选剪辑向左轻移五帧	Alt+Shift+向左键	Shift+Cmd+向左键
326	将所选剪辑向左轻移一帧	Alt+向左键	Cmd+向左键
327	将所选剪辑向右轻移五帧	Alt+Shift+向右键	Shift+Cmd+向右键
328	将所选剪辑向右轻移一帧	Alt+向右键	Cmd+向右键
329	波纹删除	Alt+Backspace	Opt+Delete
330	设置工作区域栏的入点	Alt + [	Opt + [
331	设置工作区域栏的出点	Alt +]	Opt +]
332	显示下一屏幕	Page Down	Page Down
333	显示上一屏幕	Page Up	Page Up
334	将所选剪辑向左滑动五帧	Alt+Shift + ,	Opt+Shift + ,
335	将所选剪辑向左滑动一帧	Alt + ,	Opt + ,
336	将所选剪辑向右滑动五帧	Alt+Shift + .	Opt+Shift + .
337	将所选剪辑向右滑动一帧	Alt + .	Opt + .
338	将所选剪辑向左滑动五帧	Ctrl+Alt+Shift+向左键	Opt+Shift+Cmd+向左键
339	将所选剪辑向左滑动一帧	Ctrl+Alt+向左键	Opt+Cmd+向左键
340	将所选剪辑向右滑动五帧	Ctrl+Alt+Shift+向右键	Opt+Shift+Cmd+向右键
341	将所选剪辑向右滑动一帧	Ctrl+Alt+向右键	Opt+Cmd+向右键

图3.11　快捷键列表（续）

3.4 两个秘籍：尽量获取统一编码和适合进行后期编辑的素材

Premiere Pro CC是一个几乎支持所有视频格式的软件，这是其功能强大的一种表现。但是在编辑视频时还有一些要求是比支持多种格式更重要的——稳定性和流畅性。用Premiere Pro CC导入多种素材时，如果软件很容易发生卡顿、崩溃，编辑效率就会大打折扣，这都是因为素材编码太过庞杂所致的。

目前，业界公认的流畅性和稳定性极佳的编辑软件是Avid Media Composer，其在导入素材后有这样一个操作——把时间轴上的每一个素材的格式统一转换成Avid的编码格式DNxHD/DNxHR，这样就可以保证软件运行时的流畅性和稳定性，降低软件发生卡顿和崩溃的概率。

秘籍之一在于尽量获取统一编码的素材，不同素材的编码方式、比特率等不同，在软件中对其进行编辑时将耗费许多的系统资源对其进行解码、编码、渲染等计算，导致计算机的计算效率大幅降低，严重时还会出现软件无法响应和系统崩溃的情况。

另一个秘籍在于选择适合进行后期编辑的素材，目前在后期制作的过程中常用的适合编辑的编码有ProRes、DNxHD/DNxHR和Gopro CineForm3种。这3种编码具有在高码流的编辑状态下保持较短的编码时间，多次编码后视频画面质量损失仍然极小的显著特点。

（1）ProRes编解码器提供多码流实时编辑性能、卓越的图像质量和低存储率。ProRes 编解码器充分利用多核处理功能，并具有快速降低分辨率的解码模式。这种编码更适合macOS平台，特别是配合FCPX使用，可轻松编辑4K视频，目前Windows系统也可以输出ProRes。

（2）DNxHD/DNxHR是使用Avid Media Composer时的不二之选，它可以为用户带来流畅、稳定的编辑体验。

（3）Gopro CineForm是后期编辑编码中的后起之秀，越来越多的剪辑师尝试使用这种编码方式进行工作。GoPro CineForm编解码器是一个跨平台的中间编解码器，通常在采用高清或更高分辨率的影片和电视工作流中使用。GoPro CineForm 编解码器可用于QuickTime文件(.mov)的本机解码和编码，因此，无须安装其他编解码器即可创建和使用QuickTime文件。

有的编码如Long-GOP（长图片群组）等，是需要耗费大量计算机硬件资源进行计算的，H.264编码格式的MP4视频就是使用这种编码方式的。在剪辑软件中的H.264视频上进行播放指示器拖曳操作时，经常出现画面响应非实时、卡顿的情况，严重影响了剪辑的精准度和效率，这种编码虽然不适合在专业剪辑中使用，但可在播放影片和展示作品时使用。

3.5 如何有效获得素材

获得素材的最好方式当然是自己拍摄，这样既可以完全符合项目制作的要求，又可以避免版权问题。但这对拍摄者有一定的技术和审美要求，而且会增加一定的时间成本。也可以从其他渠道获得一些免版税的相关素材，只是需要手动寻找资源。

3.5.1 视频类免费资源网站

1. Videvo

Videvo里面的视频素材允许被应用于商业项目，如图3.12所示。

图3.12 Videvo和Pexels网站界面

2. Pexels

Pexels提供的所有视频素材都可以免费用于个人和商业项目，而且使用过程中不必声明来源，如图3.12所示。

3. Pixabay

Pixabay也是一个较为经典的视频素材网站，该网站上的众多免费图片和视频均由社区内的用户提供，用户可免注册直接下载，也可以对心仪的素材进行自愿打赏，如图3.13所示。

4. Life of Vids

该网站上的视频均可用于个人或商业项目，但是不能在同一个项目中使用该网站中的视频超过10个，如图3.13所示。

图3.13　Pixabay和Life of Vids网站界面

5. Mazwai

Mazwai是一个免费的视频和动态图片资源网站，它的创建宗旨是通过简单的许可，让世界各地的创作者免费访问视频等资源。其中，所有的视频都是人工挑选的，以确保最高质量，如图3.14所示。

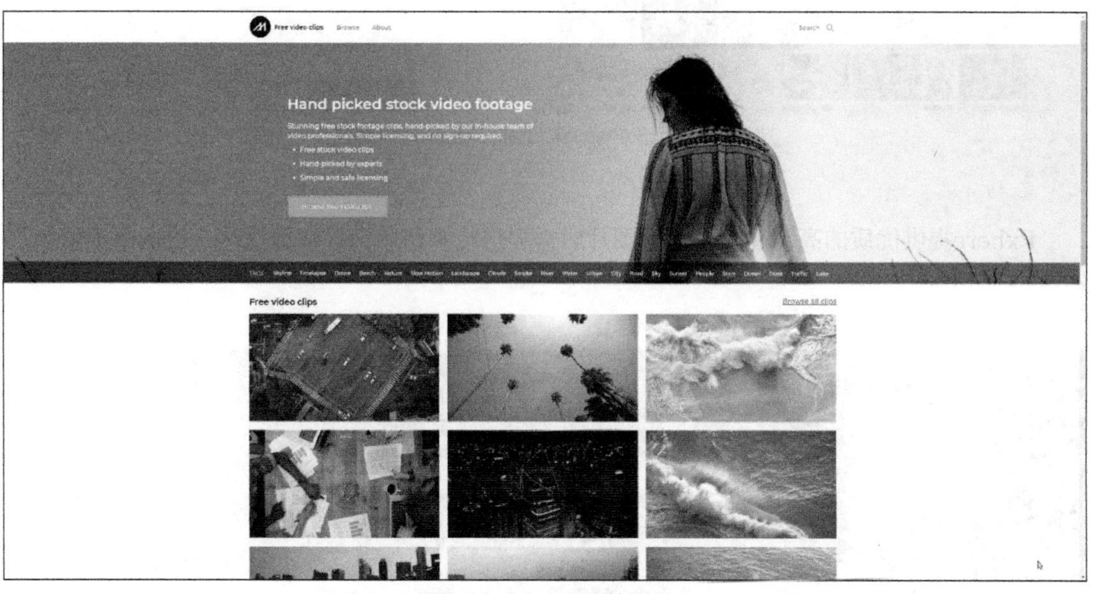

图3.14　Mazwai网站界面

3.5.2 图片类免费资源网站

1. Unsplash

Unsplash网站上的图片风格简洁，不少出自专业摄影师之手，无须登录就可以下载，还有多种图片格式可供选择，如图3.15所示。

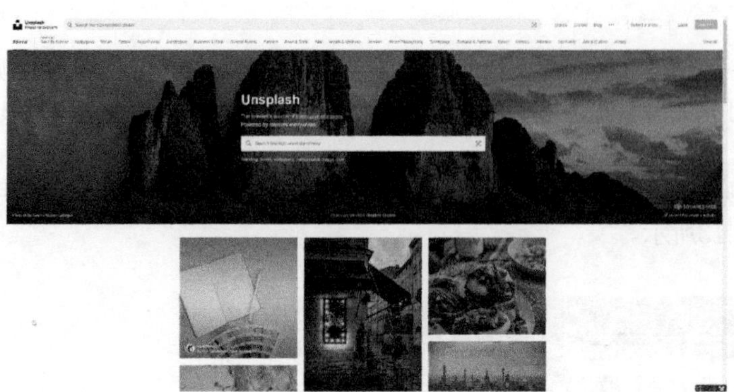

图3.15　Unsplash网站界面

2. Stocksnap.io

该网站知名度较高，而且也是无须登录就可以下载其中的资源，如图3.16所示。

3. Gratisography

该网站提供优质、高清的免费图片，同样是不用登录就可以下载，且下载速度很快，如图3.16所示。

图3.16　Stocksnap.io和Gratisography网站界面

4. Pxhere

Pxhere提供优质的高清图片，下载图片时需要进行邮箱验证并注册账号，但操作不复杂，如图3.17所示。

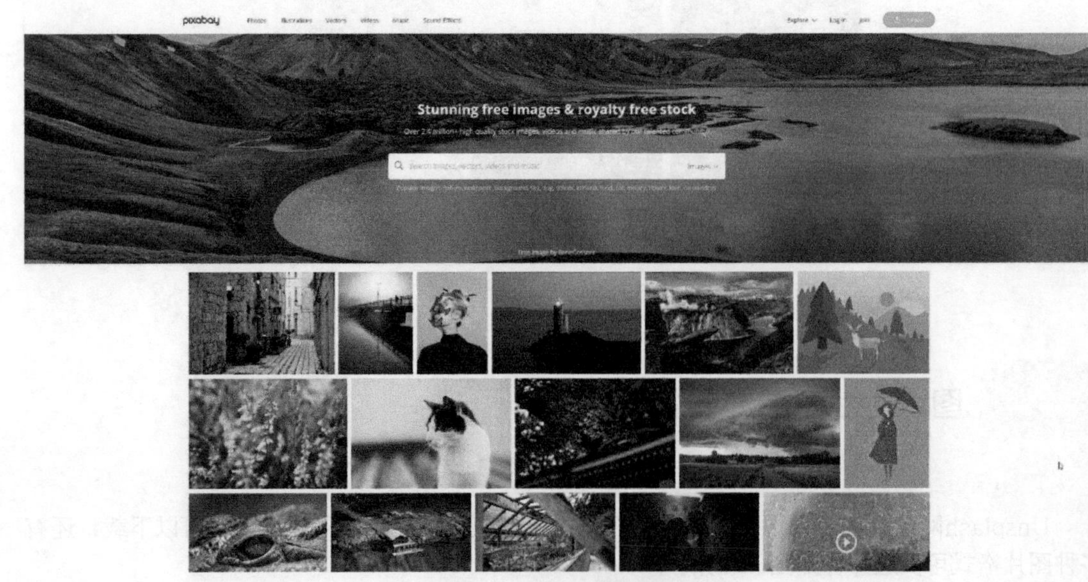

图3.17　Pxhere网站界面

3.6 项目和剪辑的设置与管理

新建项目后，在硬盘空间中会出现一个扩展名为.prproj的项目文件和几个文件夹，而且项目文件的数据容量很小，并不像是能存储几个吉字节的视频素材的文件，那为什么要建立这样的文件呢？它的主要作用又是什么呢？其实项目文件在整个视频制作过程中起到了信息存储和编辑载体的作用，如图3.18所示。将各类素材导入Premiere Pro CC时并没有将素材本身导入软件，而只是导入了素材的索引文件，编辑这种文件不会对原始素材产生任何影响，所以即使项目中导入了大量的素材，项目文件的数据容量依然保持在几兆字节的范围内。

Adobe Premiere Pro Audio Previews	文件夹	
Adobe Premiere Pro Auto-Save	文件夹	
Adobe Premiere Pro Captured Audio	文件夹	
Adobe Premiere Pro Captured Video	文件夹	
Adobe Premiere Pro Video Previews	文件夹	
电子相册.prproj	Adobe Premiere Project	75 KB
过渡效果.prproj	Adobe Premiere Project	64 KB
过渡效果叠加.prproj	Adobe Premiere Project	53 KB

图3.18　新建项目后产生的项目文件和文件夹

3.6.1 项目的最佳设置

实际上，在创建项目之初就应该为项目设置相应的标准，一般来说，如果素材与项目的属性相同，那么编辑和输出的效率会更高。项目的技术指标一般由素材属性和客户要求两个因素决定。

一般，用什么设备拍摄的素材就应使用什么格式和属性的项目文件，这样方便修改和制作。比如，一般用手机和数码摄像机拍摄的素材的格式是1080P，那在编辑时就会按照这种格式来设置项目文件，拖曳素材到“新建项目”按钮上即可创建出与拖曳素材属性相同的项目文件。

如果客户要4K分辨率的视频，就需要按照这个标准来拍摄和制作；如果客户要将视频投放到短视频平台，那么拍摄和剪辑时需要用9：16的竖幅画面构图，而项目文件必然要符合这一要求。

3.6.2 项目管理

最好经常保存项目，并自主备份多个副本，在软件中打开“自动保存”功能，为项目设置双重保险。在制作过程中，遇到思路转变时要另存一个副本，这样即使需要回到原始版本也可尽量减少重复性的工作。不同项目的文件也要尽量保存在同一个大的路径下，方便管理和使用。

3.6.3 如何更有效地管理素材

素材的管理容易被大家所忽略，但遇到素材种类和数量较多的项目时，如果没有清晰的文件夹结构、明了的文件路径及固定的存放素材的位置，那么在使用时可能会出现找不到素材，甚至丢失素材等情况，所以我们应该增强素材管理意识，保证素材的有效使用。

首先，应将素材与该项目的文件放在同一文件夹中，并进行素材备份。这样既能为查找和管理素材提供极大的方便，也能使得素材不易丢失。其次，应将不同种类素材分类管理，将相同类型的素材放在同一个文件夹，方便查找。“项目Project”文件夹里面可以放置Premiere Pro CC的项目文件，也可以放置After Effects CC、Audition CC等其他软件的项目文件。最后，可以建立带序号的素材文件夹，在导入和处理相关素材时能精确地找到素材，提高工作效率，如图3.19所示。

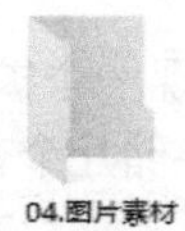

图3.19　文件夹结构示例

3.6.4 项目管理器

如果在项目制作过程中需要更换计算机，或将项目素材全部移动到新的位置，或整理所有要使用的素材，可以使用“项目管理器”对话框来收集和整理本项目中用到的所有素材文件。这种方法可以收集所有与本项目相关的素材，并将其复制到指定的文件夹内，还可以预估项目的文件量。

单击“文件”>“项目管理”，弹出“项目管理器”对话框，在“序列”组中可以选择收集全部或部分序列中的素材；建议大家在“生成项目”组中选择“收集文件并复制到新位置”，这样可以在不移动原有素材的基础上复制素材到新位置；单击“目标路径”组右侧的“浏览”按钮可以指定新的保存文件的位置；单击“磁盘空间”组中的“计算”按钮，就可以看到生成项目的大小和盘符下的剩余空间；勾选“选项”组中的“排除未使用剪辑”复选框和其他所需的复选框；最后单击“确定”按钮，如图3.20所示。

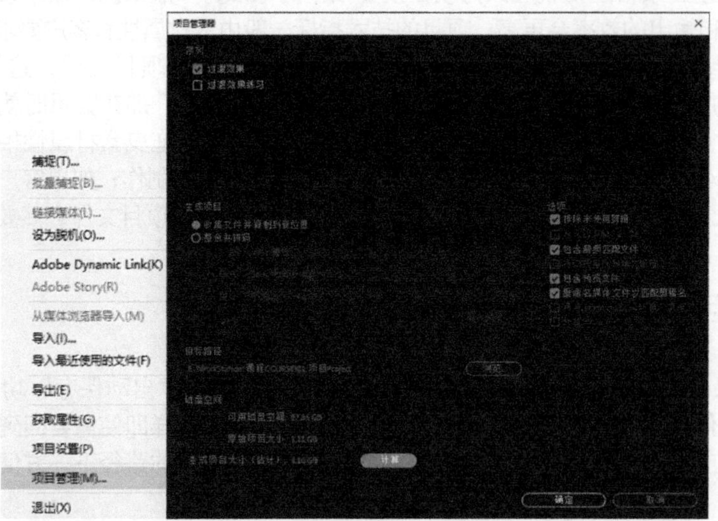

图3.20　“项目管理器”对话框

3.6.5 剪辑的管理：主剪辑

“主剪辑”功能可以将Premiere Pro CC中的效果应用到时间轴中的所有已经使用主剪辑的序列上，也就是说，只需要添加一个效果到主剪辑上，所有使用该主剪辑的序列都将得到同样的效果，修改主剪辑上的效果后对应序列中的效果也会自动发生相应的改变。

将“效果”窗口中的效果拖曳到主剪辑上，可将效果应用到主剪辑。要查看或调整序列中的主剪辑效果，可使用“匹配帧”功能将该序列的主剪辑加载到“源”窗口中；然后，在“效果控件”窗口中调整所有已应用的效果，如图3.21所示。

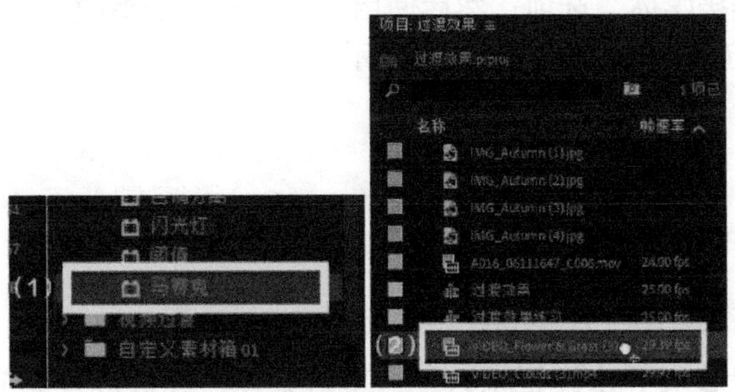

图3.21　主剪辑

3.6.6 3种情况导致的脱机媒体

在Premiere Pro CC 中某个剪辑在移动、重命名或删除3种情况下，该剪辑就会成为脱机剪辑，也称为离线文件或脱机媒体。在“项目”窗口中用“脱机项目”图标表示脱机剪辑，而在时间轴、“节目”窗口和其他位置，则显示为“脱机媒体”，如图3.22所示。

图3.22　脱机媒体

使用以下两种方法可以解决这个问题。

第一种方法是采用Premiere Pro CC的“链接媒体”和“查找文件”对话框，这两者可帮助用户查找并重新链接脱机媒体。用户打开包含脱机媒体的项目时，利用“链接媒体”对话框，可查找并重新链接脱机媒体。

单击“链接媒体”对话框中的“查找”按钮，弹出“查找文件”对话框，勾选“仅显示精确名称匹配”复选框，选择相应的文件，然后单击“确定”按钮，如图3.23所示。

图3.23　链接媒体和查找文件

第二种方法是在项目打开状态或打开包含脱机媒体的项目时，在单击“脱机”或“取消”按钮的情况下，先在“项目”窗口中右击脱机媒体并选择“链接媒体”选项；然后使用与第一种方法相同的步骤完成脱机媒体的查找与链接，如图3.24所示。

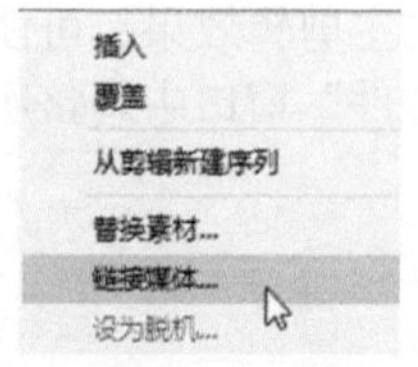

图3.24 链接媒体

3.6.7 渲染

1. 智能渲染

导出时，如果源设置与导出设置相匹配，可对某些格式进行智能渲染以尽可能地避免重复压缩，从而创建较高质量的输出文件。只有源设置的编解码器、大小、帧速率和比特率与导出设置匹配时，智能渲染才有效。常用的QuickTime格式中支持智能渲染的编码如下：动画、DNxHD、GoPro CineForm、无：未压缩的RBG8位、ProRes 422、ProRes 422 (HQ)、ProRes 422 (LT)、ProRes 422（代理）、ProRes 4444。

2. 渲染插件AfterCodecs

Premiere Pro CC虽然自带了很多输出格式，但是如果想提高导出速度，就需要借助其他工具。AfterCodecs是一款优秀的渲染插件，支持Premiere Pro CC、After Effects CC和Media Encoder CC支持输出H.264，H.265和ProRes这些编码，渲染输出速度快，且压缩后的文件小，画质高，如图3.25所示。

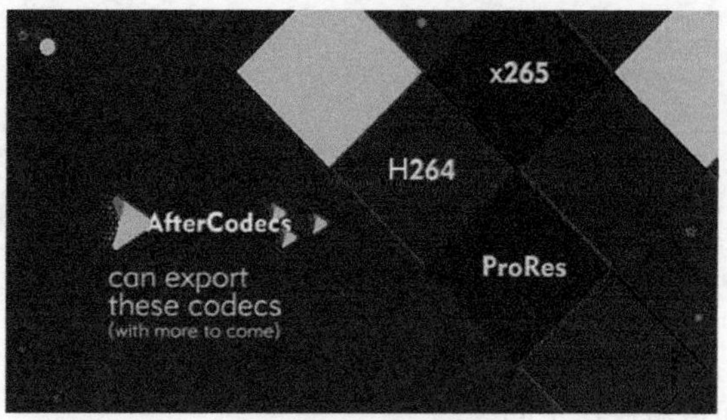

图3.25 渲染插件

3.7 课后练习

（1）尝试分别输出并对比ProRes、DNxHD/DNxHR和Gopro CineForm3种编码的文件大小和清晰度。

（2）请列举并牢记10个你经常使用的快捷键，以此提高自己的操作效率。

第4章 Premiere Pro CC实操——时间轴和序列的使用

4.1 时间轴与序列

视频编辑过程中80%～90%的操作是在“时间轴”窗口中进行的，所有素材的导入、组接，以及透明度和音量的调整及简单的关键帧操作都要使用“时间轴”窗口。

“时间轴”窗口就像是一个总的内容载体，而在“时间轴”窗口里可以建立相应的序列，它相当于内容载体的局部。无论是何种编辑操作都需要在符合相应标准的序列中进行。一个时间轴中可以包含多个且可以是不同标准的序列，也可以将序列拖曳到另一个序列中建立嵌套序列，完成批量修改的操作。

4.2 “时间轴”窗口介绍

“时间轴”窗口是一个十分重要的编辑窗口，主要的编辑工作都在这个窗口中进行，如图4.1所示。“时间轴”窗口从功能上可以分为两个区域，即编辑区和属性区。而无论是编辑区还是属性区又都可分为视频区和音频区两部分。编辑区主要进行编辑操作，属性区主要用来调整和设定相关属性，而拖动缩放滚动条可以在水平和垂直方向上调整素材的显示比例。

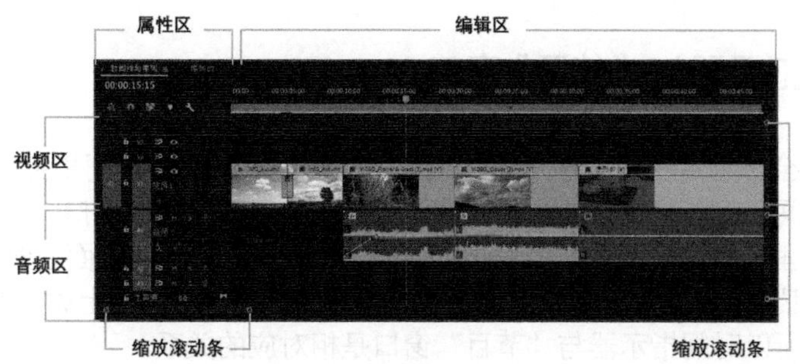

图4.1 “时间轴”窗口

4.2.1 时间标尺与工作区

时间标尺位于编辑区的最上端，是用来标识和计算时间长度的工具，可以帮助我们确定素材的时长和位置，计算序列或成片的长度。其显示格式一共有4种，常用的是“时间码”模式，其显示格式为00:00:00:00，含义为“小时:分钟:秒:帧”，最小单位是帧。

在编辑音频的时候可以使用“显示音频时间单位”命令，将最小单位切换到毫秒，编辑操作的精细度会高很多，更适合在编辑音频时使用，其显示格式为00:00:00:000，含义为“小时:分钟:秒:毫秒”，如图4.2所示。

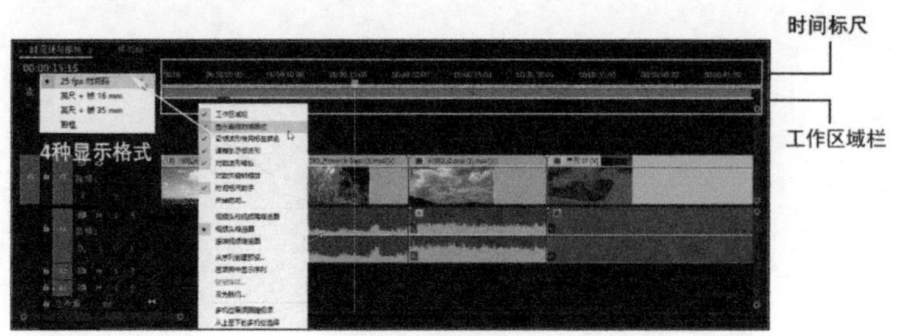

图4.2 时间标尺

工作区位于时间标尺的下方，其主要作用就是在渲染、预览和回放时标记序列中的实际渲染时间，以及通过颜色区分序列回放中帧速率的情况。

绿色渲染条表示这部分视频可以全帧率实时回放。黄色渲染条表示这部分视频可能无须渲染即能以全帧率实时回放。而红色渲染条表示必须渲染才能以全帧率实时回放该部分视频。无论红色或黄色渲染条下的视频质量如何，都建议在将这些部分导出之前先对其进行渲染，以加快最后导出时的速度。一般情况下，导出视频时都会通过工作区设定导出视频的时间长度。工作区的头尾垂直范围所包含的区域就是导出视频的时间长度，如图4.3所示。

图4.3 工作区

4.2.2 时间指示器与“节目”窗口

时间指示器的全称为定位时间指示器，我们习惯性地称之为“时间指针”，其作用就是标识指针所在位置的时间码，并将相应的画面内容传递到与其保持同步的窗口——“节目”窗口中。时间指示器停在哪里，“节目”窗口中就会显示哪个时间节点对应的画面。时间指示器以倍速的方式的移动，“节目”窗口中的画面也会以倍速的方式播放。在时间轴上添加的效果会在“节目”窗口中同步显示，所以时间指示器与“节目”窗口是相对应的关系。

可以通过J（向左播放）、K（暂停播放）、L（向右播放）3个按键控制播放，每按一次J和L键都会使播放速度加倍；而Shift+J或Shift +L组合键用于实现慢速播放，可以通过这组组合键灵活控制画面的播放方式。

在播放画面效果时要注意是否存在丢帧的情况，如果存在丢帧的情况就不能达到实时预览画面效果的目的。可以通过观察“节目”窗口左下角的丢帧指示器来判断是否丢帧。如果丢帧指示器显示为绿色就表示并未丢帧，处于实时预览状态。如果其显示为黄色，就表示有丢帧情况出现，可以将鼠标指针悬停在丢帧指示器上，这样会显示丢帧的情况，以此来决定是否需要渲染后再进行预览播放，如图4.4所示。

图4.4　丢帧指示器

4.2.3 视频轨道

视频轨道是用来专门放置可视化素材的载体，可视化素材包括视频、图片、字幕、动画和动态链接等能够看得见的素材。轨道与轨道之间存在上下层关系，无素材的轨道全部透明显示，默认背景颜色是黑色。当有素材时上层轨道的素材会遮挡下层轨道的素材。视频轨道的最左侧是视频编辑的起点，时间码为00:00:00:00，新的素材被添加到视频轨道中后，视频轨道将根据素材长度自动延长时间轴。

理论上，视频轨道的数量没有限制，但轨道数量越多，计算机系统的压力会越大，这会造成程序运行不稳定。最好能根据计算机系统的性能适当添加轨道和效果，还可以适当降低“节目”窗口中的画面显示质量或使用代理文件，以减少轨道过多带来的卡顿、丢帧等现象。

轨道的具体功能如图4.5所示。

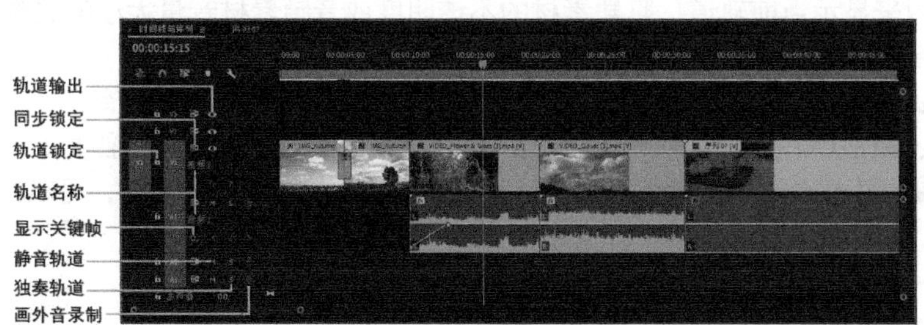

图4.5　轨道的具体功能

轨道输出：决定该轨道上的素材是否在“节目”窗口中显示。

同步锁定：决定当进行插入、波纹删除等操作时，是否同步移动素材的视频和音频部分。默认的同步状态可以保证声画同步移动。当按下时间码下方的总开关时，可以直接删除素材的音频或视频部分，而不需要执行“解除音视频链接”命令。当使“轨道锁定”左边的V1或右边的A1成为灰色时，可以直接在“项目”窗口或“源”窗口中导入素材的音频或视频部分，而不需要整体导入。

轨道锁定：当编辑序列的其他部分时，锁定整个轨道对于防止不小心修改该轨道上的任何素材很有帮助。已锁定的轨道上会显示斜线图案，锁定某个轨道后，该轨道就不再是操作的目标了。除非解除该轨道的锁定并将其重新设定为目标轨道，否则无法向该轨道添加新素材。

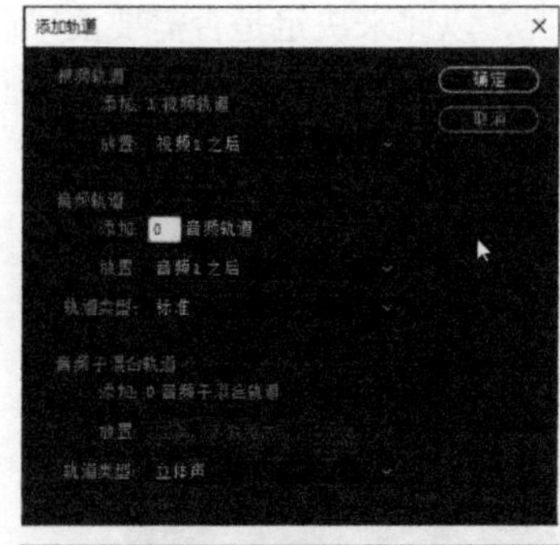

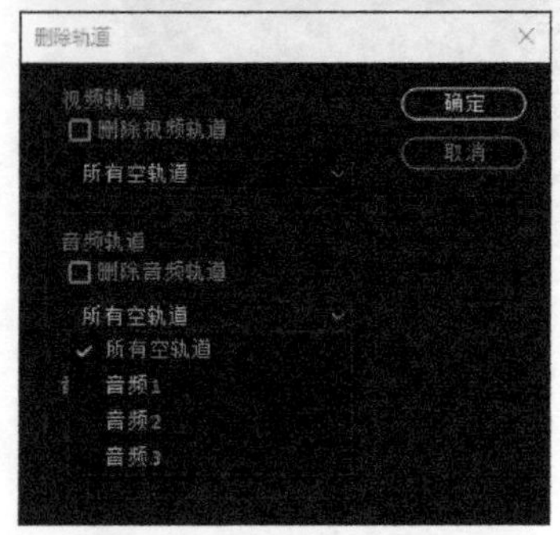

图4.6 添加轨道和删除轨道

轨道名称：用于标记轨道上的素材的作用或类型，以便识别轨道内容，若要修改轨道名称，可以直接在名称上单击鼠标右键并选择“重命名”选项。

添加轨道：Premiere Pro CC可以支持几百个轨道，且要求最少有1个视频轨道和1个音频轨道，还要有1个主声道。添加轨道时既可以一次添加1个轨道，也可以一次添加多个轨道，删除轨道时也是一样。可以直接在轨道名称上单击鼠标右键，并选择“添加轨道”或“删除轨道”选项，打开“添加轨道”或“删除轨道”对话框，如图4.6所示。

要添加所需数量的轨道，请在视频、音频和音频子混合轨道的“添加”文本框中分别输入相应的数字；要指定添加轨道的位置，请从“放置”下拉列表中为所添加的轨道选择一个放置位置。还有一种更为简单的添加轨道的方法，就是直接拖曳素材到所属类型轨道最上方和最下方的空白处。

在“删除轨道”对话框中，勾选要删除的轨道类型对应的复选框，然后在下拉列表中选择要删除的轨道的名称。只想保留有素材的轨道时，可以选择“所有空轨道”选项，然后勾选“删除视频轨道”或“删除音频轨道”复选框。

4.2.4 音频轨道

音频轨道是专门用来放置音频素材的载体，而且只能导入音频文件；轨道与轨道之间不存在上下层关系，轨道中有重叠的音频素材时，将会同时播放所有轨道中的音频素材。

音频轨道的具体功能如图4.5所示。

显示关键帧：可以显示轨道中的3种不同类型的关键帧，分别是剪辑关键帧、轨道关键帧和轨道声像器。剪辑关键帧是用来显示单个视频素材的不透明度或音频素材的音量大小的关键帧。轨道关键帧是用来显示当前轨道，整轨素材的不透明度或音频素材音量大小的关键帧。轨道声像器是用来显示音频素材的左右声道偏移的关键帧。

静音轨道：激活后，当前音频轨道的素材不发声，也可多轨道同时静音。

独奏轨道：激活后，只有当前音频轨道的素材发声，也可多轨道同时独奏。

画外音录制：连接外部录音装置后，激活某轨道的“画外音录制”功能，可以在当前轨道录制声音。

4.2.5 常用选项和工具

在“时间轴”窗口中有一些常用的选项和工具可以帮助我们提升工作效率，其中还有一些隐藏的功能，如图4.7所示。

1.“时间轴”窗口选项

单击序列名称右侧的☰按钮，弹出的菜单中有很多与“时间轴”窗口相关的常用选项，如下所示。

关闭面板：关闭当前使用的面板或窗口。

浮动面板：使当前窗口浮于其他窗口上方。

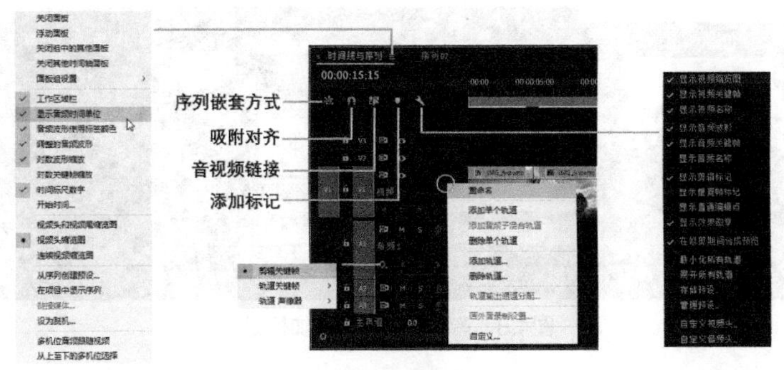

图4.7　序列选项和工具

工作区域栏：在“时间轴”窗口中显示“工作区域栏”条形图标，用来设置预览或导出素材的时间长度。“工作区域栏”头尾的垂直范围之内的区域就是将要输出的影片长度，此处可参考图4.3。

显示音频时间单位：此选项可将时间轴中显示的最小单位切换成毫秒，更适合音频素材的编辑。

视频在时间轴中的显示方式：只在视频素材的头尾显示缩略图，或只在视频素材开头显示缩略图或视频中的每一帧都显示缩略图。

2.“时间轴”窗口中的工具

序列嵌套方式：将序列作为嵌套或个别剪辑插入并覆盖其他序列，此按钮默认状态下为蓝色，此时将其他序列嵌入本序列，被嵌入的序列作为一个整体被导入时间轴中，若修改被嵌入的序列，则此序列中的所有内容将被统一修改。单击此按钮后按钮变为灰色，此时将其他序列嵌入本序列，被嵌入的序列将不再作为一个整体出现，而是显示为被嵌入的序列中已有素材的排列方式。

吸附对齐：此按钮默认状态下为蓝色，可以使用自动吸附式对齐功能，当一个素材的头部或尾部靠近另一个素材的头部或尾部时，会出现一条垂直的黑色标记线，两个素材自动吸附并对齐，不会出现覆盖帧的现象。单击此按钮后按钮变为灰色，此时两个素材靠近无吸附对齐效果，极容易造成两个素材首尾帧被覆盖的情形。

音视频链接：用来决定素材中的视频和音频部分是否保持同步。此按钮默认状态下为蓝色，表示视频和音频部分保持同步，不管是移动素材的音频部分还是视频部分，整个素材都同步移动。单击此按钮后按钮变为灰色，则表示此素材的视频和音频部分可以单独移动、删除。一旦素材的视频和音频部分不能保持同步，素材的左上角就会出现同步的差值。如果是误操作，可以在“差值”上单击鼠标右键并选择“移动到同步”选项，使它们继续保持同步状态，如图4.8A处所示。

添加标记：可以在时间轴或素材上添加信息标记，如图4.7所示。在时间轴上添加的信息标记不会自行移动，位置相对固定。而添加到素材上的信息标记，会随着素材的移动而移动，如图4.8B处所示，上方是时间轴上的标记，下方是素材上的标记。

选择素材并单击“添加标记”按钮，标记就被添加到素材上了，如果不选择素材，而是在时间指示器所在的位置单击“添加标记”按钮，就会将标记添加到时间轴上。“标记”窗口中会简单显示标记信息，可以在其中设置标记的信息和颜色，如图4.8D处所示。也可以双击“标记”，打开“标记”对话框，在里面可以添加更详细的标记信息，如图4.8C处所示。

时间轴显示设置：“时间轴显示设置”菜单里的命令都用于切换视频轨道和音频轨道的显示内容，如图4.7右侧所示。如“显示视频缩略图”决定素材是否显示首帧画面。“显示音频波形”决定音频素材是否以波形显示。“显示视频名称”和“显示音频名称”决定是否在素材左上角显示素材名称，这些是较为常用的显示命令。除此之外，“最小化所有轨道”和“展开所有轨道”用于控制轨道的高度，也可以手动拖曳两个轨道之间的灰色分割线，调整单个轨道的高度。

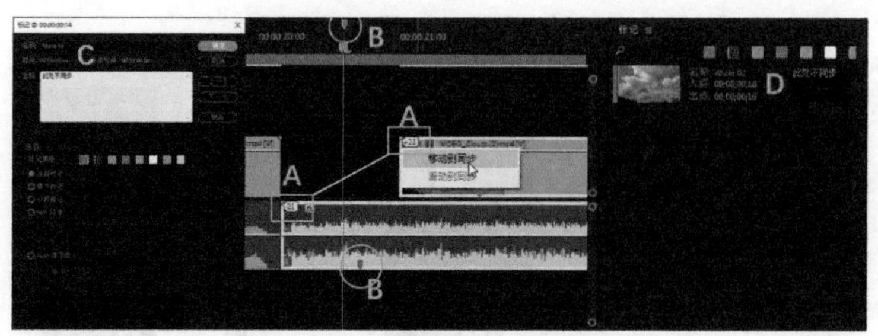

图4.8 音视频链接和添加标记

4.3 序列的创建和设置

序列是我们编辑视频时的重要元素，大概80%以上的操作都是以序列为基础的，其重要性不言而喻，所以在创建序列时必须保证其正确性，序列的属性与素材的属性不匹配会造成一些不必要的麻烦。

通常我们根据以下两种情况来创建序列。

一是根据客户的要求，即播放载体的要求。如果客户要将视频投放到短视频平台，那么视频的宽高比是9∶16；如果播放载体是晚会现场的LED屏，那么视频的宽高比要根据LED屏的比例确定，否则画面就会缺失或变形。

二是根据拍摄设备，也就是素材的属性。如HDV摄像机拍摄的素材分辨率是1440px× 1080px，宽高比是1.333，帧速率是30帧/秒，创建序列时要按照相应的属性进行设置。如果是使用单反相机（DSLR）拍摄的素材，通常分辨率是1920px×1080px，宽高比是1.0，帧速率是25帧/秒。素材的属性不同，序列的属性就不同。

如果按照素材属性来创建序列，可以在“项目”窗口中将素材拖曳到“项目”窗口右下角的“新建项”按钮上，这种方式是最快速的按照素材的属性创建序列的方法，可以保证序列与素材的属性一致，如图4.9所示。

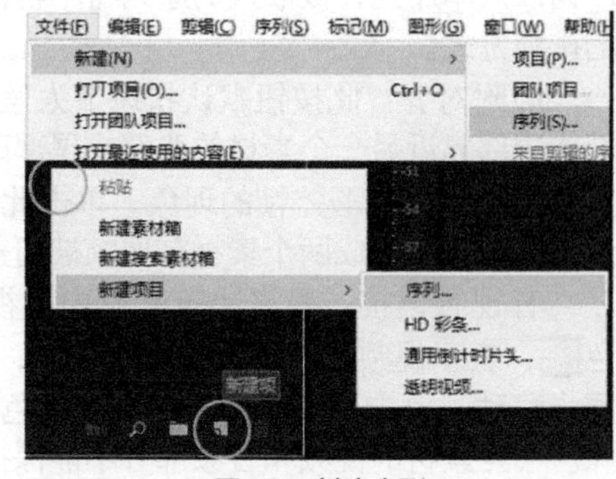

图4.9 创建序列

4.3.1 使用“序列预设”创建序列

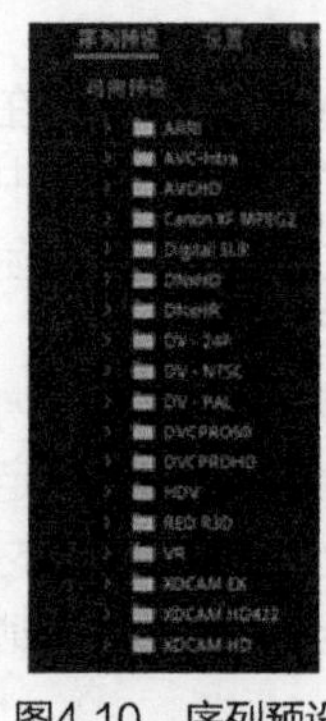

图4.10 序列预设

Premiere Pro CC中的序列预设适用于创建常规素材类型的序列。创建序列时，可以单击“文件”>“新建”>“序列”，或者在“项目”窗口中的空白处单击鼠标右键，选择“新建项目”>“序列”选项，如图4.9所示。打开的“新建序列”对话框包含4个选项卡，每个都包含多项设置。

一个序列组可以包含不同格式、不同参数的序列。但是，当一个序列的设置与该序列中所使用的大部分素材的参数匹配时，Premiere Pro CC的性能会达到最佳状态。Premiere Pro CC自带多种序列预设，如图4.10所示。

预设分类如下。

（1）ARRI：适用于编辑分辨率为1920px×1080px/2880px× 1620px的ARRIRAW（2K）文件的逐行扫描视频（23.976/24/25/29.97/30）。

（2）AVC-Intra：适用于编辑以AVC-Intra 50/100编解码器录制的视频（1080i隔行HD/1080P逐行/720P逐行）。

（3）AVCHD：适用于编辑以1440px×1080px/1920px×1080px方形像素（变形或非变形）录制的AVCHD格式的HD视频（1080i隔行HD/1080P逐行/ 720P逐行）。

（4）Canon XF MPEG2：适用于编辑Canon XF MPEG2 50 MB/s格式的（1080i隔行HD/1080P逐行/ 720P逐行）HD视频（23.97/24/25/29.97/50/59.94）。

（5）Digital SLR：适用于编辑大多数以 1920px×1080px/640px×480px/1280px×720 px）方形像素（非变形）录制的 DSLR 格式（如 Canon EOS Movie Full HD 系列）的逐行扫描(1080P逐行 HD/480P SD/ 720P逐行 HD）视频（23.976/24/29.97/50）。

（6）DNxHD：适用于分辨率为1280px×720px/1920px×1080px的DNxHD SQ（HQ/HQX）文件的(1080i隔行 HD/1080P逐行 HD/720P逐行 HD）视频（23.976/24/25/29.97/50/59.94）。

（7）DNxHR：适用于分辨率为2048px×1080px/4096px×2160px/3840px×2160px的DNxHR SQ（HQ/HQX）UHD文件的视频（23.976/24/25/29.97/50/59.94）。

（8）DV-24p：适用于编辑以24P或24PA（24P 高级）模式拍摄的23.976帧/秒的NTSC素材（4：3/16：9）。

（9）DV-NTSC：适用于IEEE1394 (FireWire/i.LINK) DV NTSC（4：3/16：9）设备的编辑。

（10）DV-PAL：适用于IEEE1394 (FireWire/i.LINK) DV PAL（4：3/16：9）设备的编辑。

（11）DVCPRO50：适用于编辑使用Panasonic P2摄像机以24p/24pa（逐行）模式录制的（4：3/16：9）NTSC（隔行）DVCPRO50 MXF/PAL MXF（隔行）/DVCPRO50 MXF素材。

（12）DVCPROHD：适用于编辑使用50Hz Panasonic P2摄像机录制的1080i MXF（隔行）/ 60Hz Panasonic P2摄像机以1080（720P）/24p或1080（720P）/24pa或720P/50P模式录制的MXF（逐行）素材（23.976/24/25/29.97/50/59.94）。

（13）HDV：适用于IEEE1394(FireWire/i.LINK)HDV设备的编辑（1440px×1080px/1280px×720px）（23.976/24/25/29.97/50/59.94）。

（14）RED R3D：适用于分辨率为1080P（1920px×1080px）/1K（1024px×576px/1024px×512px）/2K（2048 px×1152px/2048px×1024px）/3K（3072px×1728px/3072px×1536px/）/4.5K（4480px×1920px）/4K（4096 px×2304px/4096px×2048px）/512（512h × 288/512h × 256）/5K（5120px×2160px/5120px×2560px/5120px×2700px）/720P（1280px×720px）/HD 4K（3840px×2160px）的 RED R3D 文件的代理编辑（23.976/24/25/29.97/50/59.94）。

（15）VR：适用于编辑单像/立体球面投影VR文件，格式为1920px×960px/3840px×1920px/4096h×2048v/8192px×4096px 2：1视频，采样率为每秒29.97帧。48 kHz（16 位）立体声/四通道 Ambisonics音频。

（16）XDCAM EX：适用于编辑以（HQ/SP）模式录制的Sony XDCAM EX格式的（1080P逐行/720P逐行/1080i隔行）HD视频（23.976/25/29.97/50/59.94）。

（17）XDCAM HD422：适用于编辑Sony XDCAM HD 50 MB/s格式的（1080P逐行/720P逐行/1080i隔行）HD视频（23.976/25/29.97/50/59.94）。

（18）XDCAM HD：适用于编辑 Sony XDCAM HD 格式的（1080P逐行/720P逐行/1080i隔行）HD视频（23.976/25/29.97/50/59.94）。

为了优化软件性能并减少渲染次数，请在创建序列之前，了解所要编辑的主要资源的参数，并使用与之匹配的设置创建序列，主要参数包括以下几项。

① 录制（编码）格式：如H.264或ProRes。

② 文件（封装）格式：如MP4、MOV或MXF。

③ 帧长宽比（尺寸）：如16：9或4：3。

④ 像素长宽比：如1.0或0.9091。

⑤ 帧速率：如29.97帧/秒或25帧/秒。

⑥ 时基：如29.97帧/秒或25帧/秒。

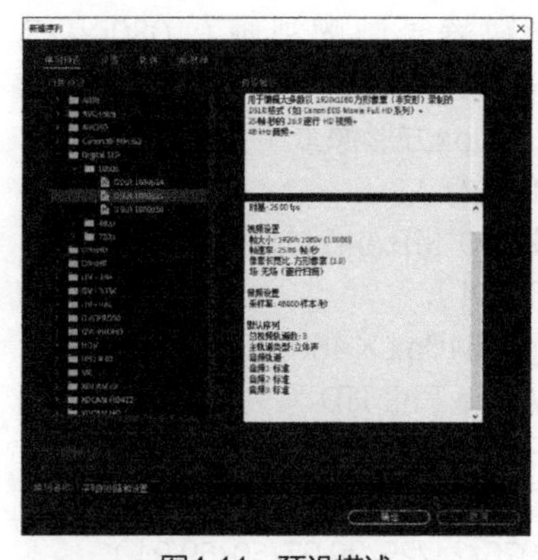

图4.11　预设描述

⑦ 场（扫描方式）：如逐行扫描或隔行扫描。

⑧ 音频采样率：如40.1 kHz（即44100Hz）或48 kHz（即48000Hz）。

⑨ 音视频编解码器：压缩和解压缩的标准。

一旦确定参数要求，就可以在“新建预设”左侧的“可用预设”列表中选择合适的预设。此处选择了较为常用“Digital SLR”（数码单反）预设组中的“DSLR 1080p/25”选项，右侧的“预设描述”中会显示出此预设的重要参数，如图4.11所示。之后在“序列名称”文本框中输入序列的名称，单击“确定”按钮，即可完成序列的创建。

4.3.2 使用“设置”标签自定义序列

如果要创建序列预设列表中没有的序列类型，也就是有较为特殊的参数要求，就需要使用“新建序列”对话框中的“设置”标签自定义相关参数。单击“新建序列”对话框中的“设置”标签，自定义序列参数，如图4.12所示。

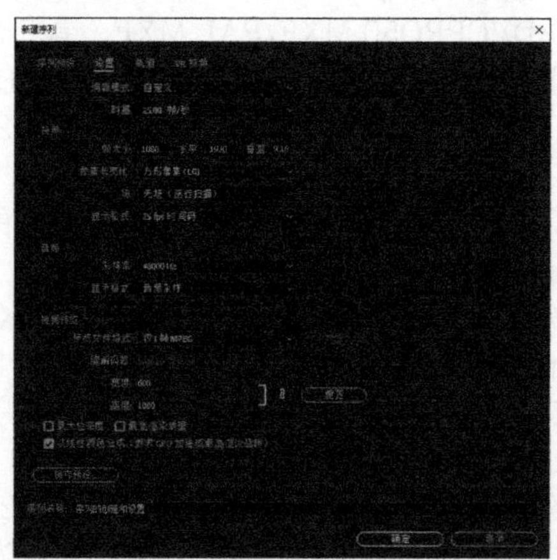

图4.12　自定义序列

首先，必须在“编辑模式”中选择“自定义”选项，然后选择与帧速率相同的“时基”选项，否则时间的计算基准会有误差。然后，在“视频”组中输入需要的数值，如图4.12所示，“场”设置为“无场（逐行扫描）”。最后，“音频”组中的“采样率”尽量设置为48000Hz，采样率越高音频品质越好，但需要占用更多的硬盘空间，单击“确定”按钮完成序列的创建。

4.3.3 根据平台标准设置序列

不同平台对视频的要求不同，可以根据发布平台的属性设置序列的属性。在制作视频时，必须选择符合平台标准的分辨率、帧速率和编解码格式等，否则平台会对视频进行二次编码，使视频画质降低，无法达到最佳显示效果，如哔哩哔哩就有自己的作品投稿要求，如图4.13所示。

同时，短视频的画面构图方式大多是竖幅9：16，这样适合用手机观看，但在创作时有些类型的作品还是应尽量使用横幅，才能更好地方便用户观看，不会因为人和物的画面占比较小，无法看清重要信息。在第1章“图1.6　常用视频标准”中列举了一部分手机的屏幕分辨率，大家在制作时可以参考。

图4.13　哔哩哔哩投稿要求

4.4 序列的嵌套

时间轴中可以包含具有不同设置的多个序列，序列之间互不影响，可以各自进行独立的编辑，也可通过序列嵌套进行批量编辑。可以在创建时为每个序列设置属性，也可以在创建之后更改序列的一些设置。要切换序列，可以在“节目”或“时间轴”窗口中单击要使用的序列的标签，该序列的标签会被移到所有序列的前面，序列名称的下方会显示一条横线作为当前序列的标记，如图4.14所示。

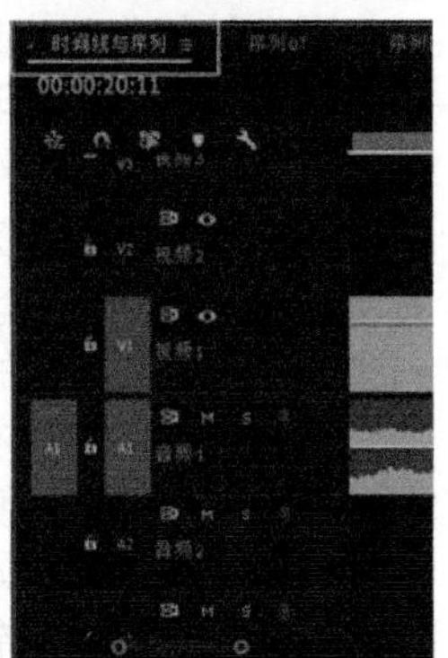

图4.14　序列标记

序列嵌套就是把一个序列作为素材导入另一个序列。在一些情况下，需要将不同的序列整合在一起使用，这时就需要嵌套序列，如批量化操作（缩放、构图）、制作特效（多种过渡效果叠加、变形稳定器）、简化轨道内容（轨道数量过多，防止音画错位）、梳理过多的项目等。

在嵌套序列时，被嵌套的子序列和源序列可以拥有相同或不同的属性，可以像操作其他素材一样，对嵌套序列的素材片段进行选择、移动、剪辑并添加效果。对源序列做出任何修改，都会实时反映到对应的子序列上，而且可以进行多级嵌套，以创建更为复杂的序列结构。

在嵌套序列时需要注意以下问题。

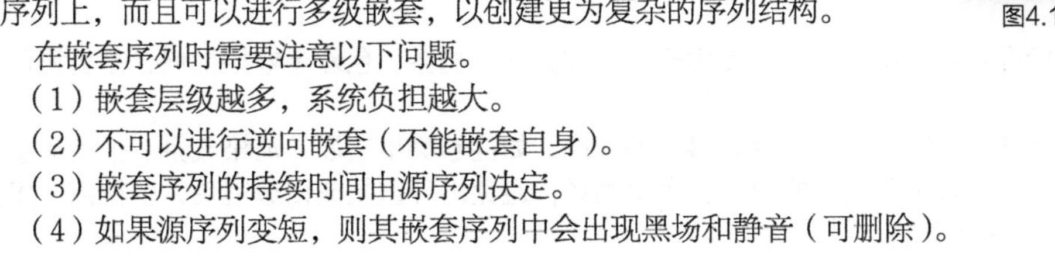

（1）嵌套层级越多，系统负担越大。

（2）不可以进行逆向嵌套（不能嵌套自身）。

（3）嵌套序列的持续时间由源序列决定。

（4）如果源序列变短，则其嵌套序列中会出现黑场和静音（可删除）。

4.5 课后练习

（1）请根据自己手机的屏幕分辨率分别创建一个横幅和一个竖幅的序列，制作一个简单的视频并输出。

（2）在手机中播放制作的视频并观察画面质量，将其与手机中的其他视频进行对比。

第5章 Premiere Pro CC核心功能——基本编辑技巧

5.1 编辑理念与编辑流程

Adobe公司对Premiere Pro CC定位是适用于电影、电视和互联网领域的业界领先视频编辑软件，所以视频编辑功能就是Premiere Pro CC的核心功能。下面介绍编辑理念和编辑流程。

5.1.1 编辑理念

后期编辑作为电影、电视创作的重要环节，是影视节目生产过程中的第三次再创作，前两次创作（文字剧本的创作和文字剧本的视觉化）则是编辑的基础，既决定编辑的效果，又制约着编辑，而蒙太奇理论作为编辑的理论指导，发挥着至关重要的作用。

蒙太奇是指通过对镜头进行有目的、有逻辑的组接，使它们建立联系，从而产生具有丰富意义的电影创作手法。蒙太奇理论最初由以谢尔盖·爱森斯坦为首的俄国导演提出，主张以将一连串分割镜头重组的方式，为电影赋予新的意义。

也就是说，编辑视频是根据个人的理解，将好的、有意义的镜头拼接在一起，构成完整的故事和严谨的逻辑，使影片更有意义的过程。那么如何用最好的镜头讲述最好的故事呢?

一般来说，判断好镜头的标准有以下3个。

（1）技术标准：镜头是否符合技术上的标准，如影像清晰、曝光准确、镜头稳定、白平衡准确等。

（2）美学标准：看镜头是否符合美学标准，如光线、构图、色彩等效果如何，是否协调、美观。

（3）叙事标准：看镜头是否符合叙事上的标准，如能够突出主题、渲染气氛、推动故事情节发展，所选镜头应与所要表现的内容有密切联系，避免出现重复或相近镜头，多视点、多角度地为观众提供丰富的画面。

5.1.2 编辑流程

我们可以把编辑流程简单地分为熟悉素材、剪辑素材和检查素材3部分。

1. 熟悉素材

反复观看素材，了解具体的图像和声音等，在脑海里初步建立影片结构。通过熟悉素材激发创作灵感，调整故事内容与结构，保证素材的有效利用。此外，反复观看素材还可以发现素材存在的不足，以便尽快补救。

2. 剪辑素材

组接镜头时要考虑每一个镜头的长度、镜头的剪辑点位置、镜头的连接关系、镜头的排列顺序、段落的形成与转换等问题，编辑视频的核心是镜头的组合。一般素材时长与成片时长的比例为5：1~10：1，所以可根据素材时长预估成片时长。

在这一阶段首先要进行粗剪，粗剪要考虑视频的表达需要和时长要求，将镜头大致串接在一起，基本完成视频即可。粗剪不是对视频的粗略剪接，而是使视频达到可以直接播放的水平。粗剪的视频略长于规定时间，以便在精剪时有调整的空间，达到最佳效果。最后进行精剪，粗剪是精剪的基础，而精剪是对已粗剪的视频进行增减、替换镜头，添加特效、调色，添加片头与片尾，从而达到最佳效果的过程。

3. 检查素材

这一阶段的主要任务就是查错，要仔细检查视频中的每个镜头、效果等是否符合相关标准，最好请熟悉视频制作的朋友看一次视频，这样能发现一些技术性问题，以便及时修改。在检查的过程中要推敲视频的主题表达方式，检查编辑的技术质量（是否有黑场间隔、夹帧、入点出点不准、声音过渡不连贯、声画错位、图像质量等问题）、错别字、色调统一等问题。

5.2 基础编辑知识

Premiere Pro CC中的制作工具众多，但最基本的就是编辑工具。虽然编辑工具的种类很多，但它们核心的功能无非就是剪接素材，下面介绍一些基础的编辑知识。

5.2.1 基础编辑工具

Premiere Pro CC的编辑工具中，最简单、最实用、最便捷的就是“剃刀工具”，“剃刀工具”的使用最为直观，在需要切割的位置单击就可以完成素材的切割操作。

“剃刀工具”虽然使用方法简单，但是仍有以下3种情况要注意。

（1）轨道锁定状态下，“剃刀工具”无效。

（2）如果“音视频链接”功能关闭或素材处于音视频分离状态，那么“剃刀工具”只能切割选择的那部分素材。如果选择视频部分，那么音频部分将不受“剃刀工具”的影响。

（3）如果在同一时间，多个轨道上有素材，则只会切割所选轨道上的素材，其他轨道的素材不受影响。

如果不想受到素材分离和不同轨道的限制，在同一时间节点切割所有轨道，只要按住Shift键，再用“多轨剃刀工具”在需要切割的位置上单击即可。

除了“剃刀工具”外，还可以借助“序列”菜单完成切割。先将播放指示器移到要切割的时间节点处，选择需要切割的目标轨道，然后单击“序列”>“添加编辑”，这样就可以分割素材。如果需要切割所有轨道上的素材，可以单击“序列”>“添加编辑到所有轨道”。

5.2.2 “源”窗口编辑

要在时间轴中进行高效剪辑，除了可以使用Premiere Pro CC提供的很多实用的编辑工具外，还可以利用“源”窗口和“节目”窗口。我们先来学习“源”窗口的使用方法。

“源”窗口主要的作用是预览素材的具体内容，可以通过“源”窗口播放和查看本地硬盘中和已经导入软件的素材内容。具体方法是在“项目”或“时间轴”窗口中拖曳素材到“源”窗口中，或者双击需要预览的素材，或者单击窗口底部的“播放”按钮▶。在“媒体浏览器”窗口中拖曳素材到“源”窗口或双击素材也可以使用“源”窗口预览素材，但只有在“媒体浏览器”窗口中单击鼠标右键并选择“导入”选项后，其中的素材才能够被Premiere Pro CC使用。

那么预览素材的窗口为什么能进行剪辑操作呢?

一般情况下，我们拿到素材后会根据素材的内容做出选择，在窗口中看完之后就可以决定素材中的哪些部分保留，哪些部分删掉，所以在“源”窗口中有两个剪辑工具——“插入”工具与“覆盖”工具。

插入（Insert）：在素材入点到出点的内容（无入、出点，即整个素材）间插入时间指示器，原素材被分割开，以容纳新素材，后半部分素材向右移动，移动距离（时间长度）与被插入的素材的时间长度相等，如图5.1K所示。

覆盖（Overlay）：在素材入点到出点的内容（无入、出点，即整个素材）间插入时间指示器，前半部分的素材被替换，后半部分素材位置不变，被替换的时间长度与被插入素材的时间长度相等，如图5.1L所示。

入点和出点是素材画面的开始点与终止点。

入点（In）：素材的第一帧画面（首帧），如图5.1D所示。

出点（Out）：素材的最后一帧画面（尾帧），如图5.1M所示。

图5.1 “源”窗口

使用“源”窗口插入视频素材的步骤如下。

步骤1　将素材导入“源”窗口

在“项目”窗口中双击要编辑的素材，将其显示在“源”窗口中。

步骤2　设置入点和出点

找到所需素材的首帧画面，单击“设置入点”按钮，如图5.1E所示。找到所需素材的尾帧画面，单击“设置出点”按钮，如图5.1F所示，确定插入素材的时间长度。

步骤3　选择插入的轨道和位置

首先要确定插入哪个轨道，“源轨道”标记用于决定插入哪个轨道。

默认状态下，“源轨道”标记在视频1（V1）轨道和音频1（A1）轨道的最前（左）端。如果不显示“源轨道”标记，那么在插入素材时仍然会执行“插入”命令，只不过被插入的部分是空白内容，也就是说，要插入音频和视频就需要激活音频和视频轨道的“源轨道”标记，否则只会插入空白内容，如图5.2和图5.3所示。

然后，确定插入位置。插入位置是由时间指示器所在的位置决定的，时间指示器在哪就从哪里插入。

步骤4　插入素材

一旦确认插入的轨道和位置后，就可以单击“源”窗口中的“插入”按钮，执行“插入”操作。插入素材后，轨道上插入点之后的原始素材将向右移动，素材的整体时间将会变长。

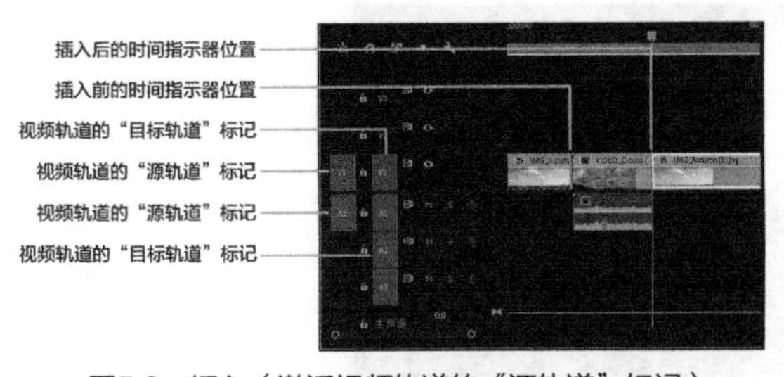

图5.2　插入（激活视频轨道的“源轨道”标记）

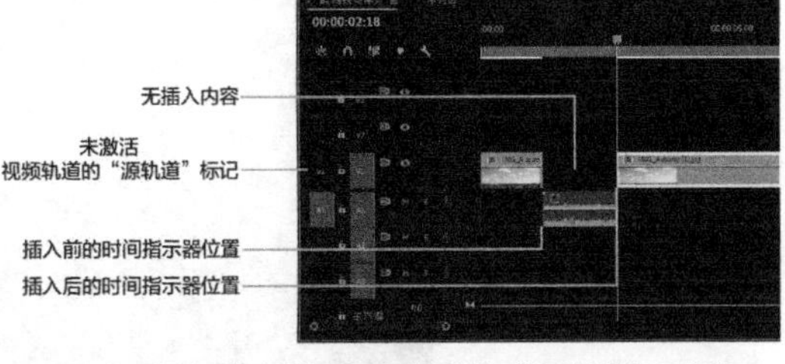

图5.3　插入（未激活视频轨道的“源轨道”标记）

“覆盖”命令的使用方法与“插入”命令是一样的，只是执行后的结果略有不同。因为“覆盖”命令是替换轨道上的原有素材，所以新插入素材的时间长度将决定时间轴上素材的整体时间长度。

（1）如果新插入素材的时间长度不超过时间轴上原素材的时间长度，那么目标轨道上的素材的整体时间不变，如图5.4所示。

（2）如果新插入素材的时间长度超过时间轴上原素材的时间长度，那么目标轨道上的素材的整体时间变长，如图5.5所示。

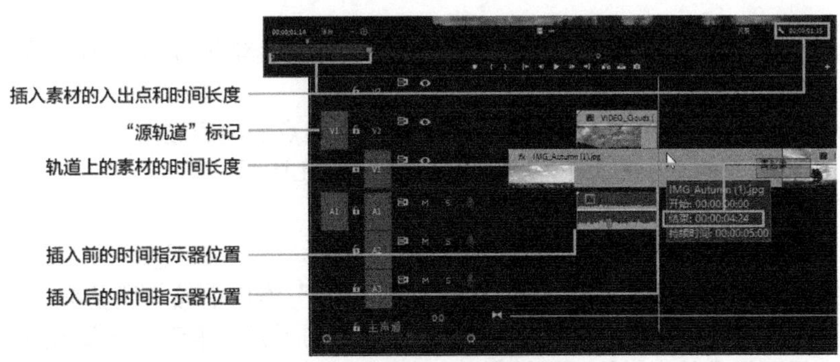

图5.4　覆盖（插入素材较短）

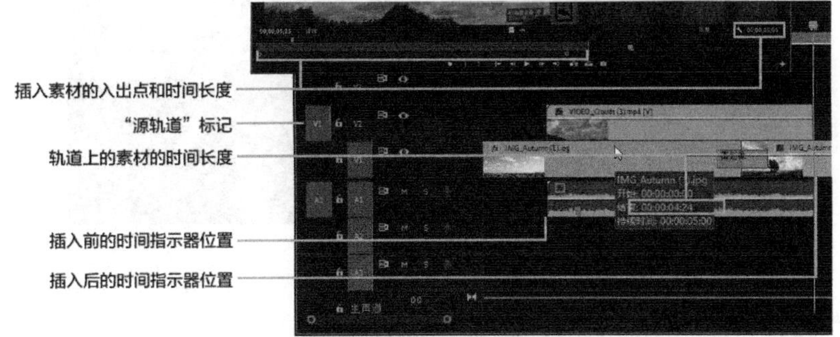

图5.5　覆盖（插入素材较长）

5.2.3 “节目”窗口编辑

如果说“源”窗口中的编辑操作是针对原素材和“源”窗口中素材的编辑操作，那么“节目”窗口中的编辑操作就可以理解为针对已编辑过的素材的修改式的编辑操作。“节目”窗口主要的作用是预览时间轴中素材的具体内容。可以通过“节目”窗口播放和查看时间轴中已导入和编辑过的素材的内容，其是最终效果的预览窗口。

预览的具体方法是在“时间轴”窗口中按空格键或单击“节目”窗口中的“播放”按钮▶，如图5.6H所示。

图5.6 “节目”窗口

通常情况下，在时间轴中编辑完成后都需要查看画面效果，“节目”窗口中的画面就是最终的效果，如果发现一些需要修改的地方，则通常直接在时间轴上进行素材的编辑、替换与删除操作，以完善影片。这时我们可以使用“节目”窗口中的两个剪辑工具——“提升”工具与“提取”工具。

提升（Lift）：在“节目”窗口中，将从入点到出点的内容删除并保留其空位，素材的整体时间长度不变，如图5.6K所示。

提取（Extract）：在“节目”窗口中，将从入点到出点的内容删除，出点后的素材向左移动，以填补删除部分，素材的整体时间长度缩短，如图5.6L所示。

使用“节目”窗口剪辑视频的步骤如下。

步骤1　设置入点和出点

移动播放指示器到需要提升的部分的首帧（在“节目”窗口中或“时间轴”窗口中均可），单击“设置入点”按钮，如图5.7A所示。找到需要提升的尾帧，单击“设置出点”按钮，如图5.7B所示，确定需要提升的素材的时间长度。

图5.7　设置入点和出点

步骤2　选择提升的轨道

首先要确定提升哪个轨道的素材，“目标轨道”标记用于决定提升哪个轨道。

默认状态下，“目标轨道”标记在视频1（V1）轨道和音频1（A1）、音频2（A2）、音频3（A3）3个音频轨道的最前（左）端，可以单击任意“目标轨道”标记使其显示或隐藏。

如果不显示“目标轨道”标记，那么单击“提升”按钮后素材不会有任何变化，也就是说，要提升音频和视频就需要激活相应音频和视频轨道的“目标轨道”标记，如图5.8和图5.9所示。

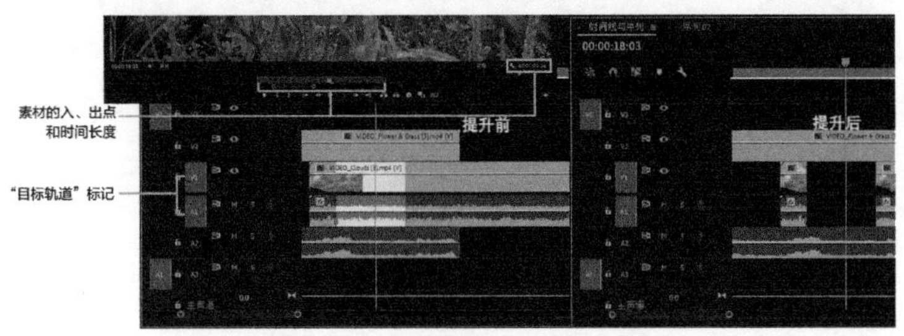

图5.8　音、视频轨道均为目标轨道

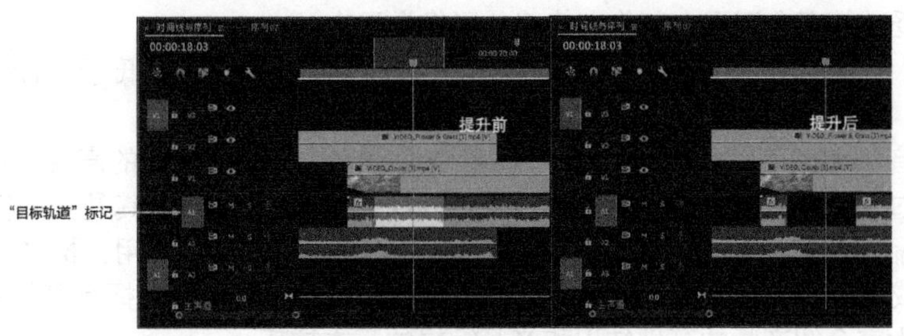

图5.9　仅音频轨道为目标轨道

“提取”命令的使用方法与“提升”命令是一样的，只是执行后的结果略有不同。如果没有选择目标轨道则“提取”命令无效，但只要选择任意一个目标轨道，所有轨道上的入点和出点间的素材都将被删除。另外，“提取”命令是删除部分素材后轨道上的原有素材自动向前（左）补齐空缺，所以提取素材后时间轴上被提取素材的轨道的整体时间将缩短，如图5.10所示。

图5.10　提取

5.3 课后练习

（1）总结自己的视频制作流程并制作成一个PPT。

（2）选择一部自己熟悉的经典影片并将其剪辑成3分钟左右的视频（要求故事结构完整、逻辑清晰、剧中主要人物完整，片头、片尾及画外音可使用原片中的内容）。

第6章 制作美妙的旋律——音频编辑技巧

声音作为我们日常生活中常见的物理现象，在影音领域发挥着巨大的作用。声音在影视作品的表达中起到了举足轻重的作用，一首应景的乐曲堪比千言万语，优秀的配乐能给观众带来无比震撼的感受，使观众沉浸在制作者构建的影像世界中。

音频是指人耳可以听到的声音频率为20Hz~20kHz的声波，低于20Hz的称为次声波（Infrasound），高于20kHz的称为超声波（Ultrasound）。

数字化的音频大体可以分为3类，第一类是波形声音，其包含所有的声音形式；第二类是语音，其可以通过语气、语速和语调表达丰富的信息；第三类是音乐，其是一种符号化的声音。音频在影视作品中能够起到突出主题、渲染气氛、推动剧情的重要作用，恰当的音乐可以让影视作品或沉闷或灵动、或诡异或神秘，影视作品的成功与声音的出色发挥有着紧密的联系。

本章将向大家介绍音频的基础知识和音频编辑的基本技巧。

6.1 数字音频

后期制作中的声音类型是数字声音，而我们从自然界中采集的声音是模拟声音，它是物体振动所引发的或记录在磁介质上的声波，这种音频是无法在计算机等数字设备中直接编辑的，需要将其转换为计算机能够处理的二进制代码，如图6.1所示。而在处理过程中还需要合理设置声音的相关属性参数，使其更好地适用于影视后期的数字化制作及应用，所以接下来我们一起来学习相关的知识。

图6.1　模数转换过程

6.1.1 采样率

采样率（Sample Rate）是指在使用设备捕捉声音时，每秒从声波中采集的样本的数量，采样率的单位是Hz（赫兹）或kHz（千赫兹），采样率越高，代表声波还原的程度越好，音质就越高，声音文件的数据容量也就越大，如图6.2所示。

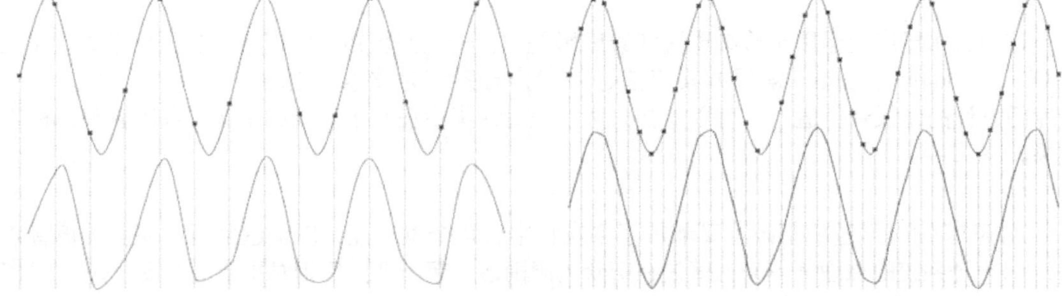

图6.2　低采样率和高采样率

专业录制设备的采样率一般为44100Hz，也可以表示为44.1kHz，这也是CD音频的采样率，专业视频要求的音频采样率一般为48000Hz或96000Hz。采样率越高，音频的质量当然也就越好，能表现的频率范围就越大，但是采样率并不是越高越好，太高则人耳听不出更多细节，通常采样率为其能表现的最高频率的2倍，如44100Hz采样频率可以表现的频率范围是0～22050Hz，48000Hz采样频率可以表现的频率范围是0～24000Hz。

6.1.2 位深度

位深度也称为采样位深，音频的位深度决定音频的动态范围。它是用来衡量声音波动变化的一个参数，其数值越大，分辨率也就越高，表现声音的能力越强。位深度使用bit（比特）表示，常见的位深度有8 bit、16 bit、24 bit和32bit。通常来说，网络会议、视频电话等对音质要求较低的应用可使用8bit，数字音频、数字视频等应用通常采用16 bit，而目前高质量的数字音频系统已经使用24～32bit的量化精度。

6.1.3 声道数

声道（Sound Channel）是指声音在录制或播放时在不同空间位置采集或回放的相互独立的音频信号，所以声道数也就是声音录制时的音源数量或回放时相应的扬声器数量，声道数越多，声音的表现越好。常见的声道类型有单声道、立体声（双声道）、四声道环绕、5.1声道和7.1声道。

1. 单声道

单声道（Mono）是比较古老和基础的声音重现形式。当通过两个扬声器回放单声道音频信息的时候，可以明显感觉到同样的声音是从两个音箱中传递到我们耳朵里的。早期的声卡多采用单声道，这种技术相对较老，缺乏临场的位置感。虽然单声道音频有这样的缺点，但现在电影和广播中的“杜比全景声系统”（Dolbys Atmos System）却是使用单声道实现的。

2. 立体声（双声道）

立体声（Stereo）是现在主流音频作品所使用的声道类型，声音在录制过程中被分配到两个独立的声道中，这样产生的音频不仅音质和音色好，而且听众能分辨出声音的方位和音量大小的不同。这种技术在游戏和影视中尤为有用，听众可以清晰地分辨出各种声音的方位，从而更具有临场感。

3. 四声道环绕

四声道环绕是4+1音源的声音环绕式播放技术，即在听众的前左、前右，后左、后右分别放置一个音箱，中间还可以再增加一个中置音箱，加强对低频信号的回放处理，听众则被包围在这中间，拥有全方位、立体感的听觉体验。

4. 5.1声道

这种技术已广泛运用于传统影院和家庭影院中，一些比较知名的声音录制压缩格式，如杜比AC-3（Dolby Digital）编码方案等都是以5.1声音系统为技术基础的，其中“.1”是指有一个专门设计的超低音声道，它可以加强人声，把对话集中在整个声场的中部，以改善整体视听效果。

5. 7.1声道

7.1声道在5.1声道的基础上又增加了中左和中右两个发音点，以求达到更加完美的声音效果，7.1声道系统的原理简单来说就是在听众的周围建立起一个前后相对平衡的声场，采用7.1声道的《变形金刚》里有玻璃破碎的声音，观众在观看时觉得碎掉的是自己的身体，因为能感受到声音是从身体里发出来的。

采样频率、位深度和声道数这3个属性是决定数字音频音质的重要因素，通过这3个属性就可以确定音频质量的等级，所以我们在进行音频编辑时更要关注这些属性的设置。

6.2 编辑音频前的准备

6.2.1 音频单位

视频编辑时是以帧为基本单位进行的，但编辑音频时应将最小单位切换成音频时间单位，这样才能精确显示音频的编辑内容。具体的做法：单击“时间轴”窗口左上角的“选项”按钮，在弹出的菜单中选择“显示音频时间单位”选项，此选项可将时间轴中显示的最小单位切换成毫秒，这样就更适合于剪辑音频片段，如图6.3所示。

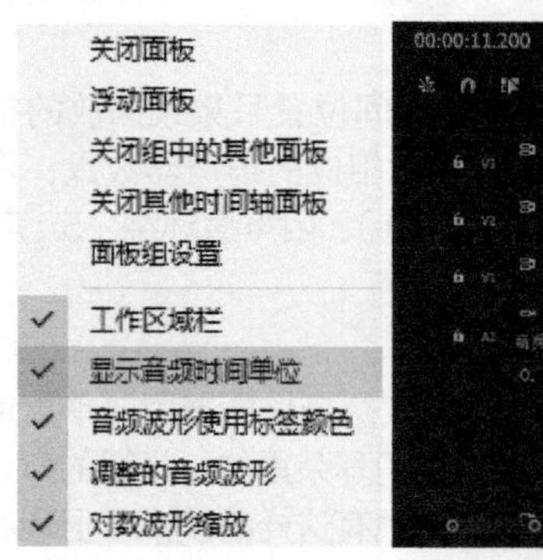

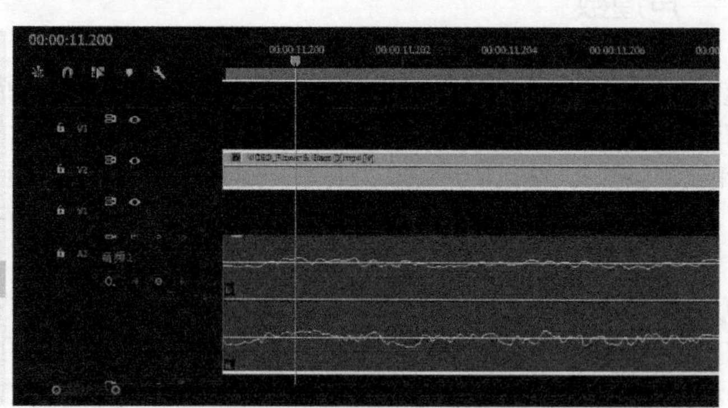

图6.3 显示音频时间单位

6.2.2 链接/取消链接

在选择音频素材时，不仅可以选择独立的音频素材，还可以直接截取现有视频中的音频部分。对视频素材来说，无论是视频部分还是音频部分都可以独立编辑，但应首先解除原有素材中视频和音频的同步链接，如图6.4所示。

当然也可以将不是同一素材的视频和音频部分链接在一起，或将多个音频文件链接在一起，作为一个文件使用，如图6.5所示。

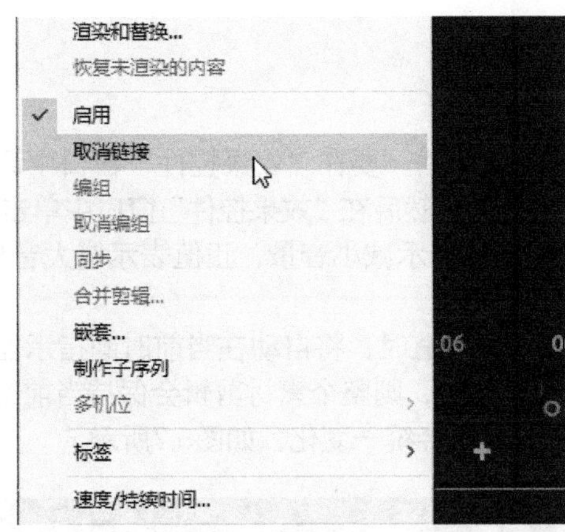

图6.4　取消链接

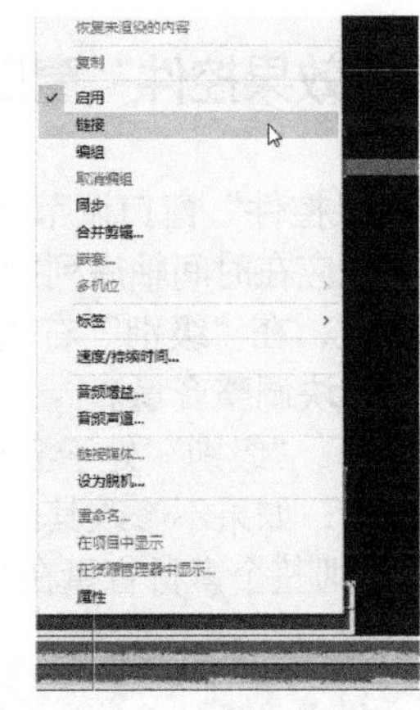

图6.5　链接媒体

6.3 音量编辑

音量是视频中的一个非常重要的参数，它不仅可以决定声音能否清晰地播放，还能够平衡画面中各声音之间的主次关系，音量是一个容易被忽视但非常重要的参数，音量的大小决定了影片的呈现效果。

音量的效果可以通过听觉系统、音频仪表或音频剪辑混合器等来具体判断。

使用听觉系统进行判断较为主观，结论是否准确取决于个人的经验和能力；使用音频仪表是较为常用的一种方法，但音频仪表中的显示和调整方法单一，只能显示最终的音量大小；使用音频剪辑混合器则可以观察到各个音频轨道上音量的实时情况，调整音量后也能直接在“时间轴”窗口中显示调整的结果，这种方法更直观，如图6.6所示。

图6.6　音频剪辑混合器和音频仪表

音量的大小没有严格的数值要求，同样在音频仪表上也没有标准刻度，主要要求为能分清画面中的声音主体，保证主体内容有效传播。有配音和对话时，人物的声音应清晰分明；有音效时，气氛渲染应到位，要达到这些效果需要制作者具有足够的经验和清晰的思维。

下面我们就参考几种判断方法和相关标准调整音频的音量。

6.3.1 “效果控件”窗口

使用“效果控件”窗口调节音量是较为常用的方法。要在“效果控件”窗口中调整单个剪辑的音量，首先应在时间轴序列中选择一个音频片段，然后在“效果控件”窗口中单击“fx音量”左侧的下拉按钮，在“级别”右侧输入电平值（负值表示减小音量，正值表示增大音量），或者通过左右滑动滑块调整音量。

默认状态下，“级别”处于激活状态，当修改其数值时，将自动在当前时间指示器所在位置创建一个关键帧，如果不修改其他时间的“级别”数值，则整个素材剪辑会保持当前音量；如果关闭“级别”，则整个素材音量在每次修改电平值时都会统一变化，如图6.7所示。

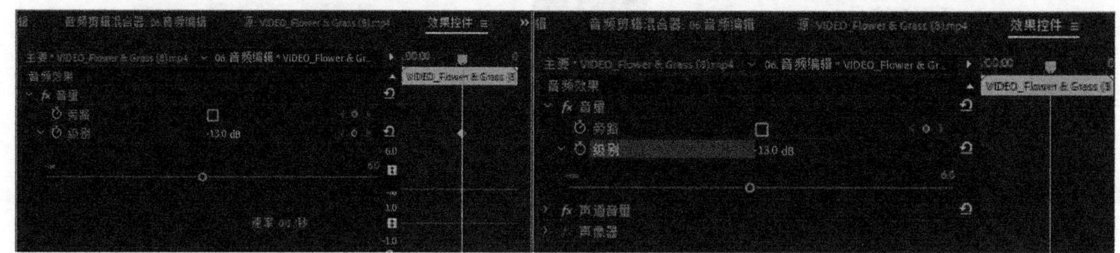

图6.7 打开/关闭“级别”的效果

6.3.2 音频轨道

使用音频轨道调整音量，实际上也是使用关键帧调整素材或轨道的音量。可以在“时间轴”或“效果控件”窗口中的当前时间添加关键帧。利用关键帧，可控制音频素材或轨道的音量。

在“时间轴”窗口中的序列中调整素材音量的步骤如下。

（1）确保在音频轨道上显示出素材的剪辑关键帧，如图6.8所示。

（2）选择工具栏中的“选择工具”，拖曳音频轨道间的分割线，将当前操作轨道的高度增大一些，如图6.9中A处和图6.9中B处所示。

（3）按住Ctrl（Cmd）键，将鼠标指针移至素材上的“音量级别”（灰色横线）上，鼠标指针变成白色并且右下角有一个黑色加号时，单击创建关键帧（横线居中，默认音量；横线靠上，音量变大；横线靠下，音量变小）。可根据需要向上或向下拖曳关键帧以改变音量大小，如图6.10中A处和B处所示。

（4）如果不使用关键帧，也可以通过拖曳灰色横线调节整个素材的音量，如图6.10中C处所示。

（5）在关键帧上单击鼠标右键，可通过弹出的菜单删除关键帧，或选择关键帧类型，如图6.10中D处所示。

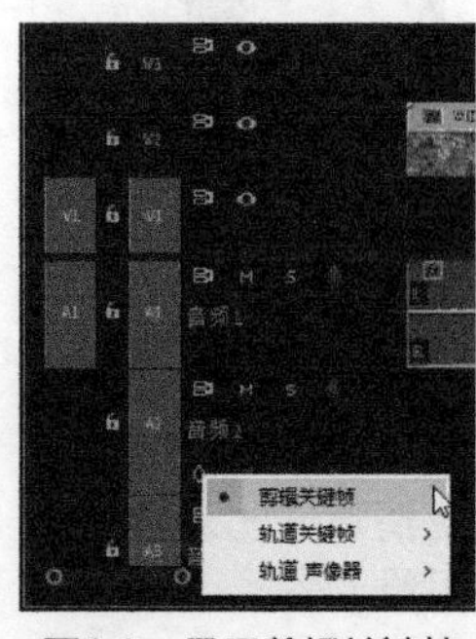

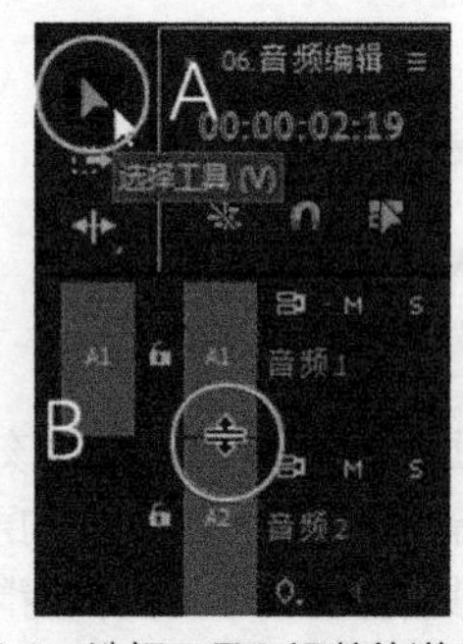

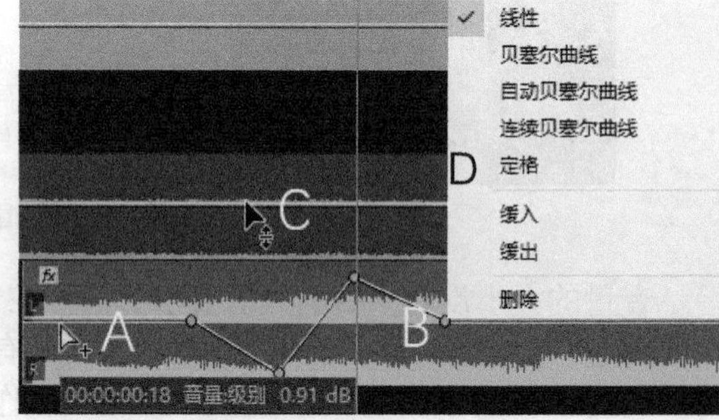

图6.8 显示剪辑关键帧 图6.9 选择工具和调整轨道高度 图6.10 创建并调节关键帧

6.3.3 过渡效果

前面我们学习了素材音量的整体调节方法，但在影片制作中，除了整体调节外，还会遇到只需要调节素材头部和尾部音量大小的情况，虽然使用关键帧可以达到想要的效果，但过程稍显复杂。有一种更简洁的方法可以使音量逐渐变大或逐渐变小，形成音乐的淡入淡出效果，这种方法就是使用“音频过渡”>“交叉淡化”>“恒定功率”过渡效果。

它的使用方法非常简便，在“效果”窗口中找到“音频过渡”>“交叉淡化”>“恒定功率”过渡效果，将其直接拖曳至音频素材的头部和尾部即可，当然还可以调整其相关属性，具体内容可参考6.5节。

使用过渡效果这种方法简单、高效，配合组合键（Shift+Ctrl+D/ Shift+Cmd+D应用音频过渡）使用的效果更佳。一般来说，该效果在以下两种情况中使用较多。

（1）截取音频中的一段后，截取部分的开头或结尾音量较大，这时一般需要有一个声音淡入或淡出的过程，如图6.11所示。

（2）单条素材的时间长度不足，需要循环使用这段素材或使用新的素材接续时，两个音频素材的首尾衔接处的节奏和音量需要有个逐渐融合的过渡过程，如图6.11所示。

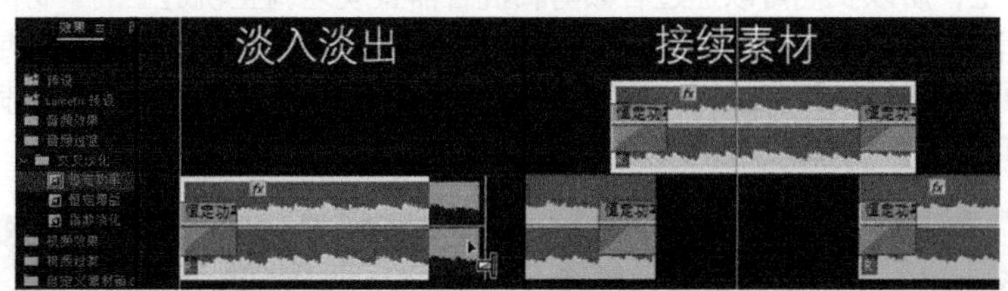

图6.11 “过渡效果”的应用

6.3.4 音频增益

音频增益是指素材声音的音量，一般称为电平。“音频增益”命令独立于以上几种音频音量的调整方法，其音量将与主音频轨道中的音量叠加。

音频增益一般在其他几种音频调节属性最大化后，仍旧无法获得满意的音量时使用，音频增益能在更大限度内增大音频音量，但数值过大会导致音频中出现较多的噪声，甚至出现爆音。

单击“剪辑”>“音频选项”>“音频增益”或在音频素材上单击鼠标右键后选择“音频增益”选项，打开“音频增益”对话框。输入数值后，软件会自动计算选定剪辑的峰值振幅，此值将显示在对话框底部的“峰值振幅”文本框中作为调整增益值时的参考，如图6.12所示。

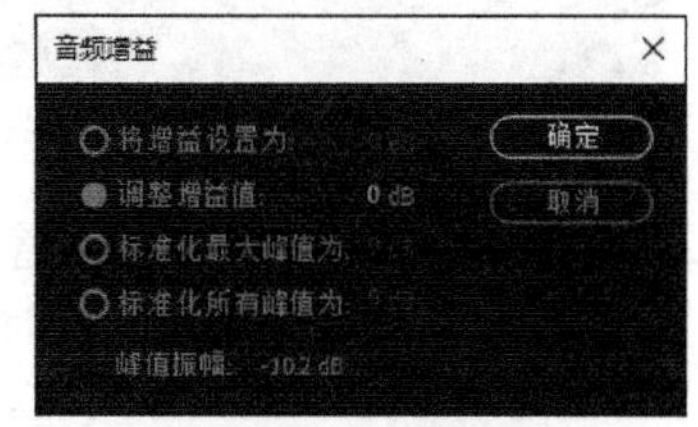

图6.12 音频增益

各选项的具体介绍如下所示。

将增益设置为：默认值为0 dB，此选项允许用户将增益值设置为某一特定值。该值始终为当前增益值，即使未选择该选项时也是如此。

调整增益值：默认值为0 dB，此选项允许用户将增益值调整为正值或负值。如果在其右侧输入非零值，“将增益设置为”的值会自动更新，以反映应用于目标剪辑的实际增益值。

标准化最大峰值为：默认值为0 dB，用户可以将此值设置为低于0 dB的任何值。此选项可将选定剪辑的最大峰值振幅调整为用户指定的值。

标准化所有峰值为：默认值为0 dB，用户可以将此值设置为低于0 dB的任何值。此选项可将选定剪辑的峰值振幅调整为用户指定的值。

为获得最佳效果，可以参考音频仪表和音频剪辑混合器中的标准化计量范围，也可以使用“标准化混合轨道”命令，限制混合后的序列音量峰值。Premiere Pro CC会自动针对整个混合轨道调整音量大小，一旦轨道中的最大音量达到指定的值，Premiere Pro CC将按照整体音量的调整比例降低混合轨道上的音量。其使用方法：选择要应用的序列，单击“序列”>“标准化主轨道”，在“标准化轨道”对话框的文本框中输入所需的分贝值，单击“确定”按钮，如图6.13所示。

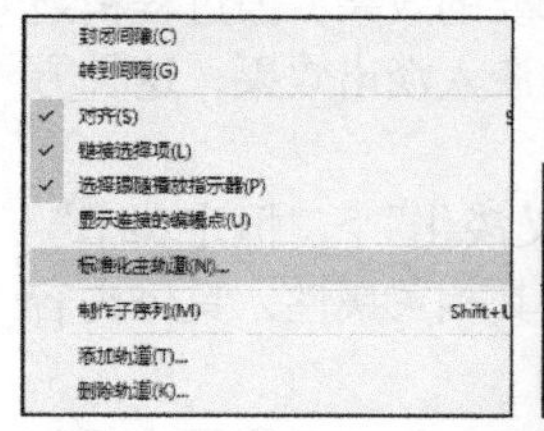

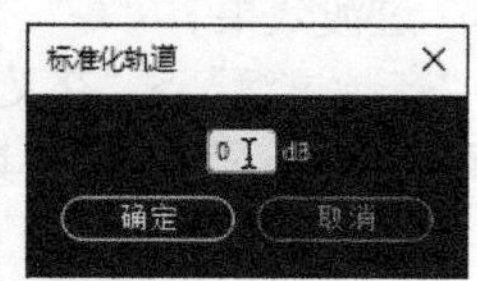

图6.13　标准化轨道

6.3.5 音频剪辑混合器

音频剪辑混合器主要用来检查素材音量，调整其中的滑块，对应增益数值的变化将实时反映到素材的音量上，所以我们可以通过音频剪辑混合器直观地调整轨道上的素材的音量。

与音频剪辑混合器非常相似的是音轨混合器，它们之间的区别：音频剪辑混合器用于对音频轨道上的音频素材进行调整和检查，而音轨混合器用于对音频轨道进行调整和制作混音，两者名字相近，作用却不同，如图6.14和图6.15所示。

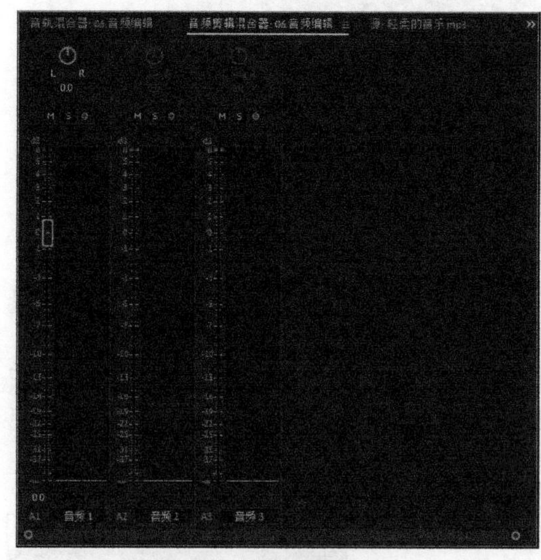

图6.14　音频剪辑混合器

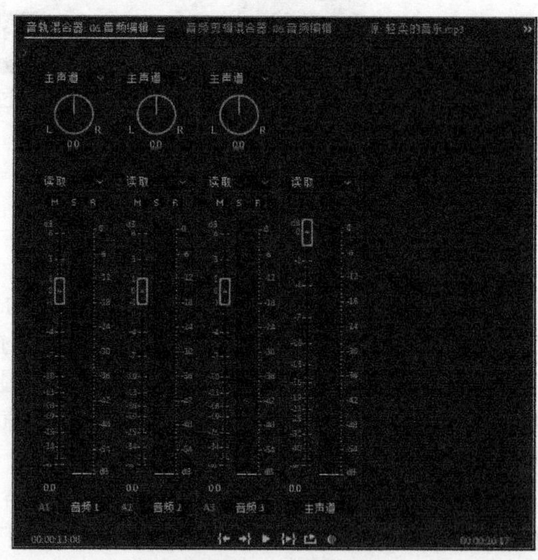

图6.15　音轨混合器

音频剪辑混合器中的轨道与时间轴中的音频轨道是一一对应的，可以直观显示出每个音频轨道中播放指示器所在位置的音量，也能显示声道音量和声像的设置情况，如图6.16所示。只有播放指示器所在位置有素材时，音频剪辑混合器中才会显示音频。当轨道中有间隙时，如果播放指示器在间隙中，则音频剪辑混合器中相应的声道为空，如图6.16所示。

音量调整：滑动音频剪辑混合器中相应轨道上的滑块，可整体调整此素材的音量大小；如果激活“写入关键帧”，就可以在当前时间指示器所在位置创建精细化的关键帧群。

声道调整：旋转“声像”旋钮，向左旋转为左声道，向右旋转为右声道；也可修改下方的数值，负值为偏向左声道，正值为偏向右声道。当声像器偏向右声道时，音频剪辑混合器中的仪表中只显示出右侧声道的音量标记。

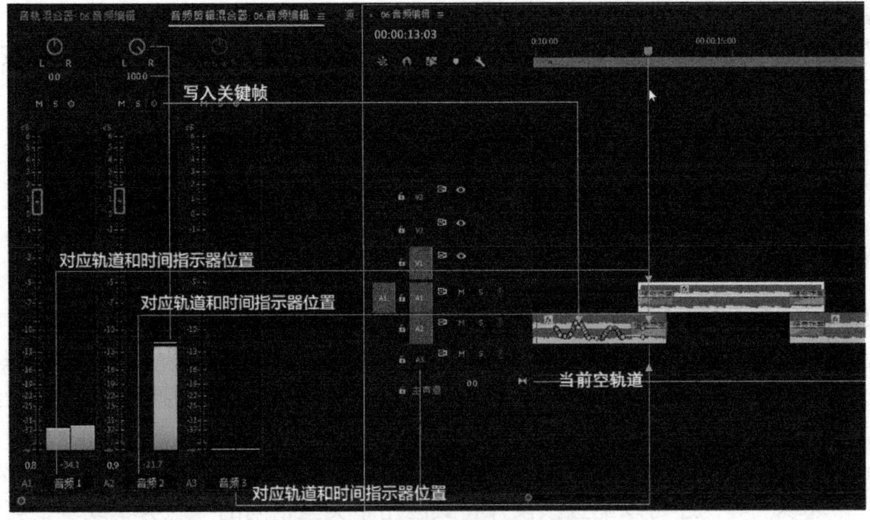

图6.16　音频剪辑混合器示例

声道设置

6.4.1 修改音频声道

要调整声道可以单击“剪辑”菜单>“修改”>“音频声道”，也可以在素材上单击鼠标右键并选择“音频声道”选项，如图6.17左图所示。

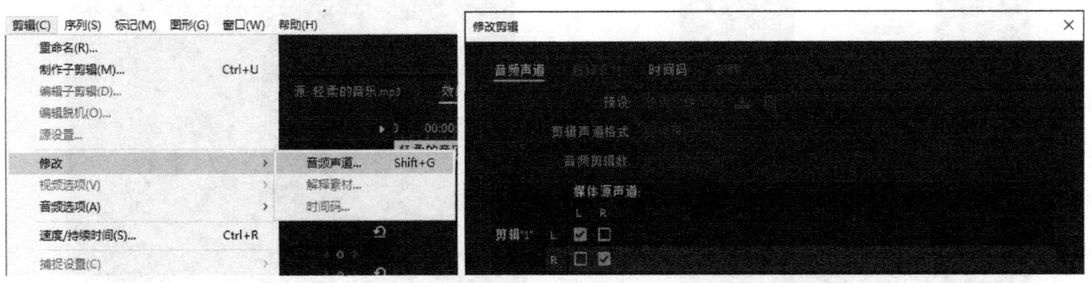

图6.17　修改音频轨道

要启用或禁用某个音频素材的声道，可以勾选或取消勾选源声道对应的复选框。当用户向序列添加剪辑时，Premiere Pro CC 只会将启用的声道添加到“时间轴”窗口中。要将源声道映射至不同的输出轨道或声道，可将输出轨道或声道图标拖入另一个源声道，该操作将交换两个源声道的输出轨道或声道。

6.4.2 将单声道素材转换为立体声

有时可能会发现，用类似于“小蜜蜂”的领夹式话筒或单声道话筒录制出来的声音都是单声道的音频，将单声道音频转换为立体声对剪辑很有帮助，音频的声像位置感会更加明显。

使用“修改剪辑”对话框可以将单声道剪辑应用至立体声道。在“项目”窗口中选择一个单声道剪辑，然后单击“剪辑”>“修改”>“音频声道”。在“修改剪辑”对话框中，将“剪辑声道格式”设置为“立体声”，然后将剪辑的左右声道全部勾选，最后单击“确定”按钮，完成转换，如图6.17右图所示。

6.5 基本声音

“基本声音”是一个具有便捷功能的多合一操作窗口，能够为用户提供混合技术、修复选项的工具等。该窗口提供了一些简单的控件，用于统一音量、修复声音、提高清晰度，以及添加特殊效果，让视频作品达到更好的效果。用户也可以将应用的参数保存为预设，方便后续重复使用，将它们用于更多的音频优化工作。

Premiere Pro CC可以为用户所选择的音频素材应用不同类型和风格的效果，如“对话”“音乐”“SFX”“环境”等，还可以配置预设并将其应用于类型相同的一组剪辑或多个剪辑。为画外音剪辑指定音频类型（如“对话”）之后，“基本声音”窗口的“对话”组中会为用户提供多个参数组。这些预设可以将音频素材调整为不同音效，比如对话中的电话音，这样就可以模拟从电话中发出的声音和对话等，如图6.18所示。“基本声音”窗口中的音频类型只能单独使用，也就是说，为某个剪辑选择一个音频类型，会取消先前使用的另一个音频类型对该剪辑所做的更改。

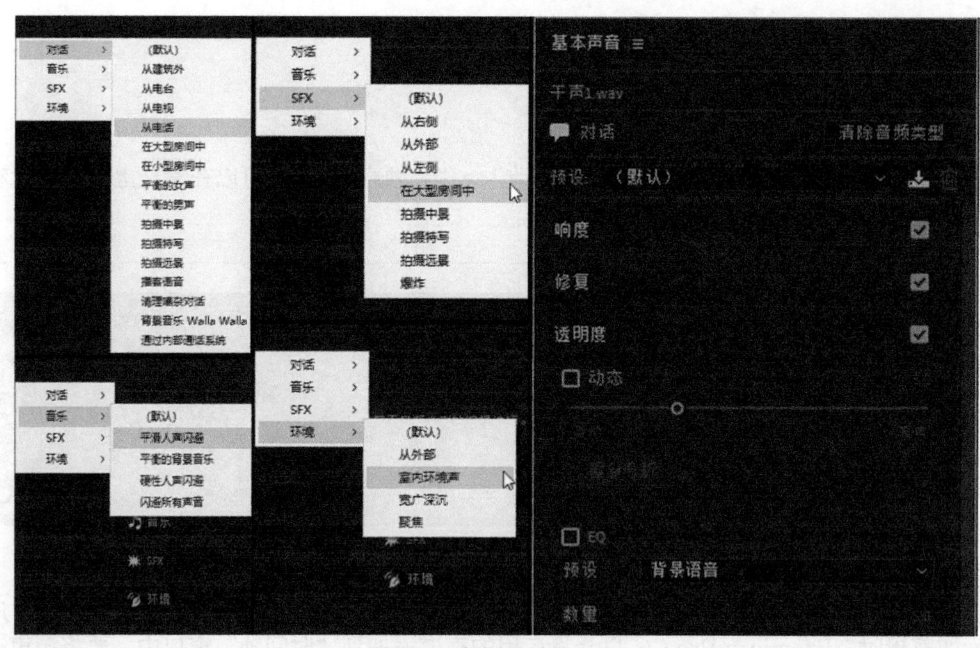

图6.18 “基本声音”窗口

6.5.1 统一音频响度

大家在制作视频时素材的来源是多种多样的，当把这些素材放到时间轴中播放时就会发现，不同片段的声音的大小不一样，音量经常会突然提高或降低，手动调节费时还不准确，那么如何在Premiere Pro CC中自动统一音量呢？

在整个轨道中统一声音响度级别的步骤如下。

步骤1 选择素材

将所有音频素材选中。

步骤2 打开“基本声音”窗口

单击选择“窗口”>“基本声音”>“对话”或“环境”选项。

步骤3 应用“自动匹配”功能

找到“基本声音”窗口，勾选“响度”右侧的复选框，单击“响度”后单击“自动匹配”按钮。Premiere Pro CC会将剪辑自动匹配到的响度级别（单位为 LUFS）显示在“自动匹配”按钮下方。如果有新素材加入，可先单击“复位”按钮，然后单击“自动匹配”按钮，如图6.19所示。

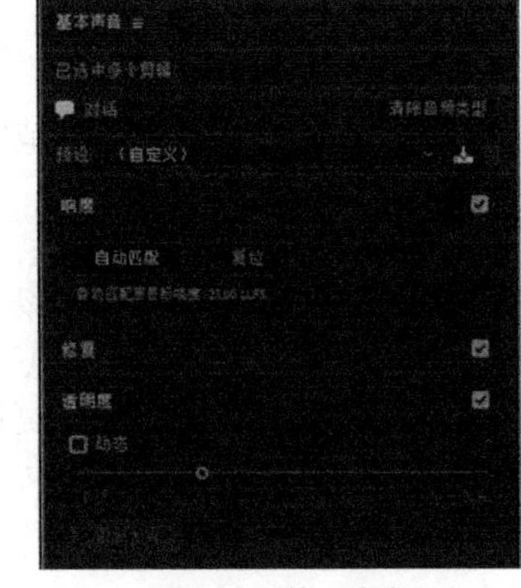

图6.19 统一响度

6.5.2 修复/降噪

如果音频素材中有噪声，我们可以使用“基本声音”窗口中“对话”组下的选项减少噪声和消除齿音等，以优化音频素材。

其中的修复选项如下所示。

减少杂色：降低背景中不需要的噪声的电平（如工作室地板的声音、话筒的背景噪声和“咔嗒”声），实际降噪量取决于背景噪声类型和剩余信号可接受的品质损失。

降低“隆隆”声：减少低于80Hz的超低频噪声。

消除“嗡嗡”声：减少或消除“嗡嗡”声。这种噪声由 50 Hz（常见于欧洲、亚洲和非洲）或 60 Hz（常见于北美和南美）范围内的单频噪声构成。

消除齿音：减少刺耳的嘶嘶声。例如，在话筒和歌手的嘴巴之间因气息或空气流动而产生“嘶”声，从而在人声录音中形成齿音。

减少混响：可减少或去除音频中的混响声。利用此选项，可对各种来源的原始录制内容进行处理，让这些声音听起来就像是来自同样的环境。

修复素材或降低素材中噪声的步骤如下。

步骤1 选择素材

将所有音频素材选中。

步骤2 打开“基本声音”窗口

单击选择“窗口”>“基本声音”>“对话”选项。

步骤3 修复

勾选“修复”复选框，单击“修复”，勾选相应的复选框，即可自动进行相关修复操作，如图6.20所示。

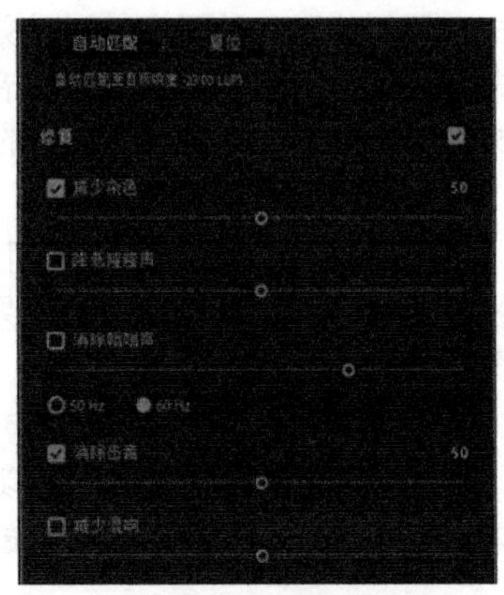

图6.20 修复/降噪

6.5.3 声音效果

提高对话音频清晰度的常用方法包括压缩或扩展录音的动态范围、调整录音的频率响应，以及增强男声和女声。

增强或转变素材中音频效果的步骤如下。

步骤1 选择素材

将所有音频素材选中。

步骤2 打开“基本声音”窗口

单击选择“窗口”>“基本声音”>“对话”选项。

步骤3 应用效果

勾选“透明度”复选框，展开“透明度”选项，勾选“动态”复选框，调整动态数值范围，即可压缩或扩展录音的动态范围。

如果勾选“EQ”复选框，展开“EQ”选项，在“预设”栏中选择不同的预设，可使得音频呈现出不同场景下的EQ特色，如模拟电话中所听到的电子音效等，如图6.21所示。

如果勾选“增强语音”复选框，展开“增强语音”选项，可以在“类型”中选择增强女性或男性的声音，制作出更具动感的声音文件。

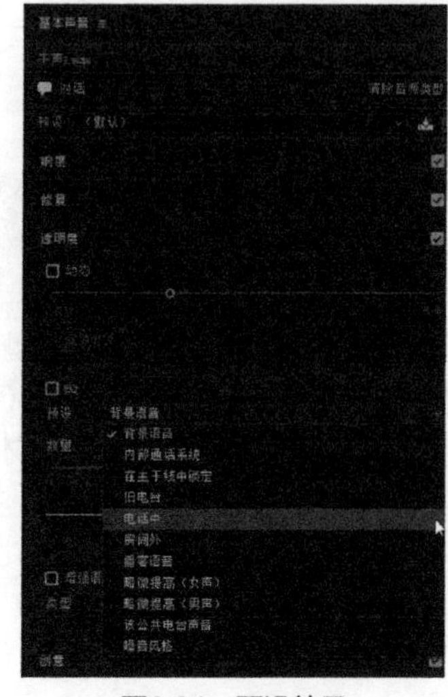

图6.21 预设效果

6.6 音频过渡

Premiere Pro CC可以对素材与素材的衔接部分应用音频过渡效果“交叉淡化”，这也是我们常说的淡入淡出效果。音频过渡效果类似视频过渡效果，也应用于同一轨道上的两个相邻素材，或者素材的入点及出点，呈现出一个素材渐渐消失且另一个素材渐渐显示出来的效果。二者的不同在于，视频是画面可见式地慢慢消失，而声音是音量的交叉式起伏。

Premiere Pro CC 包括3种类型的交叉淡化效果：恒定功率、恒定增益和指数淡化，如图6.22所示。这3种效果的相似度很高，但又略有不同。

1. 恒定功率（Constant Power）

它是Premiere Pro CC中的默认音频切换效果（组合键为Ctrl+Shift+D），它在两个音频素材之间创建了一种平滑的过渡效果。效果呈现的变化：淡出素材的声音缓慢传出，然后快速接近素材音量的高值。此效果更适合用于在两个素材之间混合音频，而且在音频的中间部分不会出现明显的音量下降。

2. 恒定增益（Constant Gain）

恒定增益在素材之间使用恒定音量进行音频素材的过渡，音量呈线性变化，所以该音频过渡效果较为生硬，更适合用在素材的头尾，如图6.22所示。

3. 指数淡化（Exponential Fade）

此过渡效果呈现的变化类似于“恒定增益”效果，但是展现出来的效果细节性更强，它使用对数曲线来淡入淡出音频素材。

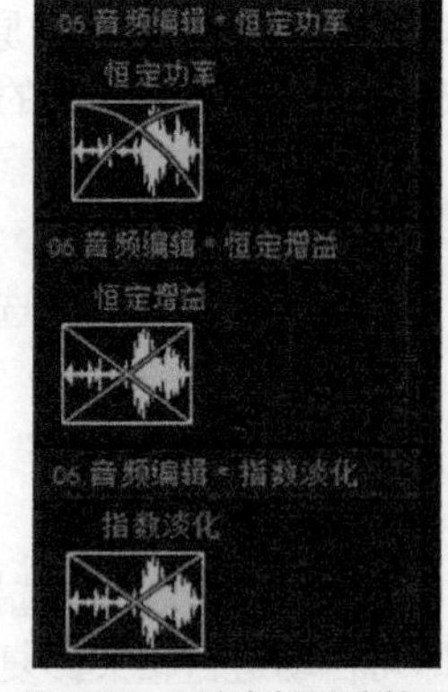

图6.22 3种音频过渡效果

6.7 音频特效

Premiere Pro CC中提供了非常多的音频特效，用于帮助用户制作高质量音频和音效。由于种类过多这里就不逐一展示了，有兴趣的读者可以进入Adobe官网搜索效果的详细介绍，本书在有需要时会介绍某个效果。

图6.23所示为效果的分类，供大家参考。

1. 振幅与压限
- 增幅
- 通道混合器
- 声道音量
- 消除齿音
- 动态
- 动态处理
- 强制限幅
- 多频段压缩器
- 单频段压缩器
- 电子管建模压缩器

2. 延迟与回声
- 模拟延迟
- 延迟
- 多功能延迟

3. 滤波器和 EQ
- 带通
- 低音
- FFT 滤波器
- 图形均衡器
- 高通
- 低通
- 陷波滤波器
- 参数均衡器
- 科学滤波器
- 高音

4. 调制
- 和声/镶边
- 镶边
- 移相器

5. 降噪/恢复
- 自动“咔嗒”声移除
- 消除“嗡嗡”声
- 降噪
- 减少混响

6. 混响
- 卷积混响
- 室内混响
- 环绕声混响

7. 特殊效果
- 扭曲
- 用右侧填充左侧
- 用左侧填充右侧
- 吉他套件
- 反转
- 雷达响度计
- 母带处理
- 互换声道
- 人声增强

8. 立体声声像
- 立体声扩展器

9. 时间与变调
- 音高换挡器

10. 过时的音频效果

图6.23 效果的分类

6.8 使用Adobe Audition CC配合编辑

Adobe Audition CC（Audition CC）可让用户使用高级后期制作技术创建和编辑音频。如果计算机中已经安装了Audition CC，可以将“在 Adobe Audition CC 中编辑剪辑”命令应用于音频素材或序列。

通过向 Audition CC发送剪辑，用户可以渲染并剪辑音频，从而在 Audition CC 的波形编辑器中进行更加高级的音频编辑操作。向 Audition CC 发送序列时可使关键帧、效果、基本声音设置等信息保持原样，Audition CC 的启动界面如图6.24所示。

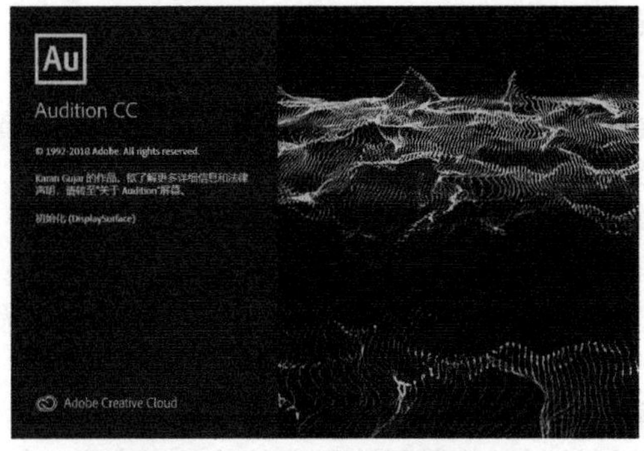

图6.24 Audition CC的启动界面

6.8.1 使用Audition CC

在“项目”窗口中选择一个包含音频的序列或音频素材，然后单击“编辑”>“在 Adobe Audition CC 中编辑”>“剪辑”或“序列”。也可以在“时间轴”窗口中选择一个素材，在右键快捷菜单中选择“在Adobe Audition CC中编辑剪辑”选项。

6.8.2 在Audition CC中编辑音频

当我们在“时间轴”窗口中的素材上单击鼠标右键并选择“在Adobe Audition CC中编辑剪辑”选项时，Premiere Pro CC将会对素材进行渲染并将其转换为一个新的波形文件，然后直接在Audition CC中将其打开，以便进行编辑操作，完成后只需保存就可以让修改在Premiere Pro CC中生效，如图6.25所示。

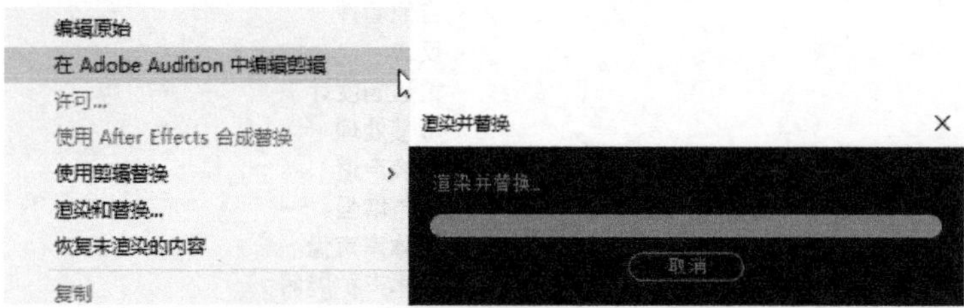

图6.25　在Audition CC中编辑音频剪辑

可以在Audition CC中对剪辑进行多次编辑，对于每个后续的“在Adobe Audition中编辑剪辑”操作，Premiere Pro CC都会渲染并替换一个新的音频剪辑，用于在Audition CC 中进一步进行编辑。

6.8.3 在Audition CC中编辑序列

当我们使用编辑序列命令时，Premiere Pro CC会首先渲染当前序列，然后将其传送至Audition CC中进行合成，并以多轨编辑模式呈现。

要将Premiere Pro CC中的项目发送到 Audition CC，请执行以下步骤。

步骤1　选择素材

在“项目”窗口选择要编辑的序列（序列轨道中必须有音频素材才能使用编辑序列命令）。

步骤2　使用命令

单击“编辑”>“在Adobe Audition CC中编辑”>“序列”，此时会出现“在 Adobe Audition中编辑”对话框，单击“确定”按钮，如图6.26所示。

步骤3　在Audition CC中打开项目

Premiere Pro CC将会创建一个项目，其中只有所选的序列及其音频剪辑。序列中的所有音频素材都会被提取并复制到目标路径，产生一个新的Premiere Pro CC项目并用Audition CC打开，这个项目与源项目没有任何依存关系，如图6.27所示。

“在 Adobe Audition中编辑”对话框中各选项的介绍如下。

（1）名称/路径：已生成项目的名称和保存路径（名称默认为将发送到Audition CC 的序列名称）。

（2）选择：可以选择整个序列，也可以选择序列的入点/出点。

（3）音频过渡帧：音频过渡帧是指剪辑边界之外的剪辑内容。如果序列中剪辑的长度为10

秒，并且将“音频过渡帧”设置为1秒，则渲染后音频文件的持续时间为12秒，开头和结尾各有1秒的其他素材。

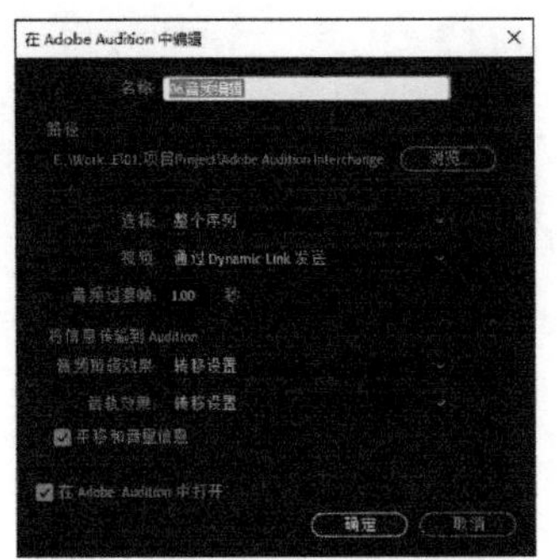

图6.26 “在Adobe Audition 中编辑”对话框

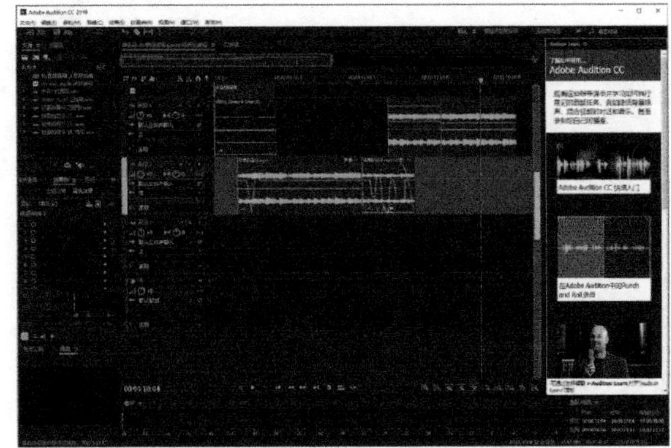

图6.27 在Audition CC中打开项目

（4）视频。

导出DV预览视频：为Audition CC渲染序列中一个含视频的视频文件。

通过Dynamic Link发送：利用Dynamic Link视频流式传输功能，从Premiere Pro CC向Audition CC发送项目时，无须渲染即可流式传输视频。

无：Audition CC中没有任何视频。

（5）将信息传输到Audition CC。

① 音频剪辑效果。

转移设置：可以将所有剪辑效果设置传输到Audition CC中。

渲染具有不可传输效果的剪辑：如果剪辑未包含Premiere Pro CC和Audition CC共享的效果，那么为Audition CC创建波形文件时，会将应用到剪辑的所有效果渲染到该剪辑中。

全部渲染：当为Audition CC创建波形文件时，会将所有剪辑效果渲染到剪辑中。

全部删除：为Audition CC创建波形文件之前，会删除所有剪辑效果。

② 音轨效果。

转移设置：可以将所有轨道效果设置传输到Audition CC中。

全部删除：为Audition CC创建波形文件之前，会删除所有轨道中的效果。

③ 平移和音量信息。勾选该复选框会将平移和音量信息传输到Audition CC中，取消勾选会将平移和音量信息渲染到剪辑中。

（6）在Adobe Audition CC中打开：如果勾选，单击“确定”按钮后会启动Audition CC并直接打开生成的项目。

6.9 课后练习

制作歌曲串烧音频。

制作要求。

（1）所用音频素材应具有统一的节奏和风格。

（2）在每两个音频素材衔接处添加平滑过渡效果。

（3）声道为立体声，音频比特率为192 kbit/s。

（4）输出格式为.mp3。

第 7 章

镜头间的流畅转换——视频过渡效果

7.1 视频过渡效果

无论是介绍自然风光的纪录片，还是展现动人情节的商业电影，不管是大气的城市形象宣传片，还是温馨的家庭电子相册，每当从一个镜头转换到下一个镜头，从一个场景切换到另一个场景时，观众都想从中获得流畅且自然的观看体验，过渡效果就能帮助我们实现这种效果。

大家都知道，影片是由镜头组成的，将镜头直接拼接在一起的方法称为“硬切”。很多情况下，“硬切”的镜头所展现出的视觉效果不是特别流畅、顺滑。为了解决这种问题，我们可以在两个素材相接的切点处（也可以在某个素材的开头或结尾）添加一种称为“过渡”（Transition）的效果，使镜头间的切换比较流畅、顺滑，使素材与素材、镜头与镜头之间产生一种流动的过渡之美。

比如，在影片的开头添加“黑场视频”过渡效果，使影片的画面逐渐显现出来，可以表现出故事逐渐展开的效果。而在片尾添加“交叉溶解”过渡效果时，可以表现出一个故事段落结束或者下一个故事段落即将展开的含义。我们可以用一个个与画面契合的过渡效果来向观众展示与众不同的感观世界，本章将讲解Premiere Pro CC中过渡效果的使用方法。

7.2 管理音频/视频过渡效果文件夹

在Premiere Pro CC中，要使用过渡效果，请进入“效果”窗口或者单击“窗口”>“效果”，如图7.1所示。在“效果”窗口里有视频效果、音频效果、视频过渡、音频过渡和Lumetri预设等5个效果素材箱（即分组文件夹）。

“视频过渡”素材箱位于“效果”窗口的最下方，其包含了30多种过渡效果，包括“3D运动”“划像”“擦除”“沉浸式视频”“溶解”“滑动”“缩放”“页面剥落”8个视频过渡效果组，如图7.2所示。每个素材箱内都有若干个相同类型的效果，但每个效果展示出的最终效果又不完全相同，它们有各自的特点。

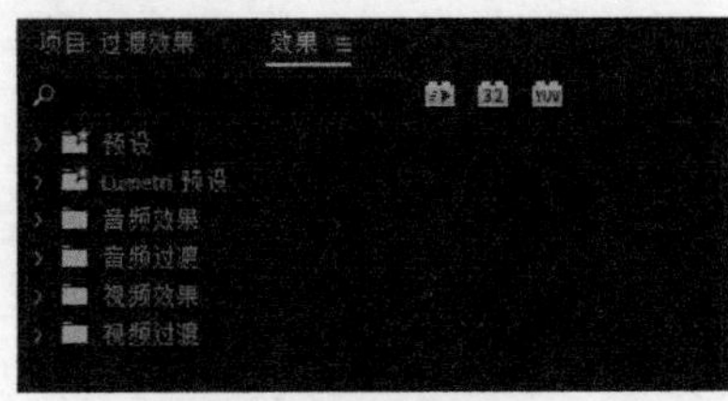

图7.1 “效果”窗口

图7.2 过渡效果组

7.2.1 查找效果

如需使用某种过渡效果，可以单击素材箱左侧的下拉按钮，展开效果组，并选择需要的过渡效果，再次单击已展开的素材箱的下拉按钮可以折叠相应的效果组。也可以通过在搜索框中输入效果名称的方式来找到效果。

此处支持模糊查找，也就是不必输入完整的效果名称，只需输入某个关键词就能够显示出所有包含此关键词的效果。例如，在搜索框内输入“溶”字，“效果”窗口中将显示所有包含“溶”字的效果，包括视频效果、音频效果、视频过渡、音频过渡和Lumetri 预设素材箱中的所有效果。英文版本的软件同样支持以上操作，输入字符数量越多，查找结果越准确。

Premiere Pro CC 中的效果还被分为不同类型以方便查找。在“效果”窗口右上角有3个按钮，这些按钮是3种效果类型的过滤器：加速效果、32位颜色效果、YUV效果。单击任意一个或多个按钮，只有对应类型的效果会显示在下面的效果列表中，可以通过属性组合来过滤效果列表。

7.2.2 设置默认过渡效果

通过“效果”窗口还可设置默认的过渡效果。视频的默认过渡效果为“交叉溶解”，默认的过渡效果的名称前的图标上会有蓝色的轮廓框，并可以使用组合键Ctrl+D或Cmd+D将其添加到素材上，这种方法可以大幅度提高工作效率。如果想要更改默认的过渡效果，可以在要设定的过渡效果上单击鼠标右键并选择“将所选过渡设置为默认过渡”选项，也可以在“效果”窗口的菜单中选择“将所选过渡设置为默认过渡”选项。

7.2.3 新建自定义素材箱

Premiere Pro CC中过渡效果的数量虽然不多，但每次使用时都要依次展开或折叠相应的文件夹，为了提高效率，用户可以将常用的效果放入自定义的素材箱，对常用的效果进行个性化分组。

在“效果”窗口中，执行以下操作之一可以新建自定义素材箱。

（1）单击右下角的“新建自定义素材箱”按钮。

（2）在“效果”窗口的菜单中选择“新建自定义素材箱”选项，如图7.3所示。

（3）在“效果”窗口的空白处单击鼠标右键，并选择“新建自定义素材箱”选项。

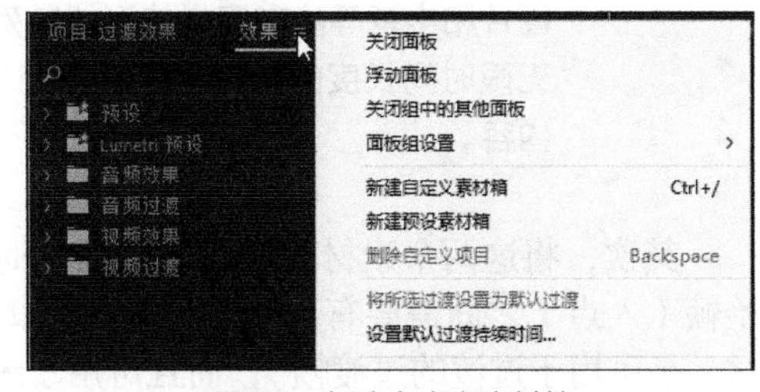

图7.3 新建自定义素材箱

创建自定义素材箱后可以将常用的过渡效果拖曳到自定义素材箱中，在自定义素材箱中将会列出效果，用户可以根据需要创建多个自定义素材箱。要重命名自定义素材箱，请将其选中，并单击其名称，在可输入状态下输入新名称。

一般根据素材的类型来分组，如“视频素材”“音频素材”“图片素材”等。而“视频素材”又可分为“合成素材”“实拍素材”“序列素材”等。我们可以根据不同项目的需要自由创建分组，所有分组的最终目的都是高效管理我们的项目素材，提高团队协同性，提高项目的整体制作效率。

7.2.4 删除自定义素材箱

在“效果”窗口中，选择自定义素材箱并执行以下操作之一即可删除自定义素材箱。

（1）单击“删除自定义项目”按钮，如图7.4所示。

（2）在“效果”窗口的菜单中选择“删除自定义项目”选项。

（3）按 Delete 键。

（4）按 Backspace 键。

（5）单击鼠标右键并选择“删除”选项。

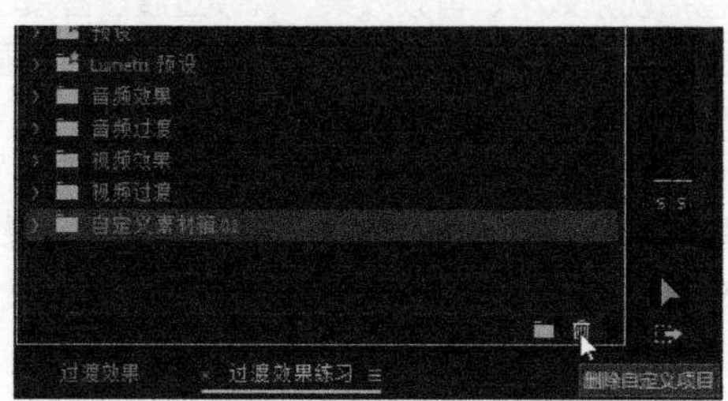

图7.4　删除自定义项目

7.3 使用视频过渡效果

在使用Premiere Pro CC的过渡效果之前，要先来了解其使用原理，这样才能更好地发挥过渡效果的作用，以避免一些麻烦。

7.3.1 过渡原理

想要在两个素材之间添加过渡效果需要满足以下两个条件。

首先，这两个素材必须是在同一轨道上的相邻的视频素材或音频素材。

图片和字幕等静态素材的形式特殊，既可以作为只有一帧的素材使用，也可以作为具有无限时间长度的素材使用，它们的使用原理可以参考1.2节“视频基础知识”中的相关内容。

其次，将这两个素材放置在时间轴上时，第一个素材的结束帧（出点）和第二个素材的开始帧（入点）之间需要有可用于过渡的剪辑手柄（剪辑手柄是剪辑的入点和出点之间的额外素材，是可用于过渡的过渡帧），而且可用于过渡帧的数量要多于这个效果本身的帧数，图7.5所示为过渡效果的原理图，即只有素材入点之前、出点之后有富余的过渡帧，才能正确显示过渡效果，否则会出现图7.6所示的媒体不足提示。

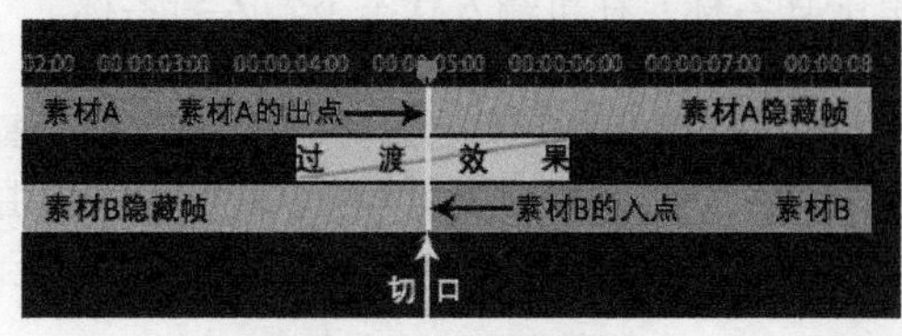

图7.5　过渡效果原理图

图7.6　没有过渡帧或帧数不足时的提示

如果两个素材过渡帧数加起来少于效果的帧数，则软件会提示错误信息，画面中将会出现复制的重复帧。结果就是一部分过渡效果的呈现时间很短，不足以展示设定的过渡效果，或者干脆没有任何效果，因为前后素材所使用的内容一模一样。

在Premiere Pro CC中，过渡效果与素材是在同一个轨道上的，即我们所说的单轨编辑模式，而较老的版本可以在双轨编辑模式和单轨编辑模式间切换，如图7.7所示。双轨编辑模式可以更为直观地展示视频过渡效果是如何运作的。

图7.7　Premiere旧版本中有单独的“过渡效果”轨道

这里的旧版本是Premiere 6.5之前的版本，在使用旧版本时可以任意显示单轨编辑模式或双轨编辑模式下的过渡效果。

7.3.2 添加方法

打开“效果”窗口，随意选择一个视频过渡效果，拖曳过渡效果到“时间轴”窗口中的视频轨道上的将要添加效果的素材头、尾或两个素材相接的地方，如图7.8所示。

这时素材的相应位置会出现与过渡效果等长的暗影（通常是与素材在时间轴上显示的颜色相反的颜色），然后松开鼠标左键，即可完成添加。当然也可以使用组合键Ctrl+D或Cmd+D添加。如果添加音频过渡，则使用组合键Ctrl+Shift+D或Cmd+Shift+D。

图7.8　添加过渡效果

7.3.3 添加效果的案例

步骤1　新建序列

新建项目，选择序列预设列表中的“DSLR 1080p25”选项，如图7.9所示，创建一个基于单反相机的序列。将序列名称设置为“过渡效果”，单击“确定”按钮创建新的序列。

步骤2　导入素材

在“项目”窗口的空白处单击鼠标右键并选择“导入”选项，选择“课程素材”>“图片”>“IMG_Autumn (1).jpg”和“IMG_Autumn (2).jpg”两个图片素材，单击“打开”按钮，将这些图片素材导入“项目”窗口，如图7.10所示。在“项目”窗口的空白处双击，同样可以打开“导入”对话框。

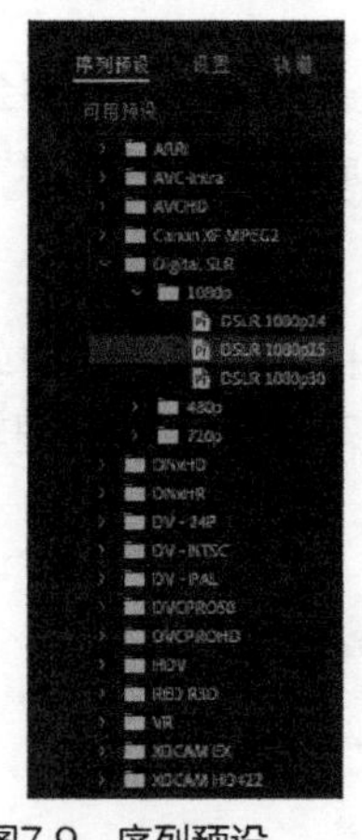

图7.9　序列预设

图7.10　“导入”对话框

步骤3　将素材置于时间轴上的序列中

单击要使用的素材，然后将其拖曳到“时间轴”窗口中的视频轨道上。如果是多个素材，那么可以按住Ctrl或Cmd键并逐个选择素材。也可以单击第一张图片，然后按住Shift键并单击最后一张图片，选择连续的多个素材。

选择素材后，直接把素材拖曳到“时间轴”窗口的视频轨道上，并按“+”键，将序列中的素材的显示比例增大，方便操作。然后按空格键，在“节目”窗口中可以看到一张图片与另外一张图片中间没有任何过渡的效果，现在这两张图片的连接方式就是“硬切”。但在实际制作中，很多情况下我们需要呈现出一种更加流畅、顺滑的视觉效果。

步骤4　添加过渡效果

通常的方法是在“效果”窗口直接将过渡效果拖曳到“时间轴”窗口中的素材的相应位置。在“效果”窗口里我们可以看到，“Lumetri预设”“音频效果”“音频过渡”“视频效果”“视频过渡”等效果类型。

视频过渡的添加方法与视频效果的添加方法有所区别。大家可以直接选择其中一种过渡效果然后将其添加到素材上，只是添加的位置有点特殊，是添加到两个素材相接的地方（切口处），也就是素材A的出点和素材B的入点之间，即“双面过渡”，如图7.11中A处所示。或者是添加到单个素材的入点或出点，即“单面过渡”，如图7.11中B处所示。没有剪辑手柄（除素材入、出点之外的隐藏帧）时，单面过渡非常有用。

图7.11　A为“双面过渡”，B为“单面过渡”

提示　入点是指素材的第一帧，出点是指素材的最后一帧。

展开“视频过渡”>“划像”效果组，将“菱形划像”效果拖曳到两个素材相接的地方，然后松开鼠标左键，这时可以看到画面中出现了过渡效果的显示图标，单击“节目”窗口中的“播放”按钮，或者按空格键预览效果。

7.3.4 使用建议

过渡效果的确很有用，添加后能够使画面的切换更为柔和，但在使用时也要遵循一定的原则。过渡效果的默认时间长度约为00:00:01:05（1秒零5帧），在制作一些特定类型的影片时，应尽量减少过渡效果的使用，原因是效果的展示时间较长，加多了会使影片变得特别拖沓，在广告中更是如此，一部广告时长为5～10秒，几个过渡效果就能占用大部分时长，所以建议大家合理使用过渡效果。

7.4 视频过渡的参数设置

要调整过渡效果的具体参数，我们必须先在“时间轴”窗口中选择要修改的素材或过渡效果，这样才能在“效果控件”窗口中显示出要调整的效果的参数，否则“效果控件”窗口中不会显示任何效果参数，只会提示“未选择剪辑”。接下来在“效果控件”窗口中选择要修改的过渡效果。

无论是音频过渡和音频效果，还是视频过渡和视频效果，它们的属性控制和参数数值的设置都必须在“效果控件”窗口里进行。

7.4.1 添加效果

在“时间轴”窗口中单击新建的序列“过渡效果练习”，打开文件夹“素材”>“图片”，选择“IMG_Autumn (3).jpg”和“IMG_Autumn (4).jpg”两个图片素材，将它们导入“项目”窗口，并将它们拖曳到“时间轴”窗口中的视频1轨道中。打开“效果”窗口，展开“视频过渡”>“擦除”效果组，拖曳“带状擦除”效果到两个素材的相接处，完成添加。

7.4.2 预览

单击“播放过渡”按钮，可以预览两个图片素材上的效果，右侧显示的是过渡效果作用于素材以后的效果文字描述，如图7.12所示。

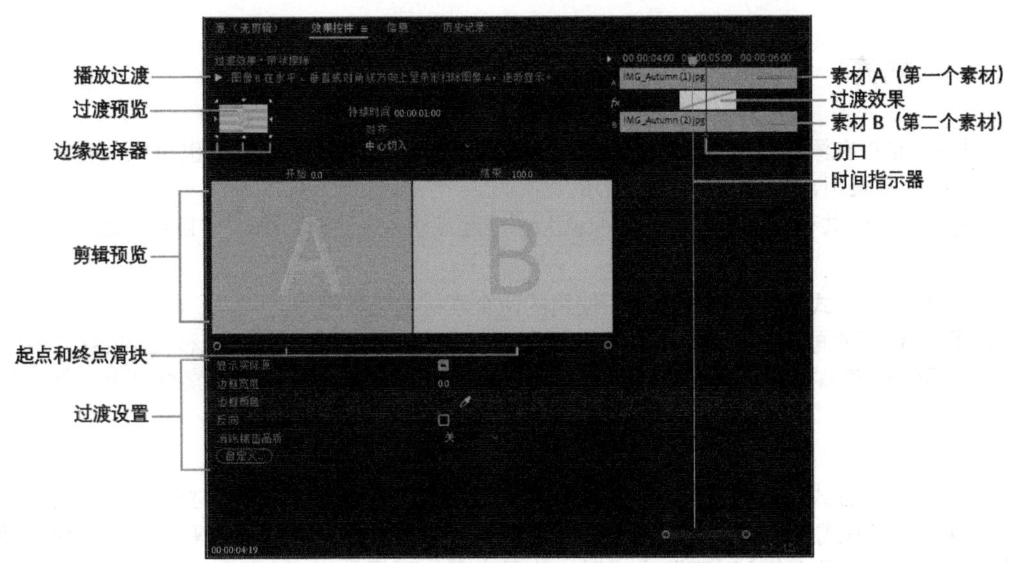

图7.12 效果控件

在“播放过渡”按钮的下方是“过渡预览”界面，呈现的是过渡效果的内容。有一部分过渡效果在“过渡预览”界面外围设置了可以进行过渡效果方向控制的“边缘选择器”。可以通过单击三角形按钮，改变过渡效果的方向或角度，但不是所有的过渡效果都有“边缘选择器”。

7.4.3 持续时间

在“过渡预览”界面右侧的是过渡效果的持续时间设置，如图7.13中A处所示。其是按标准SMPTE时间码格式显示的，格式HH:MM:SS:FF（小时：分钟：秒：帧数），前3个数值的格式和时钟时间一样，它们的最大值分别是23、59和59，第四个数值是视频的帧数，其最大值由视频的帧率决定。该参数的值越大，视频过渡效果的持续时间越长；该参数的值越小，视频过渡效果的持续时间越短。

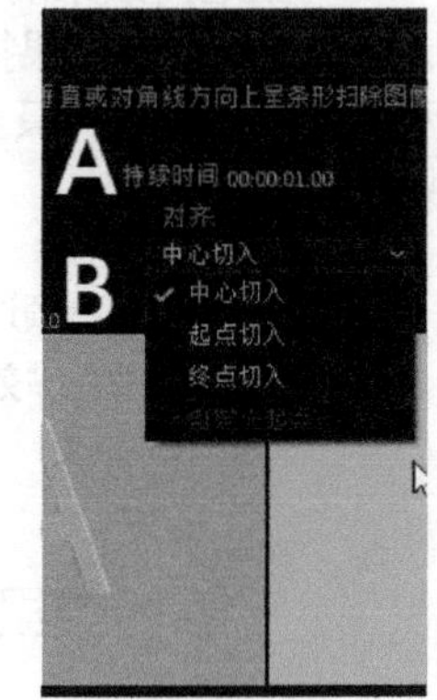

图7.13 “持续时间”和“对齐”

时间码（Timecode）是摄像机在记录图像信号的时候，针对每一幅图像记录的时间编码，是一种应用于流的数字信号。该信号为视频中的每个帧都分配一个数字，用以表示小时、分钟、秒和帧数。所有的数码摄像机都具有时间码功能。

输入时间码时，可单击时间码的数值，然后输入相应的数值；也可以采用拖曳的方式来改变时间码。

采用手动输入的方式改变时间码时，有一种快捷输入的方式。
将时间码中所有的“：”删掉，剩下的数值就是要输入的数值。例如：时间码为00:00:05:03，在输入时只要输入“503”，然后按Enter键，时间指示器就会自动移动到5秒3帧处。依次类推，时间码00:01:05:03在输入时只要输入“10503”，然后按Enter键，时间指示器就会自动移动到1分5秒3帧处。

7.4.4 对齐

“对齐”是指在添加过渡效果时，过渡效果在两个素材中各占的比例，也可以理解为两个素材的剪辑手柄的长短，如图7.13中B处所示。

对齐的方式一共有4种，分别是“中心切入”“起点切入”“终点切入”“自定义起点”。

1. 中心切入

“中心切入”方式是指添加效果时所使用的两个素材的帧数相等。

如果效果的时间长度是2秒，那么第一个素材和第二个素材上各有1秒的内容，“中心切入”是使用快捷键添加效果时默认的对齐方式，效果内容平均分配到两个素材之上，整体节奏匀称。

2. 起点切入

“起点切入”方式是指将过渡效果的入点对齐到第一个素材与第二个素材相接的切点上。

应用此对齐方式后，画面中的过渡效果出现的时间将延后，所使用的素材画面的相应帧也将延后。例如：使用“中心对齐”方式时，效果出现的时间是00:00:04:10，而在设置为“起点切入”方式后，效果出现的时间是00:00:05:00，也就是说，无论是效果出现的时间，还是素材画面的出现时间都将延后相应的帧数。

3. 终点切入

“终点切入”方式是指将过渡效果的出点对齐到第一个素材与第二个素材相接的切点上。

与“起点切入”相反，将“对齐”设置为“终点切入”后，无论是过渡效果出现的时间，还是素材画面出现的时间都将提前。

4. 自定义起点

“自定义起点”是指可以将过渡效果的出点对齐到第一个素材与第二个素材的任意位置上，但占用任一素材的帧数不能超过过渡效果本身的时间长度，也不能超过素材的长度。使用时，只需在时间轴中拖曳相应的过渡效果到想要的位置即可。

7.4.5 剪辑预览

在“对齐”选项的下方，有用于预览和控制视频过渡效果开始和结束属性的控件，即“剪辑预览”，如图7.13所示。

1. “开始”及其对应的滑块

“开始”参数用于控制过渡效果开始时，该效果第一帧展现的效果过程的百分比，默认数值是0。如果把过渡效果从开始变化到结束变化的全过程看作100%，那么“开始”的作用就是决定这个效果从原始过渡效果全过程的百分之多少开始展现。如果输入的数值是30，那么也就意味着，这个过渡效果将会在第一帧显示出其完整变化过程进行到30%的那一帧画面。

而位于“剪辑预览”控件A区域下方的“起点”滑块的作用与“开始”相同，只是修改方式不一样，“开始”是数值输入方式，而“起点”滑块是拖曳方式。

2. “结束”及其对应的滑块

“结束”参数用于控制过渡效果结束时，该效果最后一帧展现的效果过程的百分比，默认数值是100。如果把过渡效果从开始变化到结束变化的全过程看作100%，那么“结束”的作用就是决定这个效果在原始过渡效果全过程的百分之多少结束展现，如果输入的数值是70，那么也就意味着，这个过渡效果将会在最后一帧显示出其完整变化过程进行到70%的那一帧画面。位于“剪辑预览”控件B区域下方的“终点”滑块的作用与“结束”相同，只是修改方式不一样，“结束”是数值输入方式，而“终点”滑块是拖曳方式。

7.4.6 显示实际源

“显示实际源”复选框仅用于在视频过渡效果的“剪辑预览”控件中显示与时间轴相同的素材内容。该选项能够直观、鲜明地显示添加过渡效果后素材的效果，默认处于不启用状态。勾选“显示实际源”复选框后，在“剪辑预览”区域中会显示与“时间轴”窗口中相同的最终过渡效果，如图7.12所示。

但“显示实际源”复选框在实际制作中的应用并不多，因为在一般情况下，我们可以直接使用画面更大的“节目”窗口查看添加的过渡的最终效果，我们还可以在“首选项”>“回放”>“视频设备”组中设置更多的扩展显示器或专业监视器，将其作为具有更大显示比例的预览窗口来使用，如图7.14所示。

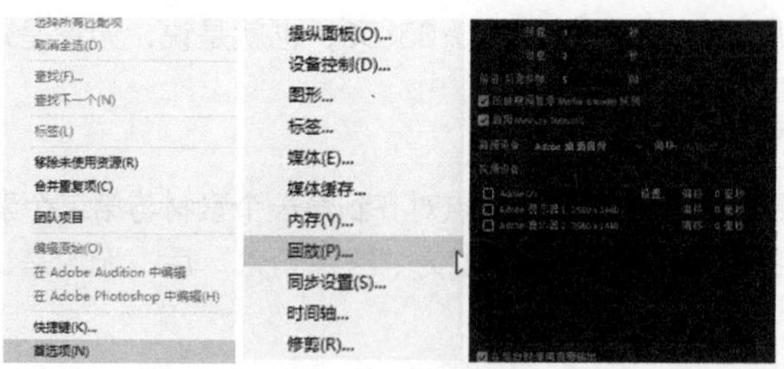

图7.14　视频设备

7.4.7 边框宽度和边框颜色

边框属性一共有两个：一个是“边框宽度”，另一个是“边框颜色”。这两个属性只存在于一部分具有画面分割变化的过渡效果中。这些过渡效果使画面产生分割、变形、滑动、擦除等变化，使画面中出现明显的边缘效果。

边框宽度和边框颜色可以使画面产生明显的界限，强化过渡效果带来的分割变化，有利于产生明显的镜头之间的区分。虽然边框的变化可以带来很明显的分割效果，但大多数情况下也不会使用，因为加上边框后画面中会出现过于突兀的界限和色彩边界，总让人有种奇怪的感觉。

1. 边框宽度

“边框宽度”参数用于控制视频过渡效果在素材变化过程中边框的宽度。“边框宽度”的默认数值为0，该数值越大，边框宽度也就越大。相反，该数值越小，边框宽度也就越小。

2. 边框颜色

“边框颜色”参数用于控制视频过渡效果在素材变化过程中边框的颜色。“边框颜色”在默认情况下为黑色，可以单击“边框颜色”参数右侧的小色块，在弹出的“拾色器”对话框中单击对话框左侧色彩区中的颜色，或者输入特定的RGB色值，为边框选择一种颜色。

在“拾色器”对话框中选择某种颜色后，右上角拾色样本区域的上半部分会显示新选择的颜色，而下半部分会显示原始色，如果希望使用原来的颜色，只需单击下半部分颜色区内的颜色样本。但要注意的是，如果出现黄色叹号⚠（Makes The Color Broadcast Safe），就表示所选颜色不是广播电视播出的安全色，即在电视台播出时，该颜色可能显示得不准确。解决办法是单击警告色色块，这样系统会自动选择与之最接近的安全色，如图7.15所示，A为新选择的颜色，B为原始色，C为警告色。

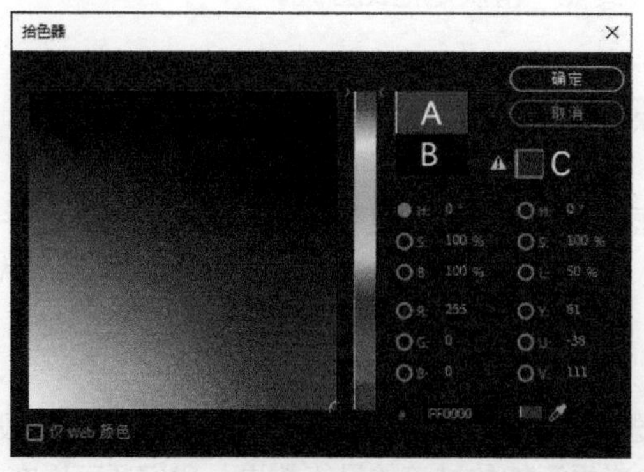

图7.15　拾色器

更改颜色还有一种更加灵活的方式，“边框颜色”色块的右侧有一个吸管图标，单击后可以在画面内的任意位置吸取一种颜色。

7.4.8 反向

“反向”复选框用于对过渡效果的效果出现先后顺序和素材变化先后顺序进行反转。例如，打开“效果”窗口，展开“效果”>“视频过渡”>“擦除”效果组，拖曳“时钟式擦除”效果到两个素材的相接处，单击“节目”窗口中的“播放”按钮，可看到画面沿顺时针方向擦除。

勾选“反向”复选框后，单击“节目”窗口中的“播放”按钮，可看到画面沿逆时针方向擦除，而且擦除的顺序从由A到B变成了由B到A。图7.16所示为勾选“反向”复选框前后的效果对比图。

图7.16　上为未勾选时的画面，下为勾选后的画面

7.4.9 消除锯齿品质

“消除锯齿品质”选项用于调整过渡效果中图像边缘的平滑度，这种平滑度的调整是通过减少图像边缘的像素来实现的，其下拉列表中一共有4个选项，分别是“关”“低”“中”“高”，默认选择“关”选项。“关”选项不产生模糊效果，“低”选项的模糊度较低，“中”选项的模糊度适中，“高”选项的模糊度最高。

在过渡效果中只有一部分涉及图像变形的过渡效果具有此属性，一般来说，图像在变化过程中由于图像的倾斜，软件会使用新的像素重新构建倾斜图像的边界，图像边缘会产生一些锯齿，但这并不是不好的现象。因为锯齿这种现象虽然会让图像变化看起来不平滑，但让图像具有了清晰、明确的边界，相反平滑度较高时，图像边缘会变得模糊不清，所以制作者应根据不同的情况选择相应的选项。图7.17所示为选择不同选项时的“带状擦除”过渡效果。

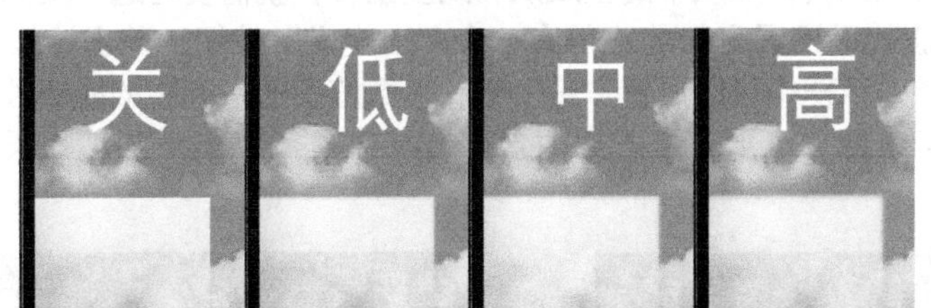

图7.17　选择不同“消除锯齿品质”选项时的效果对比

7.4.10 自定义

“自定义”选项用于更改某些过渡效果特有的设置。多数过渡效果没有“自定义”选项，且这个选项在不同过渡效果中的内容基本都不相同，具体效果的设置可参考7.5节“视频过渡效果”中的介绍。

7.5 视频过渡效果

Premiere Pro CC中的“视频过渡”文件夹中有8组过渡效果，分别是“3D运动”“划像”“擦除”“沉浸式视频”“溶解”“滑动”“缩放”“页面剥落”。

每个过渡效果组都包含名称与分组名称相似的若干个过渡效果，下面详细介绍每个过渡效果的功能及其应用的实例。由于过渡效果主要应用于静态图片，大家可以使用图形图像处理软件统一处理需要制作的图片，这样可以保证画面尺寸、亮度、色彩等属性的统一，为后期视频制作奠定一个好的基础，也建议大家预先学习Photoshop和Illustrator软件的用法。

7.5.1 3D运动

“3D运动”（3D Motion）过渡效果组中包含2个过渡效果，分别是“立方体旋转”（Cube Spin）和“翻转”（Filp Over）。

1. 立方体旋转

“立方体旋转”过渡效果默认使用旋转的3D立方体创建从素材A到素材B的过渡效果，即从素材A旋转到素材B，两个素材映射到立方体的两个面。“立方体旋转”过渡效果中摄像机固定拍摄立方体的一角，两个素材在旋转的过程中有一些变形，但可以展示出立体空间的变化效果。

在“立方体旋转”过渡效果的参数设置中，可以在“过渡预览”界面中设置旋转方向，其中“自北向南”和“自南向北”是从上到下旋转，而“自西向东”和“自东向西”是从左到右旋转，如图7.18所示。

2. 翻转

“翻转”过渡效果在默认状态下将素材A沿着垂直线或水平线翻转至素材B，素材A翻转到所选颜色后，显示素材B。“翻转”过渡效果所呈现出来的效果是摄像机的视点不动，图像旋转360°，图像在翻转过程中会有透视角度的变化，但可以展示两张素材的全景变化。

在“翻转”过渡效果的参数设置中，可以在“过渡预览”界面中设置翻转方向，其中“自北向南”和“自南向北”是从上到下旋转。而“自西向东”和“自东向西”是从左到右旋转。这里有一个地方需要注意，目前通过“过渡预览”界面只能够设置画面从上到下、从左到右的旋转，如果需要朝相反的方向翻转，如从下到上或从右到左旋转，就需要勾选“反向”复选框。

在“翻转”过渡效果设置窗口的底部有一个“自定义”按钮，单击该按钮将会显示“翻转设置”对话框。在该对话框中可以设置“带”数，该数值指的是翻转的线条数量；填充颜色指的是翻转时的背景颜色。图7.19展示了“效果控件”窗口中的“翻转”过渡效果的参数和“翻转设置”对话框。

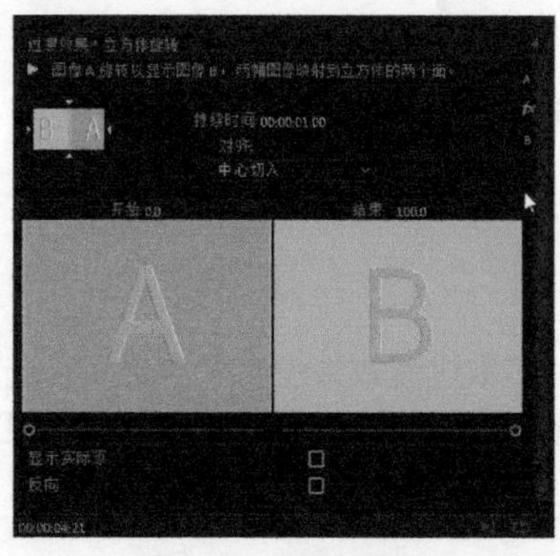

图7.18　立方体旋转

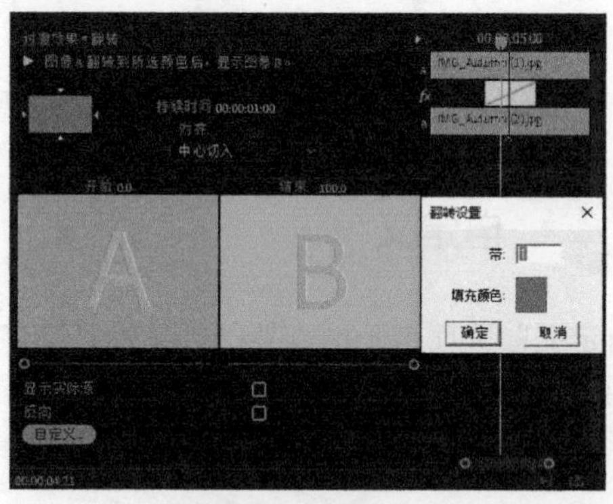

图7.19　翻转

7.5.2 划像

“划像”（Iris）过渡效果组中的效果的变化都是在屏幕中完成的。“划像”过渡效果组中包括“交叉划像”(Iris Cross)、“圆划像”(Iris Round)、“盒形划像”(Iris Box)、“菱形划像”(Iris Diamond)4种效果。

1. 交叉划像

在“交叉划像”过渡效果中，默认状态下素材B出现在一个不断变大的十字图形内，十字图形越来越大，最后占满整个“节目”窗口，以显示素材A下面的素材B，如果需要朝相反的方向变化，比如改成十字形从大到小变化，则需要勾选“反向”复选框。

在“交叉划像”过渡效果的参数设置中，可以在“剪辑预览”的A区设置“交叉划像”效果变化的起点，白色圆环所在位置即为划像效果的起始位置。一般情况下，划像的起点位于画面中心，这样能够产生对称的视觉效果。如果想移动起点，建议尽量在中心点所在的垂直线或水平线上移动，这样既可以产生变化，又不至于失去原有的对称美。图7.20所示为“交叉划像”效果的效果预览。

2.圆划像

在“圆划像”过渡效果中，默认状态下素材B出现在一个逐渐变大的圆形中，以显示素材A下面的素材B，如果要朝相反的方向变化，比如改成圆形从大变小变化，则需要勾选“反向”复选框。图7.21所示为“圆划像”过渡效果的效果预览。

图7.20　交叉划像

图7.21　圆划像

“圆划像”过渡效果所展现出来的变化效果是圆形的大小变化，是一种完全对称的图形变化，从小变大的过程能体现出一种纵深的变化，但变化起点居于画面中心时显得画面有些呆板，可在“剪辑预览”的A区设置圆划像变化的起点，拖曳白色圆环到画面的左侧或右侧，可以得到更加灵动的“圆划像”效果。

3. 盒形划像

在“盒形划像”过渡效果中，默认状态下素材B出现在一个慢慢变大的矩形中，且该矩形中的素材B最终将完全覆盖素材A，如果要朝相反的方向变化，比如改成矩形从大变小变化，则需要勾选“反向”复选框。图7.22所示为“盒形划像”过渡效果在“节目”窗口中的效果预览。

“盒形划像”过渡效果所展现出来的变化是矩形的大小变化，是一种中心对称的图形变化，从小变大的过程能体现出一种纵深的变化，但变化起点居于画面中心时显得画面有些呆板，可在“剪辑预览”的A区设置“盒形划像”效果的变化起点，拖曳白色圆环到画面的不同位置，可以得到更加灵动的“盒形划像”效果。

4. 菱形划像

在“菱形划像”过渡效果中，默认状态下素材B出现在一个慢慢变大的菱形中，且该菱形中的素材B最终将完全覆盖素材A，如果要朝相反的方向变化，比如改成菱形从大变小，则需要勾选“反向”复选框。

“菱形划像”过渡效果所展现出来的变化效果是菱形的大小变化，也是一种中心对称的图形变化，从小变大的过程能体现出一种画面叠加的变化，但变化起点居于画面中心时显得画面有些呆板，可在“剪辑预览”的A区设置“菱形划像”效果的变化起点，拖曳白色圆环到画面左侧或右侧、上面或下面的边界中心线上，这样可以得到更加灵动的“菱形划像”效果。图7.23所示为“菱形划像”过渡效果在“节目”窗口中的效果预览。

图7.22 盒形划像

图7.23 菱形划像

7.5.3 擦除

“擦除”（Wipe）过渡效果组中效果的变化都是擦除素材A中的图像内容，以显示素材B。“擦除”过渡效果组中包括“划出”（Wipe）、“双侧平推门”（Barn Doors）、“带状擦除”（Band Wipe）、“径向擦除”（Radial Wipe）、“插入”（Inset）、“时钟式擦除”（Clock Wipe）、“棋盘”（CheckerBoard）、“棋盘擦除”（Checker Wipe）、“楔形擦除”（Wedge Wipe）、“水波块”（Zig-Zag Blocks）、“油漆飞溅”（Paint Splatter）、“渐变擦除”（Gradient Wipe）、“百叶窗”（Venetian Blinds）、“螺旋框”（Spiral Boxes）、“随机块”（Random Blocks）、“随机擦除”（Random Wipe）、“风车”（Pinwheel）等17种过渡效果。

1. 划出

默认状态下，“划出”过渡效果是素材B逐渐覆盖素材A，即移动擦除素材A以显示下面的素材B。在“划出”过渡效果的参数设置中，可以在“过渡预览”界面中设置变化方向，其中“自西北向东南”是指从左上角到右下角划出，“自北向南”是指从上到下划出，“自东北向西南”是指从右上角至左下角划出，“自东向西”是指从右到左划出，“自东南向西北”是指从右下角到左上角划出，“自南向北”是指从下到上划出，“自西南向东北”是指从左下角到右上角划出，“自西向东”是指从左到右划出。图7.24展示了“划出”的效果。

2. 双侧平推门

默认状态下，“双侧平推门”过渡效果是素材A向两侧被擦除，以显示素材B，该效果看起来像是向两侧滑动打开的自动门，也可以理解为素材B以由中央向外打开的方式从素材A下面显示出来。

在“双侧平推门”过渡效果的参数设置中，可以在“过渡预览”界面中设置变化方向，其中“自西向东”是指从左到右平推，“自北向南”是指从上到下平推，“自东向西”是指从右到左平推，“自南向北”是指从下到上平推。图7.25展示了“双侧平推门”的效果。该过渡效果较为适合在开始段落或结束段落中使用，如需改为关门效果，则需要勾选“反向”复选框。

图7.24 划出

图7.25 双侧平推门

3. 带状擦除

默认状态下，“带状擦除”过渡效果由同时来自屏幕左侧向右侧运动和来自屏幕右侧向左侧运动的矩形带状的素材B替换素材A，即素材B在水平、垂直或对角线方向上呈条形覆盖素材A，以逐渐显示。

在“带状擦除”过渡效果的参数设置中，可以在“过渡预览”界面中设置擦除方向，其中“自西北向东南”是指从左上角向右下角擦除，“自北向南”是指从上向下擦除，“自东北向西南”是指从右上角向左下角擦除，“自东向西”是指从右向左擦除，“自东南向西北”是指从右下角向左上角擦除，“自南向北”是指从下向上擦除，“自西南向东北”是指从左下角向右上角擦除，“自西向东”是指从左向右擦除。图7.26展示了“带状擦除”的效果。

4. 径向擦除

默认状态下，“径向擦除”过渡效果是以画面的某个顶点为中心，从画面的水平方向开始，沿着顺时针方向扫掠擦除素材A，以显示素材A下面的素材B，“径向擦除”效果展示出来的效果更像是雷达扫描。

在“径向擦除”过渡效果的参数设置中，可以在“过渡预览”界面中设置擦除的中心点，其中“自西北向东南”是指以左上角为中心点扫掠擦除，“自东北向西南”是指以右上角为中心点扫掠擦除，“自东南向西北”是指以右下角为中心点扫掠擦除，“自西南向东北”是指以左下角为中心点扫掠擦除。图7.27展示了“径向擦除”的效果。

图7.26　带状擦除

图7.27　径向擦除

5. 插入

默认状态下，“插入”过渡效果是素材B出现在素材A左上角的一个矩形中，而且随着擦除的进行，矩形沿着对角线逐渐变大，最后素材B完全取代素材A，也可以理解为沿对角线擦除素材A以显示下面的素材B。

在“插入”过渡效果的参数设置中，可以在“过渡预览”界面中设置擦除的起点，其中“自西北向东南”是指以左上角为起点擦除，“自东北向西南”是指以右上角为起点擦除，“自东南向西北”是指以右下角为起点擦除，“自西南向东北”是指以左下角为起点擦除。图7.28展示了“插入”的效果。

6. 时钟式擦除

默认状态下，“时钟式擦除”过渡效果是以画面中心为圆心作圆周运动，该效果像是时针旋转，沿顺时针方向擦除屏幕，以显示素材A下面的素材B，即从素材A的中心开始擦除，以显示素材B。

在“时钟式擦除”过渡效果的参数设置中，可以在“过渡预览”界面中设置擦除方向，其中“自西北向东南”是指从左上角到右下角擦除，“自北向南”是指从上到下擦除，“自东北向西南”是指从右上角至左下角擦除，“自东向西”是指从右到左擦除，“自东南向西北”是指从右下角到左上角擦除，“自南向北”是指从下到上擦除，“自西南向东北”是指从左下角到右上角擦除；“自西向东”是指从左到右擦除。图7.29展示了“时钟式擦除”的效果。

7. 棋盘

默认状态下，“棋盘”过渡效果是以包含素材B的棋盘样式的间隔图像块逐行填满并取代素材A，即两组框交替填充，以显示素材A下面的素材B。

图7.28　插入

图7.29　时钟式擦除

在“棋盘”过渡效果设置窗口的底部有一个“自定义”按钮，单击该按钮将会显示“棋盘设置”对话框。在该对话框中可以设置“水平切片”和“垂直切片”的值，即棋盘在水平和垂直方向上的图像块数量，默认状态下“水平切片”为8，“垂直切片”为6。图7.30展示了“棋盘”过渡效果和“棋盘设置”对话框。

8. 棋盘擦除

默认状态下，“棋盘擦除”过渡效果是以包含素材B的棋盘样式的间隔图像块逐行擦除并取代素材A，即两组框交替擦除，以显示素材A下面的素材B。“棋盘擦除”与“棋盘”过渡效果的区别主要是素材B代替素材A的方式不同，“棋盘擦除”的变化是以擦除的方式呈现出来的，而“棋盘”的变化是以图像块填充的方式呈现出来的。

在“棋盘擦除”过渡效果的参数设置中，可以在“过渡预览”界面中设置8个方向上的起点位置，其中“自西北向东南”是指从左上角到右下角擦除，“自北向南”是指从上到下擦除；“自东北向西南”是指从右上角至左下角擦除，“自东向西”是指从右到左擦除，“自东南向西北”是指从右下角到左上角擦除，“自南向北”是指从下到上擦除，“自西南向东北”是指从左下角到右上角擦除，“自西向东”是指从左到右擦除。图7.30展示了“棋盘擦除”的效果。

在“棋盘擦除”过渡效果设置窗口的底部有一个“自定义”按钮，单击该按钮将会显示“棋盘擦除设置”对话框。在该对话框中可以设置“水平切片”和“垂直切片”的值，即棋盘擦除在水平和垂直方向上的图像块数量，默认状态下“水平切片”为4，“垂直切片”为3。图7.31展示了“棋盘擦除”过渡效果和“棋盘擦除设置”对话框。

图7.30　棋盘

图7.31　棋盘擦除

9. 楔形擦除

默认状态下，“楔形擦除”过渡效果是以素材A的画面中心为起点，用对称打开的楔形画面逐渐将素材A替代为素材B，即从素材A的中心开始擦除，以显示素材B。

在“楔形擦除”过渡效果的参数设置中，可以在“过渡预览”界面中设置8个方向上的起点位置，其中“自西北向东南”是指从左上角到右下角擦除，“自北向南”是指从上到下擦除，“自东北向西南”是指从右上角至左下角擦除，“自东向西”是指从右到左擦除，“自东南向西北”是指从右下角到左上角擦除，“自南向北”是指从下到上擦除，“自西南向东北”是指从左下角到右上角擦除，“自西向东”是指从左到右擦除。图7.32展示了“楔形擦除”的效果。

10. 水波块

默认状态下，“水波块”过渡效果是素材A被水平块以带状方式，从屏幕左侧边界至屏幕右侧边界，再接着从右侧边界至左侧边界，往返擦除，直至显示出全部素材B，也可理解为来回进行块擦除以显示素材A下面的素材B。

在“水波块”过渡效果设置窗口的底部有一个“自定义”按钮，单击该按钮将会显示“水波块设置”对话框。在该对话框中可以设置“水平”和“垂直”的值，即水波块在水平和垂直方向上的数量，默认状态下“水平”为16，“垂直”为8。图7.33展示了“水波块”过渡效果和“水波块设置”对话框。

图7.32　楔形擦除

图7.33　水波块

11. 油漆飞溅

默认状态下，“油漆飞溅”过渡效果是用飞溅的颜料斑点逐渐拼接为素材B，以显示素材A下面的素材B。“油漆飞溅”过渡效果具有一定的艺术性，虽没有过多可以自定义的设置，但画面变化效果的随机性较强。图7.34展示了“油漆飞溅”过渡效果。

12. 渐变擦除

默认状态下，“渐变擦除”过渡效果是素材A根据用户所选择图像的亮度来擦除素材B，并完整显示素材B。素材B中画面出现的先后次序由用户所选图像所包含的明暗像素决定，亮度最低的区域会最先显示出来，最亮的区域最后显示。

在“渐变擦除”过渡效果设置窗口的底部有一个“自定义”按钮，单击该按钮将会显示“渐变擦除设置”对话框。在该对话框中可以设置“选择图像”和“柔和度”2个属性，其中还有素材预览框。图7.35展示了“渐变擦除”过渡效果和“渐变擦除设置”对话框。

图7.34　油漆飞溅

图7.35　渐变擦除

在使用自定义设置时，由于“渐变擦除”过渡效果用到的是所选图像的灰度信息，所以尽量选择灰度图像。当然，只要所选图像中有亮度变化，就可以制作出渐变效果。而“柔和度”属性控制的是图像变化过程中过渡区域的大小（灰色半透明区域的大小）。

13. 百叶窗

默认状态下，“百叶窗”过渡效果像是透过逐渐打开的百叶窗所看到的那样逐渐显示素材B，即水平擦除素材A以显示下面的素材B。

在“百叶窗”过渡效果的参数设置中，可以在“过渡预览”界面中设置擦除方向，其中“自西向东”是指从左向右擦除，“自北向南”是指从上向下擦除，“自东向西”是指从右向左擦除，“自南向北”是指从下向上擦除。

在“百叶窗”过渡效果设置窗口的底部有一个“自定义”按钮，单击该按钮将会显示“百叶窗设置”对话框。在该对话框中可以设置“带数量”的值，即百叶窗的页数，默认状态下“带数量”为8。图7.36展示了“百叶窗”过渡效果和“百叶窗设置”对话框。

14. 螺旋框

默认状态下，“螺旋框”过渡效果是素材B以块平铺的方式，从画面外围向内平铺，逐渐铺满整个画面，平铺的块按螺旋方向从大到小排列，即以螺旋框状擦除，以显示素材A下面的素材B。

在“螺旋框”过渡效果设置窗口的底部有一个“自定义”按钮，单击该按钮将会显示“螺旋框设置”对话框。在该对话框中可以设置“水平”和“垂直”的值，也就是水平和垂直方向上螺旋块的数量，默认状态下“水平”为16，“垂直”为8。图7.37展示了“螺旋框”过渡效果和“螺旋框设置”对话框。

图7.36　百叶窗

图7.37　螺旋框

15. 随机块

默认状态下，“随机块”过渡效果是素材B随机出现在画面中的小块内，并逐渐填满画面，即出现随机框，以显示素材A下面的素材B。

“随机块”过渡效果设置窗口的底部有一个“自定义”按钮，单击该按钮将会显示“随机块设置”对话框。在该对话框中可以设置“水平”和“垂直”的值，也就是水平和垂直方向上的块数，默认状态下“宽”为20，“高”为15。图7.38展示了“随机块”过渡效果和“随机块设置”对话框。

16. 随机擦除

默认状态下，“随机擦除”过渡效果是素材B以随机块平铺的方式从屏幕顶端逐渐向下移动，最终完全覆盖素材A，即用随机边缘对图像A进行移动擦除，以显示素材A下面的素材B。

在“随机擦除”过渡效果的参数设置中，可以在“过渡预览”界面中设置擦除方向，其中“自西向东”是指从左到右擦除，“自北向南”是指从上到下擦除，“自东向西”是指从右到左擦除，“自南向北”是指从下到上擦除。图7.39展示了“随机擦除”的效果。

图7.38 随机块

图7.39 随机擦除

17. 风车

默认状态下，“风车”过渡效果是以素材A的画面中心为起点，用多个楔形画面逐渐擦除素材A，像风车一样打开图像，即从素材A的中心开始擦除，以显示素材B。

在“风车”过渡效果的参数设置中，可以在“过渡预览”界面中设置8个方向上的起点位置，其中“自西北向东南”是指从左上角到右下角擦除，“自北向南”是指从上到下擦除，“自东北向西南”是指从右上角至左下角擦除，“自东向西”是指从右到左擦除，“自东南向西北”是指从右下角到左上角擦除，“自南向北”是指从下到上擦除，“自西南向东北”是指从左下角到右上角擦除，“自西向东”是指从左到右擦除。图7.40展示了“风车”的效果。

图7.40 风车

7.5.4 沉浸式视频

“沉浸式视频”（Immersive Video）过渡效果组中效果的变化主要用于通过虚拟现实技术拍摄的素材，但是这些素材需要较为昂贵的专业拍摄设备才能获得，而我们较容易得到的素材以360°的全景视频为主，这些普通素材也可以应用该效果组中的效果。

“沉浸式视频”过渡效果组中包括“VR光圈擦除”（VR Gradient Wipe）、“VR光线”（VR Light Ray）、“VR渐变擦除”（VR Gradient Wipe）、“VR漏光”（VR Light Leaks）、“VR球形模糊”（VR Spherical Blur）、“VR色度泄漏”（VR Chroma Leaks）、“VR随机块”（VR Random Blocks）、“VR默比乌斯缩放”（VR Mobius Zoom）等8个过渡效果。

1. VR光圈擦除

默认状态下，“VR光圈擦除”过渡效果是素材B以画面中心为起点逐渐变大直至覆盖素材A。在“VR光圈擦除”过渡效果的参数设置中，可以调整视频的“目标点”并进行羽化设置。也可取消勾选“自动VR属性”复选框，调整具有单像和3D属性的视频。图7.41展示了“VR光圈擦除”的效果。

2. VR光线

默认状态下，“VR光线”过渡效果是素材A在画面中心通过光斑扫描的方式过渡到素材B。在“VR光线”过渡效果的参数设置中，可以调整视频的“目标点”并进行羽化设置。也可取消勾选“自动VR属性”复选框，分拆自动VR属性，调整具有单像和3D属性的视频。图7.42展示了“VR光线”的效果。

图7.41 VR光圈擦除

3. VR渐变擦除

默认状态下，“VR渐变擦除”过渡效果根据用户所选择图像的亮度来擦除素材A，最终完整显示素材B。可以通过“渐变图层”或“渐变图像”中的图像来控制素材的显示。图7.43展示了“VR渐变擦除”的效果。

图7.42 VR光线

图7.43 VR渐变擦除

4. VR漏光

默认状态下，“VR漏光”过渡效果是从一个素材到另一个素材的漏光过渡，可以修改漏光的色相、强度和曝光度等属性。图7.44展示了“VR漏光”的效果。

5. VR球形模糊

默认状态下，“VR球形模糊”过渡效果是使用排列的球形模糊效果，从素材A过渡到素材B。图7.45展示了“VR球形模糊”的效果。

图7.44 VR漏光

图7.45 VR球形模糊

6. VR色度泄漏

默认状态下，“VR色度泄漏”过渡效果是通过画面叠加产生的漏光效果完成从素材A到素材B的过渡。图7.46展示了“VR色度泄漏”的效果。

7. VR随机块

默认状态下，“VR随机块”过渡效果是素材B随机出现在画面中的小块内，并逐渐填满画面。图7.47展示了“VR随机块”的效果。

图7.46 VR色度泄漏

图7.47 VR随机块

8. VR默比乌斯缩放

默认状态下，“VR默比乌斯缩放”过渡效果是素材A变形至素材B，可以调整缩放和目标点属性。图7.48展示了“VR默比乌斯缩放”的效果。

图7.48 VR默比乌斯缩放

7.5.5 溶解

“溶解”（Dissolve）过渡效果组中的过渡效果可以从素材A淡入素材B。“溶解”过渡效果组中有7个效果，分别是“Morph Cut”“交叉溶解”（Cross Dissolve）、“叠加溶解”（Additive Dissolve）、“白场过渡”（White Dissolve）、“胶片溶解”（Film Dissolve）、“非叠加溶解”（Non-Additive Dissolve）、“黑场过渡”（Black Dissolve）。此效果组中的效果使用频率最高、用途最广，而在“溶解”过渡效果组中，“交叉溶解”过渡效果又是最常用的。

1. Morph Cut

默认状态下，“Morph Cut”过渡效果是使得两个相近的镜头之间产生平滑的过渡，帮助用户创建更加完美的镜头跳切。后期剪辑时经常遇到的一个难题是拍摄对象说话断断续续、经常使用语气词或经常出现不需要的停顿，使用“Morph Cut”或“交叉溶解”效果能较好地解决上述问题，进而获得清晰、连续的镜头。

应用“Morph Cut”过渡效果后，程序立即在后台开始分析。随着分析的进行，“在后台进行分析”提示信息会显示在“节目”窗口中。在此期间用户可以自由地处理素材或者在项目中的其他位置进行操作。

效果的持续时间是一个需要注意的地方，程序分析的时间取决于需要分析的帧数，如果帧数较多，分析时间则会相应较长。设定效果的时间长度时也要参考镜头内容，有时较短的持续时间能带来较好的过渡效果。图7.49展示了“Morph Cut”的效果。

图7.49 Morph Cut

2. 交叉溶解

默认状态下，“交叉溶解”过渡效果是在素材A渐渐变得透明的同时，素材B从完全透明的状态渐渐显示出来，画面中呈现出一种半透明的叠加效果。“交叉溶解”还有另外一个众所周知的名称——淡入淡出，该效果是过渡效果里面使用频率最高的。图7.50展示了“交叉溶解”的效果。

“交叉溶解”效果使得素材与素材间的过渡具有一种干净、简约、柔和之美。它的节奏舒缓，具有抒情意味，能够创造富有表现力的画面，使素材段落间形成鲜明的时间与空间感。

该效果的持续时间也是一个需要注意的地方，一般默认的时间长度是1秒，这个时间长度基本能够使素材得到充分展现。有时候我们也会使用2～3帧的过渡时长，这样既可以得到较平滑的过渡，又能较好地掌控时间，这就是我们所说的“软切”。如果表现的是故事的开头或结尾，可以从黑色淡入或淡出，也可以在素材的入点或出点应用“交叉溶解”效果，这种情况下，“交叉溶解”和“黑场过渡”所展现出的效果是相同的。

3. 叠加溶解

默认状态下，“叠加溶解”过渡效果是素材A到素材B的亮度渐变过渡，两个素材叠加部分的图像比单幅图像更亮，亮度变化的速度呈抛物线，即起始慢，中间快，也可理解为素材A渐隐于素材B。

“叠加溶解”过渡效果会呈现出一种玻璃质感，是一种具有高级感的变化。在展现尺寸较大的图像时，可以将图像分成几个部分，在其间加入“叠加溶解”效果来缩短过渡时间，以增强节奏感。图7.51展示了“叠加溶解”的效果。

图7.50 交叉溶解

图7.51 叠加溶解

4. 白场过渡

默认状态下，“白场过渡”过渡效果是先从素材A过渡到白色，再从白色过渡到素材B。“白场过渡”过渡效果也可以称为“闪白”，应用于素材中后部分，能使画面出现纯白色的变化。在素材上应用持续时间很短的“白场过渡”效果时，能展现时空的变化，在影视剧中能够很好地表现出回忆过去、昏迷后苏醒的画面。图7.52展示了“白场过渡”的效果。

5. 胶片溶解

默认状态下，“胶片溶解”过渡效果是把画面混合应用在线性色彩空间中的过渡效果，即素材A线性渐隐于素材B。“胶片溶解”和“交叉溶解”过渡效果非常相似，主要区别是“胶片溶解”效果能显示出素材中图形的轮廓，真实感更强。图7.53展示了“胶片溶解”的效果。

图7.52 白场过渡

图7.53 胶片溶解

6. 非叠加溶解

默认状态下，“非叠加溶解”过渡效果是素材B出现在素材A的暗部，且素材处于静止的半透明状态，也可理解为将素材A的亮度映射到素材B。图7.54展示了“非叠加溶解”的效果。

7. 黑场过渡

默认状态下，“黑场过渡”过渡效果是先从素材A过渡到黑色，再从黑色过渡到素材B。“黑场过渡”过渡效果也可以称为“闪黑”，应用于素材中后部分，能使画面呈现出纯黑色的变化。在素材上应用持续时间很短的“黑场过渡”效果时，能起到表现时空变化、承接上文、展开情节的作用，在影视剧中能够用于营造故事氛围。

在素材的开头或结尾使用“黑场过渡”效果时黑色图层将遮挡下方轨道上的素材，只有在“黑场过渡”效果即将结束时才能看到下方轨道中的内容，因此当希望获得简单的淡入淡出效果时，“交叉溶解”过渡效果可能更适合，通过创建透明度关键帧的方式也可达到同样的效果。图7.55展示了“黑场过渡”的效果。

图7.54　非叠加溶解

图7.55　黑场过渡

7.5.6 滑动

“滑动”（Slide）过渡效果组中的过渡效果能使素材呈现滑进滑出的切换效果，该效果组中包含“中心拆分”（Center Split）、“带状滑动”（Band Slide）、“拆分”（Split）、“推”（Push）、“滑动”等5种不同的过渡效果。

1. 中心拆分

默认状态下，“中心拆分”过渡效果是将素材A划分成4个大小相等的矩形，4个矩形从画面中心开始分别向4个角移动，最终显示出素材B，即将素材A分成4个部分，分别滑动到角落以显示素材B。图7.56展示了“中心拆分”的效果。

2. 带状滑动

默认状态下，“带状滑动”过渡效果是素材B以矩形条带的形式从屏幕的左右两侧出现并滑向对面一侧，最终替换素材A，即素材B在水平、垂直或对角线方向上以条带形式滑入，逐渐覆盖素材A。

在“带状滑动”过渡效果的参数设置中，可以在“过渡预览”界面中设置8个方向上的起点位置，其中“自西北向东南”是指从左上角到右下角滑动，“自北向南”是指从上到下滑动，“自东北向西南”是指从右上角至左下角滑动，“自东向西”是指从右到左滑动，“自东南向西北”是指从右下角到左上角滑动，“自南向北”是指从下到上滑动，“自西南向东北”是指从左下角到右上角滑动，“自西向东”是指从左到右滑动。

在“带状滑动”过渡效果设置窗口的底部有一个“自定义”按钮，单击该按钮将会显示“带状滑动设置”对话框。在该对话框中可以设置“带数量”，即带状矩形的数量，默认状态下“带数量”是7。图7.57展示了“带状滑动”过渡效果和“带状滑动设置”对话框。

图7.56　中心拆分

图7.57　带状滑动

3. 拆分

默认状态下，“拆分”过渡效果是素材A从中间分开，以显示下面的素材B，即将素材A拆分成两块并分别滑动到两边，以显示素材B。

在“拆分”过渡效果的参数设置中，可以在“过渡预览”界面中设置拆分方向，其中“自北向南”和“自南向北”是垂直方向上的上下拆分，而“自西向东”和“自东向西”是水平方向上的左右拆分。图7.58展示了“拆分”的效果。

4. 推

默认状态下，“推”过渡效果是用素材B将素材A推到一边。

在“推”过渡效果的参数设置中，可以在“过渡预览”界面中设置推动方向，其中“自西向东”是指从左向右推，“自北向南”是指从上向下推，“自东向西”是指从右向左推，“自南向北”是指从下向上推。图7.59展示了“推”的效果。

图7.58　拆分

图7.59　推

5. 滑动

默认状态下，“滑动”过渡效果是素材B在素材A上滑动并最终覆盖素材A，即素材B滑动到素材A上面。

图7.60　滑动

在“滑动”过渡效果的参数设置中，可以在“过渡预览”界面中设置滑动方向，其中“自西北向东南”是指从左上角到右下角滑动，“自北向南”是指从上到下滑动，“自东北向西南”是指从右上角至左下角滑动，“自东向西”是指从右到左滑动，“自东南向西北”是指从右下角到左上角滑动，“自南向北”是指从下到上滑动，“自西南向东北”是指从左下角到右上角滑动，“自西向东”是指从左到右滑动。图7.60展示了“滑动”的效果。

7.5.7 缩放

“缩放”（Zoom）过渡效果组中的效果通过素材的大小变化来实现过渡，“缩放”过渡效果组中只有“交叉缩放”过渡效果。

图7.61　交叉缩放

“交叉缩放”过渡效果默认状态下是素材A以画面中心为原点逐渐放大，素材B再从与素材A同等的大小逐渐缩小至素材A起点大小，即素材A放大，素材B缩小。

“交叉缩放”过渡效果所展现出来的变化是素材大小变化，可在“剪辑预览”的A区中设置素材A变化的起点，在B区中设置素材B变化的起点，拖曳白色圆环到画面的不同位置，这样可以得到更加灵活多变的“交叉缩放”效果。图7.61展示了“交叉缩放”的效果。

7.5.8 页面剥落

“页面剥落”过渡效果组中的效果是以翻开书页并显示下一页的动作实现过渡，素材A被翻过后显示出素材B。“页面剥落”过渡效果组中有“翻页”和“页面剥落”2个过渡效果。

1. 翻页

默认状态下，“翻页”过渡效果是翻开素材A，显示下面的素材B，但是在翻动时页角不卷起。在“翻页”过渡效果的参数设置中，可以在“过渡预览”界面中设置翻页方向，其中“自西北向东南”是指从左上角向右下角翻页，“自东北向西南”是指从右上角向左下角翻页，“自东南向西北”是指从右下角向左上角翻页，“自西南向东北”是指从左下角向右上角翻页。图7.62展示了“翻页”的效果。

2. 页面剥落

默认状态下，“页面剥落”过渡效果是翻开素材A，显示下面的素材B，但是在翻动时页角卷起，且底面显示为亮灰色。在“页面剥落”过渡效果的参数设置中，可以在“过渡预览”界面中设置翻页方向，其中“自西北向东南”是指从左上角向右下角翻页，“自东北向西南”是指从右上角向左下角翻页，“自东南向西北”是指从右下角向左上角翻页，“自西南向东北”是指从左下角向右上角翻页。图7.63展示了“页面剥落”的效果。

图7.62 翻页

图7.63 页面剥落

7.6 第三方转场插件

我们在使用Premiere Pro CC编辑视频的时候，转场是我们常用的一种剪辑语言，但是在一些特定项目中，Premiere Pro CC自带的特效不能满足工作需求，这时候就要借助一些第三方转场插件。

7.6.1 Boris FX Sapphire

蓝宝石（Boris FX Sapphire，Sapphire）插件拥有几百种视觉效果和转场效果。该插件可以提高用户的工作效率，增强用户的创造力，给用户带来无限的创作空间，其因拥有卓越的图像质量和优秀的渲染速度，受到很多后期爱好者的追捧和喜爱。

Sapphire 2021卓越的图像质量、渲染速度为用户节省了大量的时间，使用户能够专注于其他更重要的事情，从而制作出让观众赏心悦目的视频，如图7.64所示。该插件支持的软件版本为Premiere Pro CC - CC 2020，Windows版和macOS版都支持。

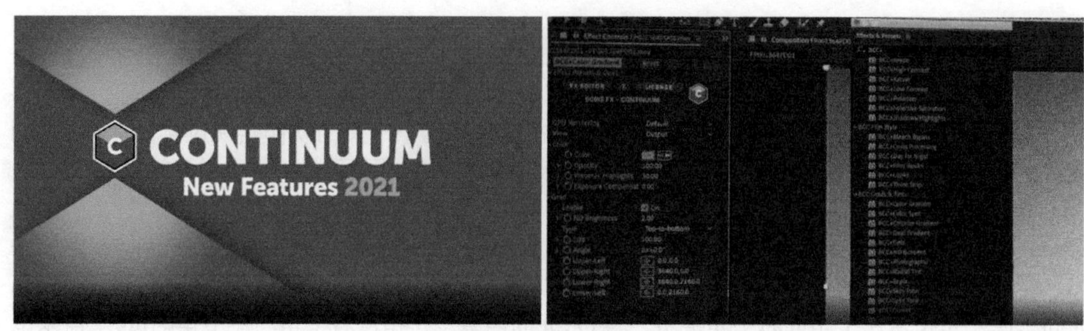

图7.64 Sapphire

7.6.2 FilmImpact Transition Pack

FilmImpact 推出的FilmImpact Transition Pack系列插件受到了很多人的喜欢，其中的地震晃动、闪白等效果可完美解决用户的转场难题。最新版本插件的性能得到了很大提升，且支持GPU加速，以前控制插件需要打开插件的界面，现在可以直接在插件特效面板中控制插件。

该插件套装包括FilmImpact.net Transition Pack Vol.1、FilmImpact.net Transition Pack Vol.2、FilmImpact.net Transition Pack Vol.3、FilmImpact.net Transition Pack Vol.4、FilmImpact.net Bounce Pack、FilmImpact.net Motion Tween。Windows系统中该插件支持的软件版本是Premiere Pro CC 2014～Premiere Pro CC 2019，如图7.65所示。

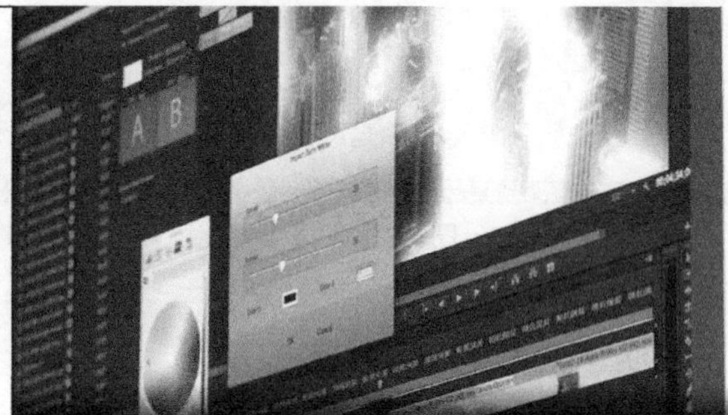

图7.65 FilmImpact Transition Pack

7.6.3 Boris Continuum Complete

Boris Continuum Complete（BCC）是视觉特效插件包，Boris Continuum Complete的最新版本是Boris Continuum Complete 2021，Boris Continuum Complete视觉特效插件包的功能强大且很省时。它通过约二十类创意效果、标题和快速修复插件简化了用户的工作流程，包括350多种效果和4000多种预设，几乎可以满足每个项目的制作需求。

Boris Continuum Complete 2021为视频图像提供包括合成、处理、键控、着色、变形等在内的全面解决方案，支持Open GL和双CPU加速。其拥有超百种特效，如字幕（3D字幕），3D粒子、老电影、光线、画中画、镜头光晕、烟雾、火等，还有调色、键控/抠像、遮罩、跟踪、发光等风格化工具，以及多种视频转场效果。

Boris Continuum Complete 2021 在Windows系统中支持的软件版本是Premiere Pro CC CS6～Premiere Pro CC 2017，如图7.66所示。

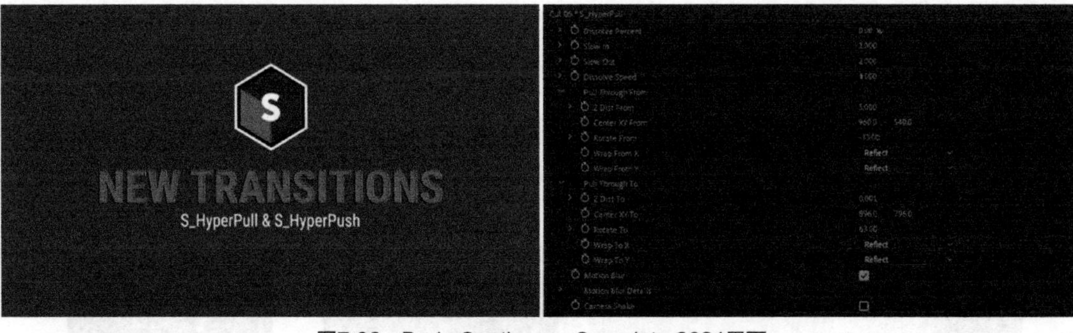

图7.66　Boris Continuum Complete 2021界面

7.7 案例

7.7.1 案例一：《狂野自然》电子相册

照片是生活中随处可见的东西，但如果拍摄量太大，存储精美的照片就显得很困难，而且时间久了很多照片会被忘记。这种情况下，我们可以把一些珍藏的照片做成电子相册。这不仅是收纳照片的好方法，也方便我们可以随时随地欣赏照片。

想要制作一个精美的电子相册，可以从以下几方面着手：首先，要有精美的照片，照片的质量很重要，但内容更重要，大家可以使用图像处理软件将照片简单处理一下，调整照片的大小、色调、构图等属性，为后续制作打下良好的基础；其次，寻找合适的背景音乐，音乐在视频中的作用很大，可以说没有音乐，视频就没有了灵魂，而一个在风格、节奏上均和照片主题吻合的背景音乐是电子相册成功的关键因素；最后，将照片与背景音乐合理地组合在一起，完美呈现电子相册的内容。只要做到以上几点，就能制作出精美的电子相册。让我们一起来尝试一下吧！

目标

（1）练习使用视频过渡效果，并能够熟练掌握过渡效果的参数设置方法。
（2）学习使用静态素材的方法，并尝试使静态素材更具动感。
（3）尝试在未学完所有知识点的情况下，制作一个完整的视频作品。

重点与难点

（1）提高制作的效率。
（2）画面与音乐的配合。
（3）提高审美水平。

制作步骤

步骤1　新建项目

单击“新建项目”按钮，弹出“新建项目”对话框，将“名称”改为“电子相册”，在计算机存取速度最快或剩余空间最大的盘符下新建“项目”文件夹，所建项目都将存储在这个文件夹中，其他设置保持默认即可，如图7.67所示，单击“确定”按钮进入软件操作界面。

步骤2　新建序列

单击“项目”窗口中的“新建项目”按钮，新建序列，如图7.68所示。在弹出的“新建序列”对话框中选择“序列”>“HDV”>“HDV 720p25”选项，并在“序列名称”中输入“狂野自然”，单击“确定”按钮，如图7.69所示。

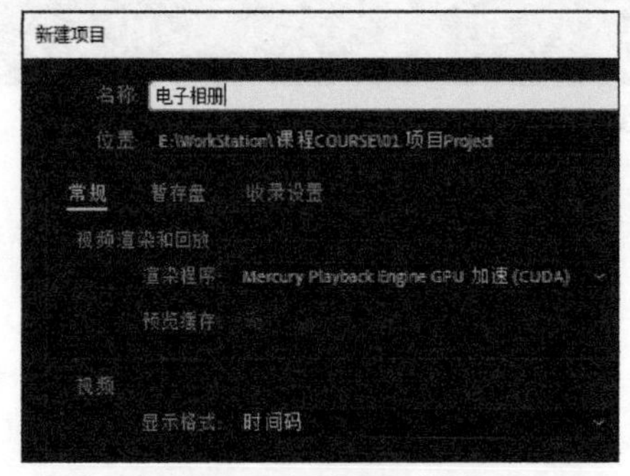

图7.67　新建项目（一）

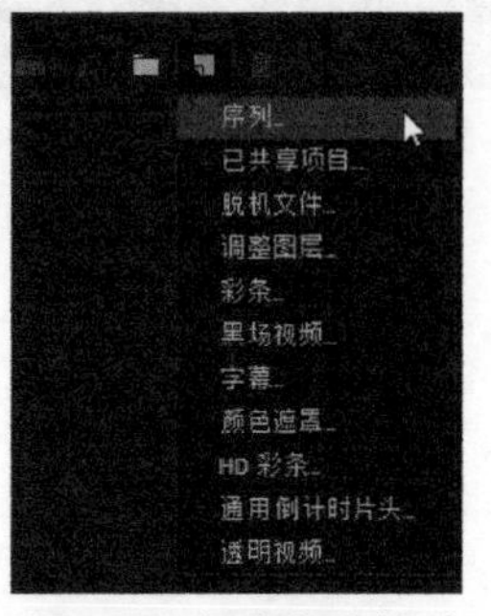

图7.68　新建序列（一）

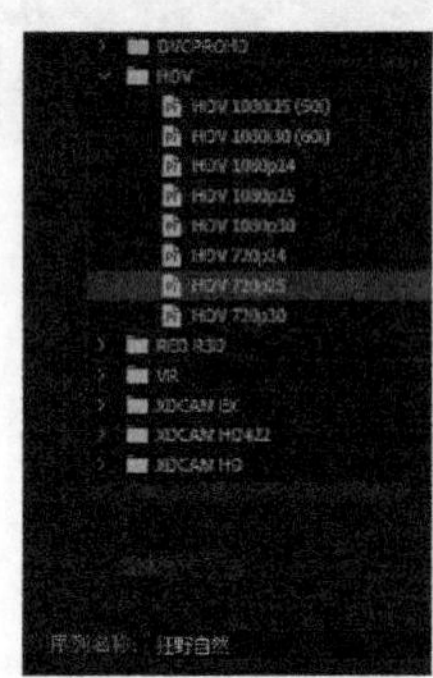

图7.69　选择序列预设（一）

步骤3　导入素材

在“项目”窗口单击鼠标右键后选择“导入”选项，在打开的“导入”对话框中选择“素材”>“图片”>“动物素材”文件夹中的所有图片，单击“打开”按钮，导入所选图片，如图7.70所示。单击“新建素材箱”按钮，将新建的文件夹更名为“图片”，并将所有图片素材移动到此文件夹中，如图7.71所示。再次单击鼠标右键并选择“导入”选项，在打开的“导入”对话框中选择“素材”>“音频”文件夹中的音频文件“狂野自然.MP3”，单击“打开”按钮，导入音频。单击“新建素材箱”按钮，将新建的文件夹更名为“音频”，并将音频素材拖曳至此文件夹中。

图7.70　导入素材（一）

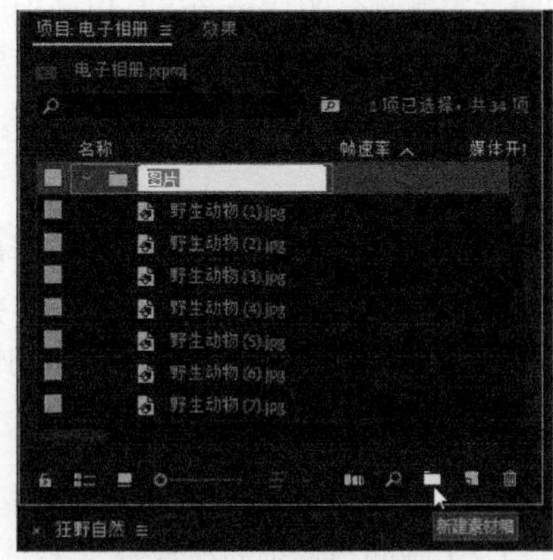

图7.71　管理素材（一）

步骤4　将素材添加至“时间轴”窗口

选择所有图片素材，拖曳图片到“时间轴”窗口中的V1轨道上。再将音频文件“狂野自然.mp3”拖曳至“时间轴”窗口中的A1轨道上，如图7.72所示。

步骤5　调整图片

导入素材后，我们先整体观察图片的大小、位置和构图。单击“节目”窗口中的“播放”按钮预览素材。预览后发现，有部分素材的构图不是很好，需要调整。选择要修改的图片，打开“效果控件”窗口，展开“运动”属性，找到“位置”属性的纵坐标参数，然后向右侧拖曳该数值，调整至图7.73所示的坐标数值。其他图片的调整与此类似，保证动物主体完整显示在画面中。

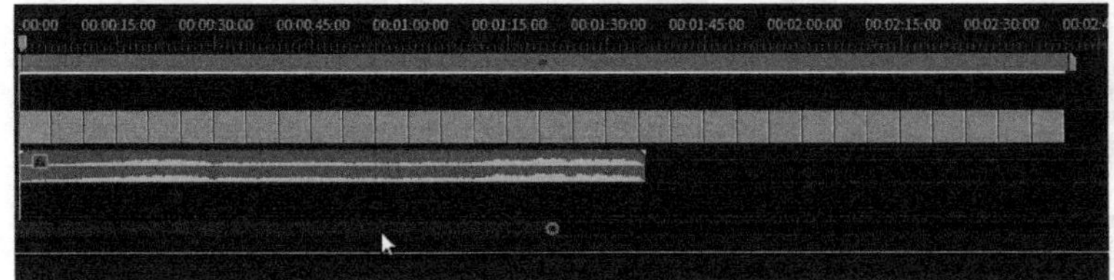

图7.72　拖入素材

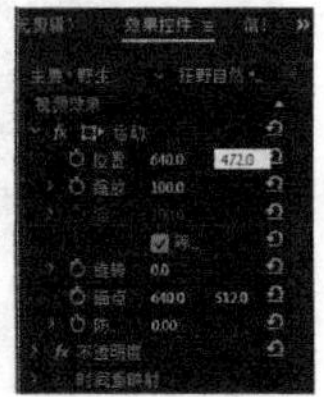

图7.73　调整参数

步骤6　匹配音视频内容

再次播放调整后的视频内容，发现画面已无问题，但视频部分和音频部分的长度不同，需要匹配它们的长度。单击任意图片素材，打开“信息”窗口，发现图片的时间长度是5秒，单幅图片的持续时间较长，而且视频素材超出音频素材的部分较多，所以要更改视频轨道上图片素材的时间长度。

选择工具栏中的“向前选择轨道工具”，然后按住Shift键并单击V1轨道上的第一个图片素材，这样可以选择V1轨道上的所有图片素材。在任意素材上单击鼠标右键并选择“速度/持续时间”选项，如图7.74所示。

在“剪辑速度/持续时间”对话框中，将“持续时间”改成3秒，单击“确定”按钮。回到“时间轴”窗口后可以看到所有图片素材的时间长度都缩短到了3秒。接下来删除图片间的空白区域，选择工具栏中的“选择工具”，用鼠标右键在空白区域内单击，然后选择“波纹删除”选项，删除图片间的空白区域，这样视频与音频的长度就基本一致了，如图7.75所示。

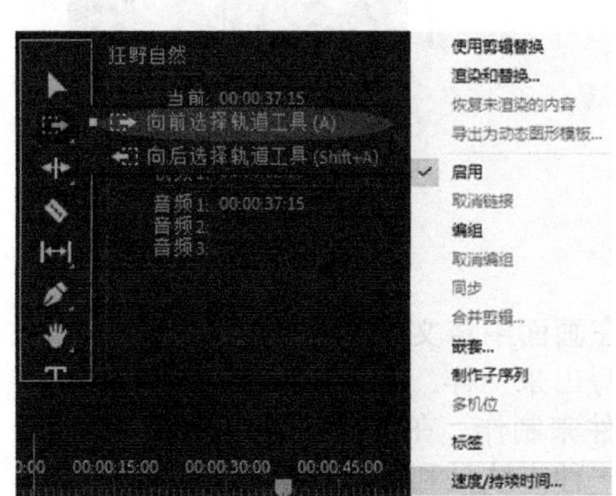

图7.74　速度/持续时间（一）

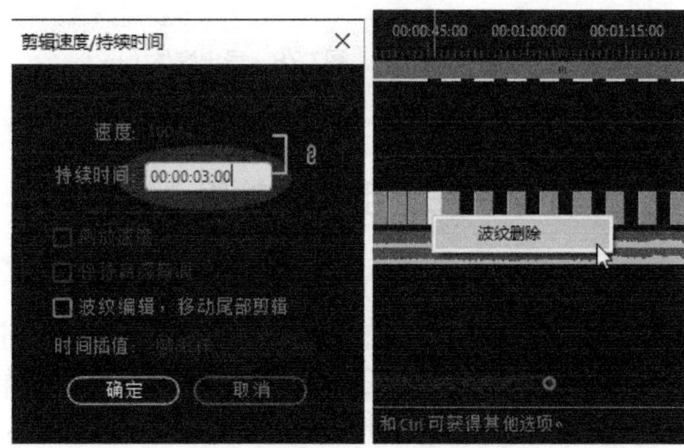

图7.75　修改视频部分的长度

步骤7　添加过渡效果

在每两个素材中间添加不同的过渡效果，具体效果大家可以自行选择。如果想提高效率，或为所有图片添加同样的过渡效果，可以使用工具栏中的“向前选择轨道工具”选择所有图片素材，再按组合键Ctrl+D或Cmd+D，这时轨道上所有被选中的素材都会被添加默认的过渡效果——“交叉溶解”，如图7.76所示。

步骤8　添加字幕

选择工具栏中的“文字工具”，在“节目”窗口中单击并输入“狂野自然”，将字体更改为“AliHYAiHei”，颜色为白色。在“时间轴”窗口中选择字幕文件，使用组合键Ctrl+D或Cmd+D为其添加默认的过渡效果，再创建一个内容为“感谢观赏”的字幕文件并放在素材的最后，也为其添加默认的过渡效果，如图7.77所示。

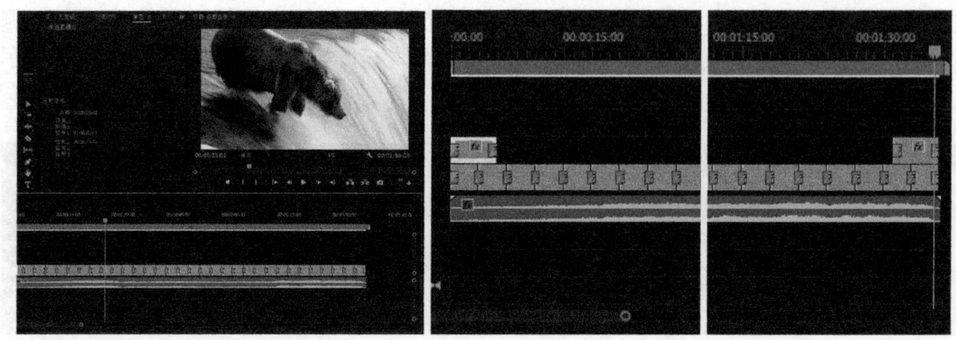

图7.76　添加过渡效果　　图7.77　添加字幕

步骤9　导出

单击“时间轴”窗口，使其成为当前操作窗口，然后单击“文件”>“导出”>“媒体”，弹出“导出设置”对话框，在右侧的“导出设置”里找到“格式”参数，选择H.264；在“预设”里选择“匹配源-高比特率”，“输出名称”里选择存储的地址和文件格式，设置完成后单击“导出设置”对话框底部的“导出”按钮，完成导出操作，如图7.78和图7.79所示。本案例制作完成。

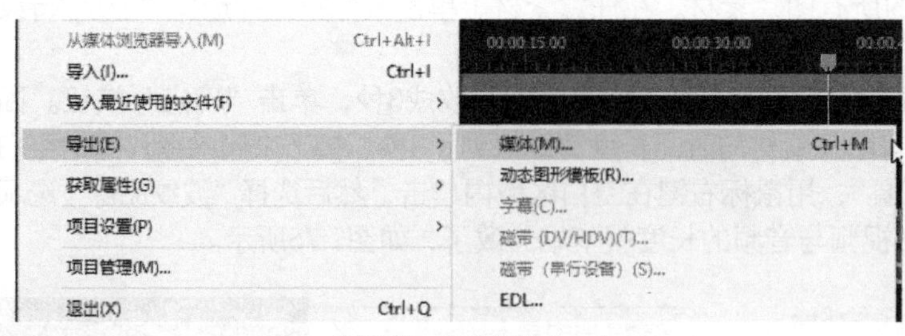

图7.78　导出媒体（一）

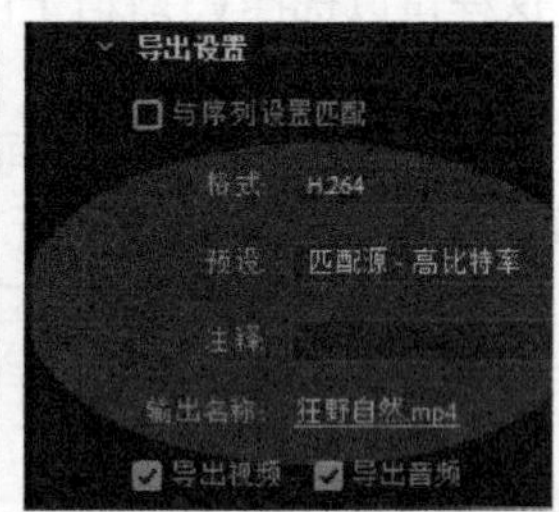

图7.79　导出设置（一）

7.7.2 案例二：手写字效果

手写字效果是很常见的一种展示文字的方式，在画面中将文字按照笔画顺序逐渐呈现出来，就好像用一只无形的笔将字写出来一样，这种表现方式的视觉冲击力强。手写字效果可以通过很多软件来制作。在Premiere Pro CC中，可以通过两种方法来实现手写字效果。一种方法是利用本章所学的“渐变擦除”过渡效果来制作，另一种方法是通过“书写”视频效果来制作。

使用“渐变擦除”过渡效果来制作手写字效果时有以下几点需要注意：一是需要使用图像处理软件来制作手写文字的图像，如Photoshop CC；二是使用的素材不能直接导入Premiere Pro CC，而要通过“渐变擦除”设置里的“自定义”图像载入，然后利用载入图像的亮度控制时间轴中素材的变化；三是载入文字的笔画必须按照从黑到白的方式排列，这样才能达到按笔画顺序呈现文字的效果。

目标

（1）练习使用“渐变擦除”过渡效果，并能够熟练掌握过渡效果的参数设置方法。

（2）学习使用静态素材的方法，并尝试使静态素材更具动感。

（3）了解不同软件之间的协作方法，以及图像在导入时格式的选择。

重点与难点

（1）如何有效扩展“过渡效果”的方法。

（2）如何更好地理解图像的制作途径。

制作步骤

步骤1 新建项目

单击“新建项目”按钮，弹出“新建项目”对话框，将名称改为“手写字效果”，在计算机存取速度最快或剩余空间最大的盘符下新建“项目”文件夹，将所建项目存储在这个文件夹中，其他设置保持默认即可，如图7.80所示，单击“确定”按钮进入软件操作界面。

步骤2 新建序列

单击“项目”窗口中的“新建项目”>“序列”，如图7.81所示。在弹出的“新建序列”对话框中选择“序列”>“HDV”>“HDV 720p25”选项，并在“序列名称”中输入“手写字效果”，单击“确定”按钮，如图7.82所示。

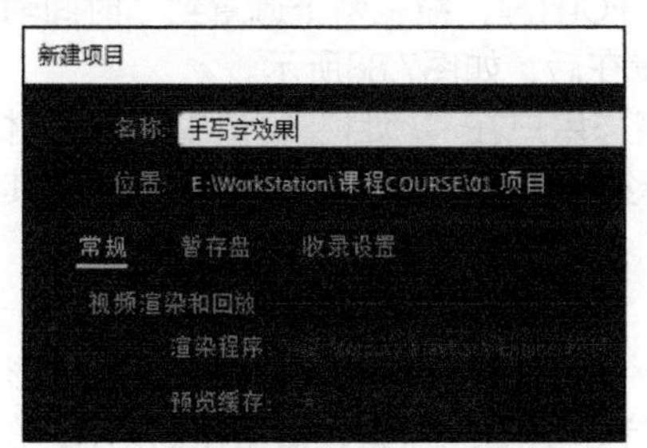

图7.80 新建项目（二）

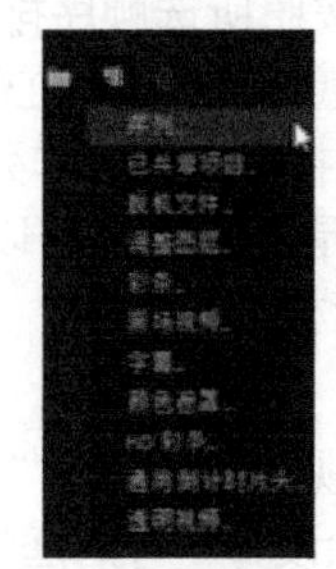

图7.81 新建序列（二）

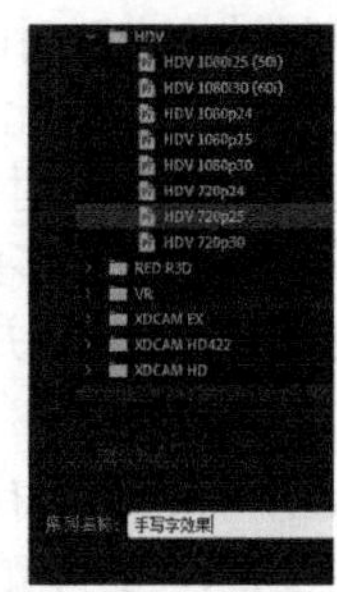

图7.82 选择序列预设（二）

步骤3 新建素材

在“项目”窗口的空白处单击鼠标右键并选择“新建项目”>“颜色遮罩”选项，打开“新建颜色遮罩”对话框。让“视频设置”组中“宽度”和“高度”的数值与所建立的序列的宽高一致，“时基”为25fps（帧/秒），“像素长宽比”为方形像素（1.0），如图7.83和图7.84所示。

“时基”即时间基准，是时间显示的基本单位，在视频制作中主要用来表示数字视频中的基准时间。一般来说，项目的帧速率与时基必须保持一致，否则在视频制作过程中会出现时间长度不匹配的情况。

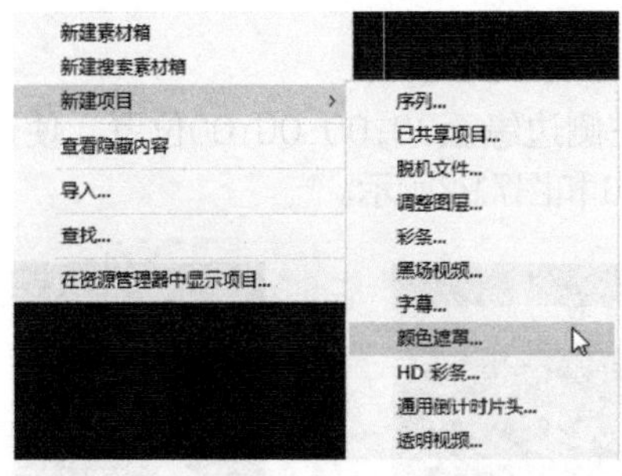

图7.83 新建颜色遮罩

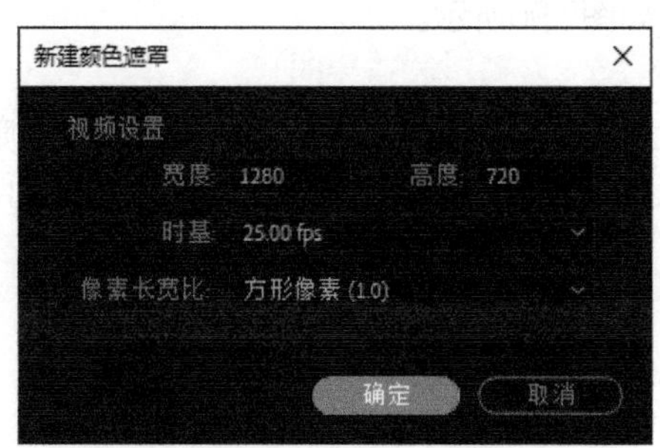

图7.84 设置颜色遮罩

单击“确定”按钮，弹出“拾色器”对话框，选择黑色（R0，G0，B0）后单击“确定”按钮，在弹出的“选择名称”对话框中将“选择新遮罩的名称”改为“黑色”，单击“确定”按钮，如图7.85所示。

再次选择“新建项目”>“颜色遮罩”选项，打开“新建颜色遮罩”对话框，单击“确定”按钮。在弹出的“拾色器”对话框中选择红色（R255，G0，B0）后单击“确定”按钮，在弹出的“选择名称”对话框中将“选择新遮罩的名称”改为“红色”，单击“确定”按钮，如图7.86和图7.87所示。

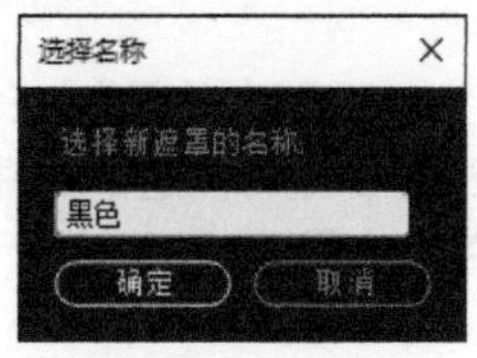

图7.85 黑色

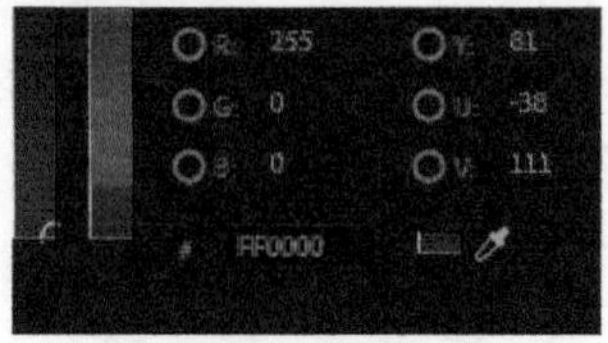

图7.86 拾色器

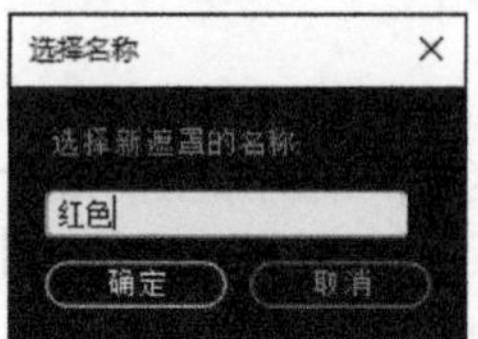

图7.87 红色

步骤4 将素材添加至“时间轴”窗口

选择两个颜色遮罩素材，先单击“黑色”遮罩，然后按住Ctrl键并单击“红色”遮罩，这样两个素材被拖曳至时间轴上时会按照所选顺序排列，松开Ctrl键，拖曳两个遮罩到“时间轴”窗口中的V1轨道上，此时“黑色”遮罩在前、“红色”遮罩在后，如图7.88所示。

拖曳素材到“时间轴”窗口中时，素材排列的顺序与用户在“项目”窗口中选择素材的顺序一致。在选择更多的素材时也是一样的，可以在选择第一个素材后按住Shift键并选择其他素材，也可按住Ctrl键并选择单个素材。

步骤5 添加过渡效果

找到“效果”窗口，添加“视频过渡”>“擦除”>“渐变擦除”过渡效果到两个色彩遮罩相接的位置，在弹出的“渐变擦除设置”对话框中单击“选择图像”按钮，如图7.89所示，在“素材”>“图片”>“纹理”文件夹中选择“乂.psd”文件，单击“打开”按钮。

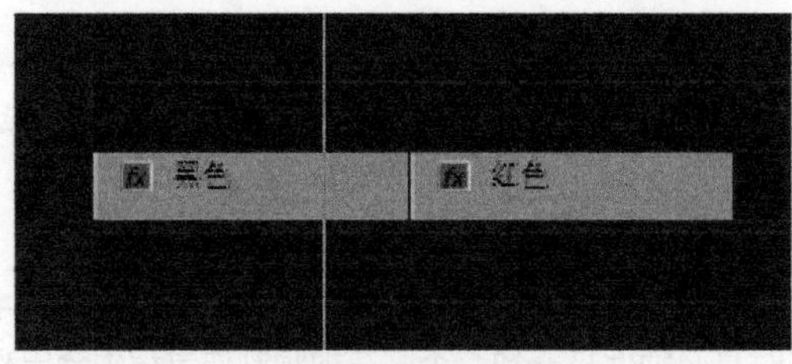

图7.88 遮罩位置

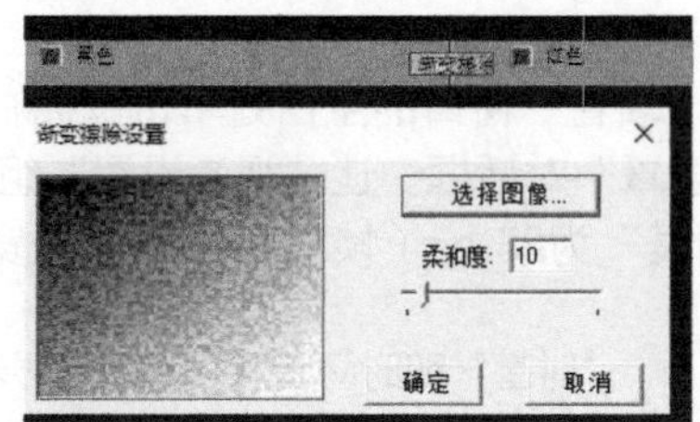

图7.89 “渐变擦除设置”对话框

这时可以看到“渐变擦除设置”对话框中的预览区中的内容从黑白渐变变为我们所选择的图像，如图7.90所示。

步骤6 调整过渡效果时长

使用“选择工具”拖曳“渐变擦除”过渡效果的左侧边缘至00:00:00:00位置，使过渡效果覆盖整个素材，观察“节目”窗口中的画面，如图7.91和图7.92所示。

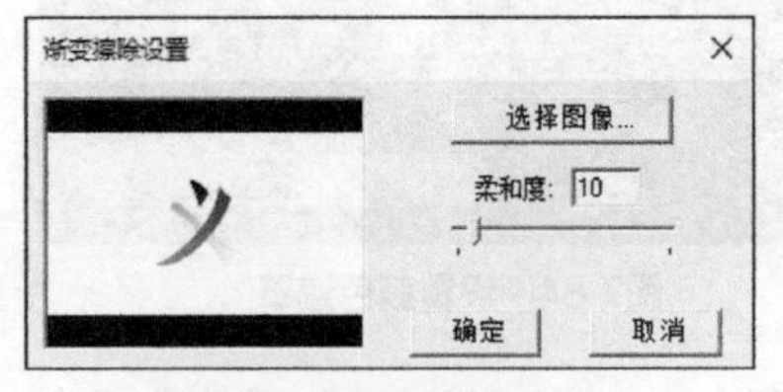

图7.90 预览区发生变化

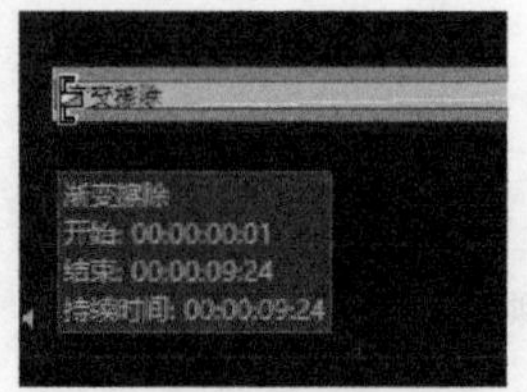

图7.91 修改过渡效果时长

图7.92 画面效果

步骤7　导出

单击“时间轴”窗口，使其成为当前操作窗口，然后单击“文件”>“导出”>“媒体”，弹出“导出设置”对话框，在右侧的“导出设置”里找到“格式”参数，选择H.264；在“预设”里选择“匹配源-高比特率”，“输出名称”里选择存储的地址和文件格式，设置完成后单击“导出设置”对话框底部的“导出”按钮，完成导出操作，如图7.93和图7.94所示。本案例制作完成。

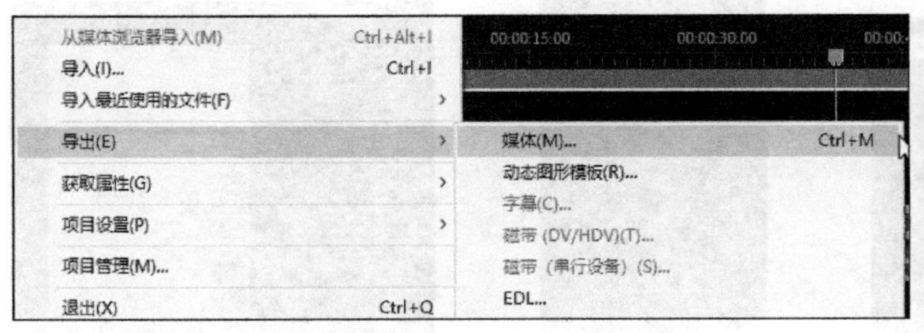

图7.93　导出媒体（二）

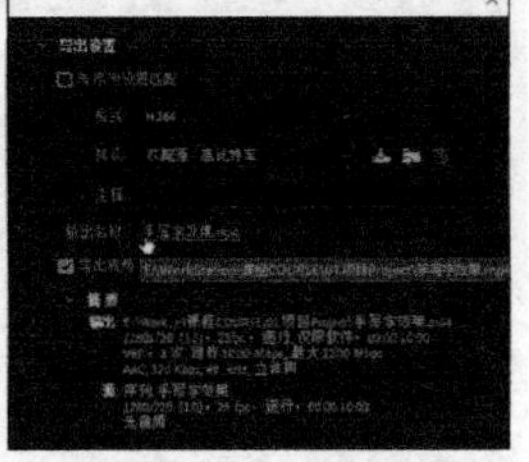

图7.94　导出设置（二）

7.7.3 案例三：创建叠加的视频过渡效果

过渡效果在Premiere Pro CC中具有很重要的作用，特别是在一些镜头的转换过程中，过渡效果能使画面的转换更加柔和、自然。但是我们在Premiere Pro CC中能够使用的过渡效果类型比较单一，第三方插件需要购买、安装，无形中又会造成系统的负担。能否在系统自带的过渡效果上加点“佐料”，让过渡效果更丰富呢？下面就通过一些小技巧来提高Premiere Pro CC自带的过渡效果的画面品质，增强画面的观感。

一般来说，想要提高画面的品质，就要使画面的层次感变强，让画面的光感、质感得到提升，最常用的方法是让画面呈现多层叠加的效果。也就是说，让多个元素在同一个画面内展示出来，以加强画面的纵深空间感。单一层面的视觉画面已经无法满足读图时代人们的视觉审美要求，只有增强画面层次感、呈现更多的光影变化才能更好地吸引人们的注意力，实现视觉作品的广泛传播。

目标

（1）熟练使用系统自带的过渡效果，并能够配合使用多种效果。
（2）学习增强画面层次感的方法，并尝试使画面素材更具动感。
（3）了解什么样的素材能更好地为过渡效果服务。

重点与难点

（1）如何有效扩展过渡效果制作的方式和方法。
（2）提高对不同素材的应用能力。
（3）扩展过渡效果的使用思路。

制作步骤

步骤1　新建项目

单击“新建项目”按钮，弹出“新建项目”对话框，将名称改为“过渡效果叠加”，新建一个“项目”文件夹，将所建项目存储在这个文件夹中，其他设置保持默认即可，如图7.95所示，单击“确定”按钮进入软件操作界面。

步骤2 新建序列

单击“项目”窗口中的“新建项目”按钮，新建序列，如图7.96所示。在弹出的“新建序列”对话框中选择“序列”>“HDV”>“HDV 720p25”选项，并在“序列名称”中输入“过渡效果叠加”，单击“确定”按钮，如图7.97所示。

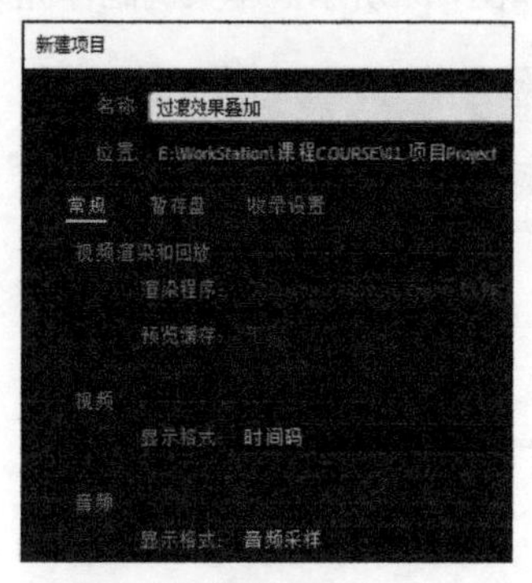

图7.95 新建项目（三）

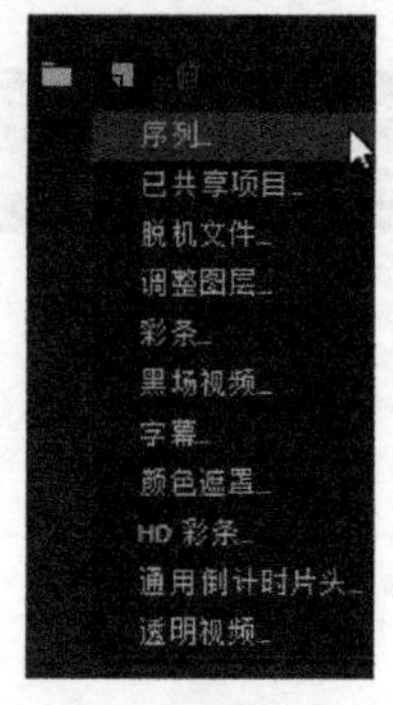

图7.96 新建序列（三）

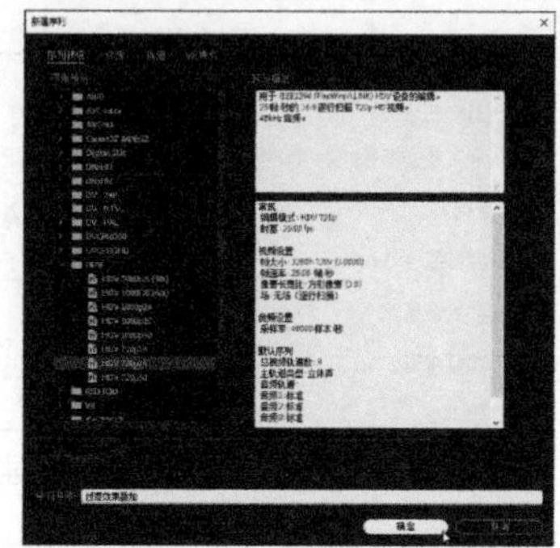
图7.97 选择序列预设（三）

步骤3 导入素材

在“项目”窗口中单击鼠标右键并选择“导入”选项，在打开的“导入”对话框中选择“素材”>“视频”文件夹中的“VIDEO_Clouds (2).mp4”和“VIDEO_Flower & Grass (8).mp4”2个素材，单击“打开”按钮，导入所选视频，如图7.98和图7.99所示。再次使用“导入”命令，在打开的“导入”对话框中选择“素材”>“视频”>“转场”文件夹，选择转场视频“Transition_01.mov”，单击“打开”按钮，将视频素材导入“项目”窗口，如图7.100所示。

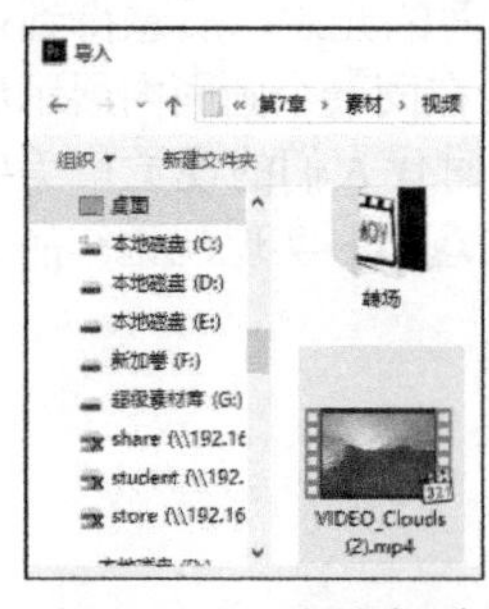

图7.98 导入素材（二）

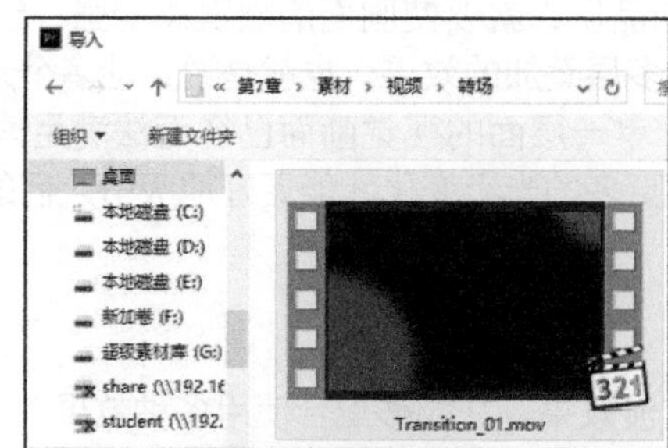

图7.99 选择视频

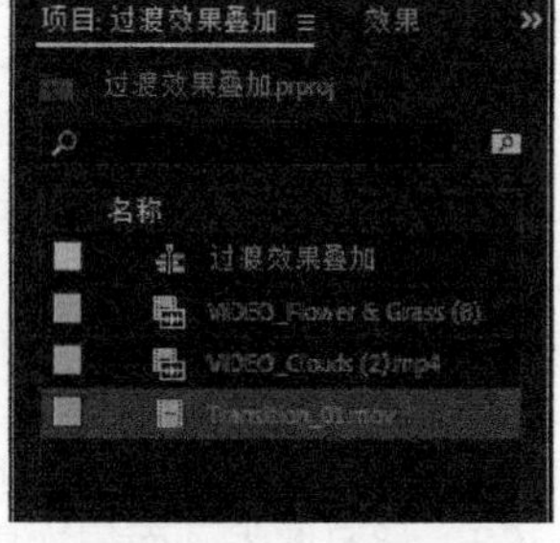

图7.100 管理素材（二）

步骤4 将素材添加至“时间轴”窗口

一般情况下，在导入素材时可以直接将素材拖曳到“时间轴”窗口，这样做更为快捷、方便。但需要截取素材的片段时，除了可以在“时间轴”中分割素材外，还可以先将素材移至“源”窗口中进行截取，再将截取的片段导入“时间轴”窗口，使用这种方法时通过“源”窗口可以高效预览素材的详细内容，还可以对素材进行精确的入点和出点设置。

双击“项目”窗口中的视频素材“VIDEO_Clouds (2).mp4”，可以看到“源”窗口中出现所选素材的预览画面。接下来单击“播放-停止”按钮，查看素材的整体内容，然后选择需要截取的区域。在“源”窗口的左下角输入我们需要的素材入点时间“00:00:02:00”，然后单击“标记入点”按钮（也可使用快捷键“I”），将该时间下的画面设为本素材的入点画面，如图7.101所示。接下来在“源”窗口的左下角输入我们需要的素材出点时间“00:00:04:00”，然后单击“标记出点”按钮（也可使用快捷键“O”），将该时间下的画面设为本素材的出点画面，素材整体的时间长度是“00:00:02:00”，如图7.102所示。

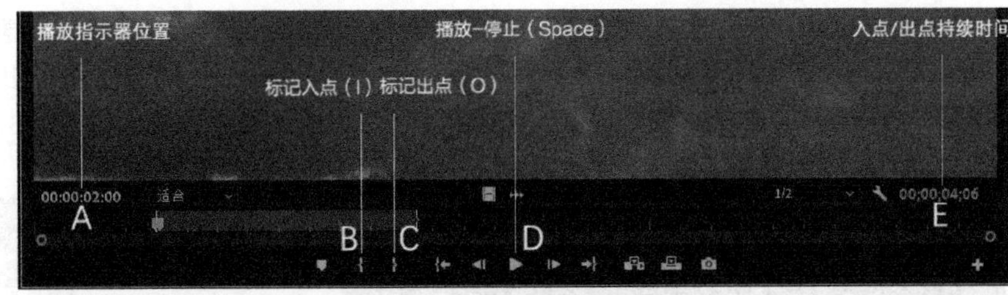

图7.101 设置入点

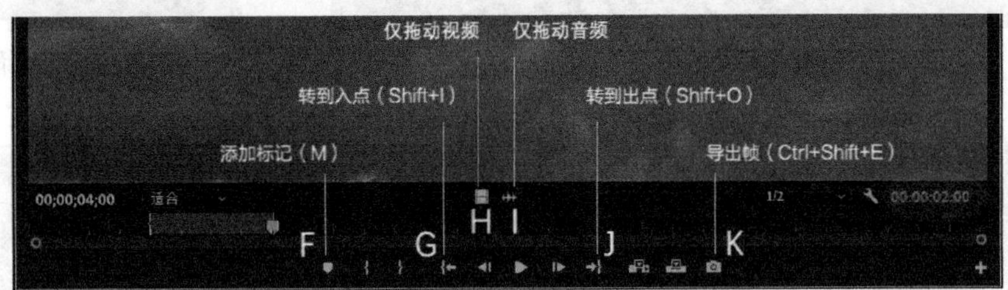

图7.102 设置出点

在“源”窗口中找到“仅拖动视频”按钮，拖曳此按钮到“时间轴”窗口中的V1轨道上，这时会弹出“剪辑不匹配警告”对话框，提示“此剪辑与序列设置不匹配。是否更改序列以匹配剪辑的设置?”，单击“保持现有设置”按钮，此时仅有素材的视频部分被导入，如图7.103~图7.105所示。

图7.103 仅拖动视频

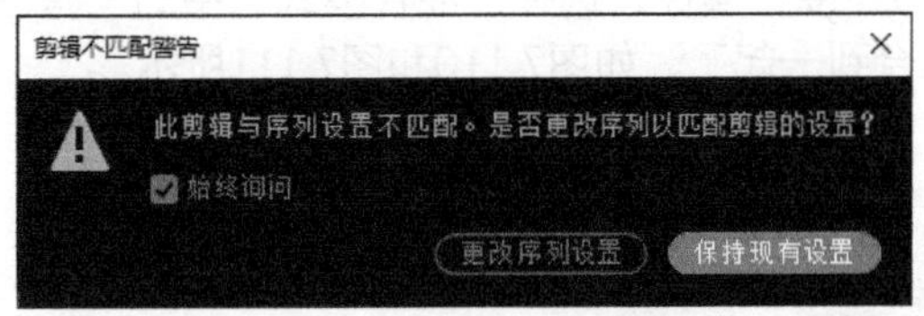

图7.104 保持现有设置

图7.105 仅导入视频部分（一）

这个警告是在提示用户导入素材的尺寸和帧速率等属性与序列的不一致，如果单击“更改序列设置”按钮，软件会将已经创建的序列的基本属性改成与素材相同的属性。

“源”窗口中入点和出点间的视频片段即被导入“时间轴”窗口，通过“仅拖曳视频”功能，除了可以单独导入素材视频部分外，还可以节省在“时间轴”窗口中进行“解除音视频链接”操作的时间，可以直接将不带音频部分的素材导入“时间轴”窗口，以方便操作。

下面截取另一个素材，双击“项目”窗口中的视频素材“VIDEO_Flower & Grass (8).mp4”，在“源”窗口的左下角输入需要的素材入点时间“00:00:01:00”，然后单击“标记入点”按钮，将该时间下的画面设为本素材的入点画面。接下来在“源”窗口的左下角输入我们需要的素材“出点”时间“00:00:03:00”，然后单击“标记出点”按钮，将该时间下的画面设为本素材的出点画面，如图7.106所示。

然后，在“源”窗口中拖曳“仅拖动视频”按钮到“时间轴”窗口中的V1轨道上，且紧邻“VIDEO_Clouds (2).mp4”素材的尾端，这时会弹出“剪辑不匹配警告”对话框，单击“保持现有设置”按钮，此时仅有素材的视频部分被导入，如图7.107所示。

步骤5 添加过渡效果和转场素材

找到“效果”窗口，添加“视频过渡”>“溶解”>“交叉溶解”过渡效果到两个视频素材相接的位置。单击空格键查看播放效果，发现过渡效果的持续时间偏长，双击时间轴上的“交叉溶解”过渡效果，在弹出的“设置过渡持续时间”对话框中单击“持续时间”右侧的时间码，将

"持续时间"改为00:00:00:13，单击"确定"按钮，如图7.108所示。此时虽然可以看到淡入淡出的效果，但需要再强化一下过渡的层次感。将转场素材"Transition_01.mov"拖曳到"时间轴"窗口，并将其入点与时间轴上"交叉溶解"过渡效果的入点对齐，如图7.109所示。

图7.106 设置入/出点（一）

图7.107 仅导入视频部分（二）

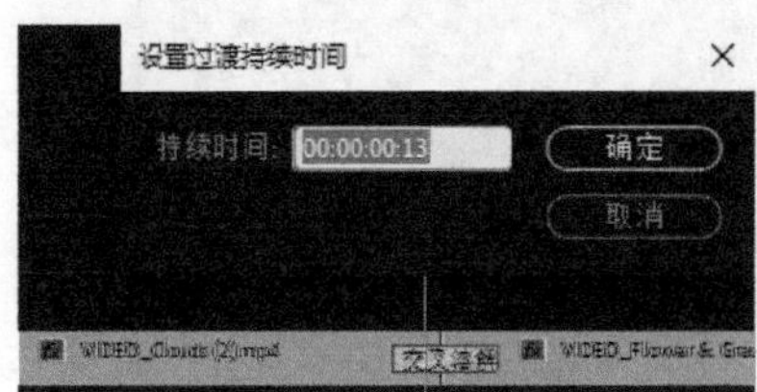

图7.108 修改持续时间

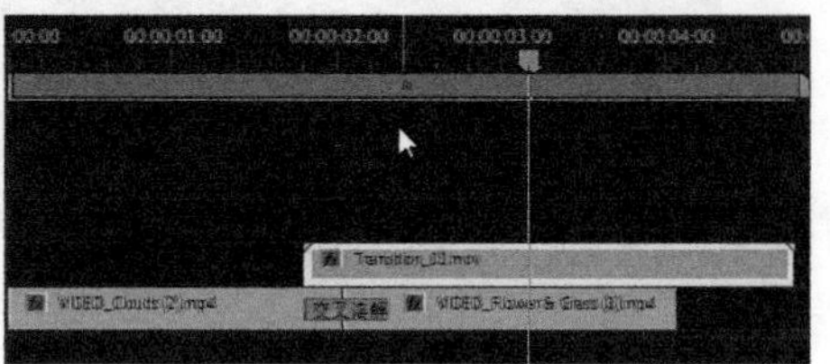
图7.109 对齐入点

步骤6 调整转场素材

单击"播放"按钮，看到转场素材的背景色是黑色，不能显示V1轨道上的过渡效果。打开"效果控制"窗口，展开"不透明度"属性，选择"混合模式"中的"滤色"选项，这样转场素材和视频素材就可以较好地融合到一起了，如图7.110和图7.111所示。

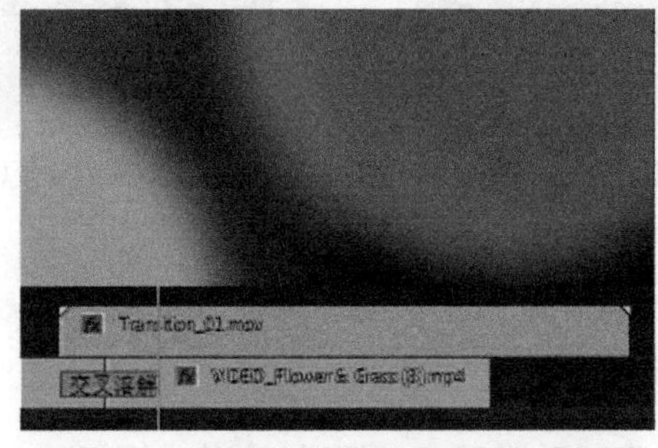

图7.110 设置素材的"混合模式"为"滤色"

图7.111 设置后的效果

单击"播放"按钮后可以看到转场素材的播放速度较慢，与V1轨道中的素材节奏不匹配。用鼠标右键在时间轴上单击转场素材"Transition_01.mov"，选择"速度/持续时间"选项，在打开的"剪辑速度/持续时间"对话框中将"速度"值改为300，单击"确定"按钮，使素材的播放速度加快，如图7.112和图7.113所示。

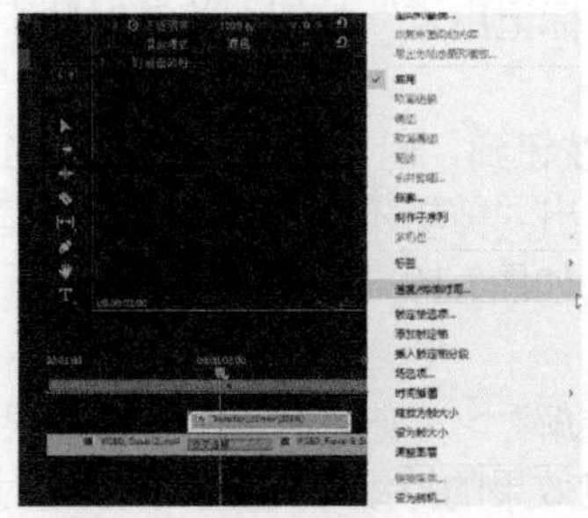
图7.112 速度/持续时间（二）

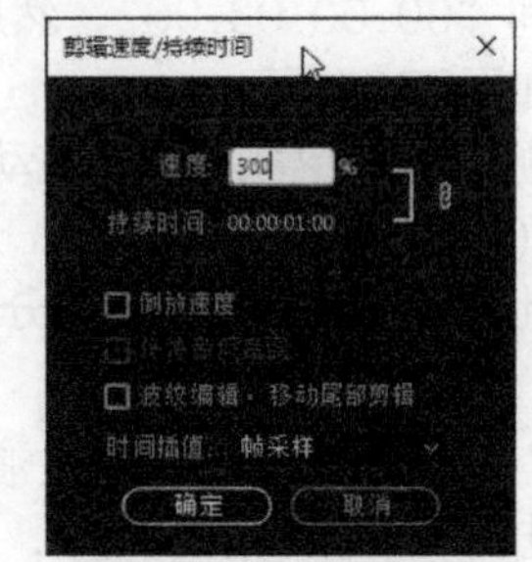

图7.113 将"速度"值改为300

步骤7　导入转场音效

在制作影片时很多人对音效的重视程度不够，导致影片的感染力不足。本实例虽然只有两个镜头，但我们也可以尝试添加音效。在“项目”窗口的空白处单击鼠标右键，选择“导入”选项，在打开的“导入”对话框中选择“素材”>“音频”>“音效”文件夹，选择转场音效文件“TRANSITON FX_01.wav”，单击“打开”按钮导入音频文件，如图7.114和图7.115所示。

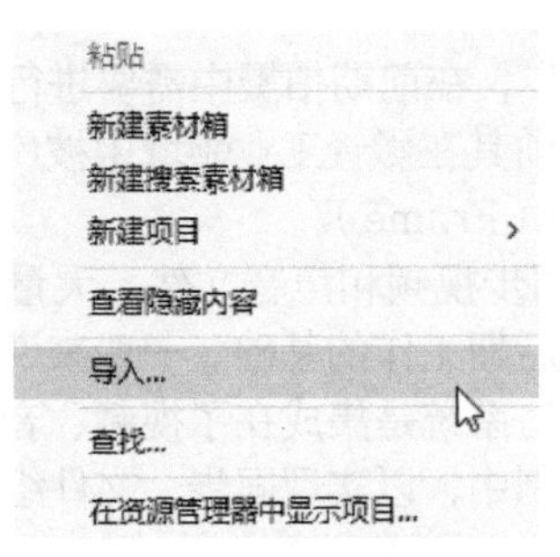

图7.114　导入音频素材

图7.115　选择文件

步骤8　添加转场音效

双击“项目”窗口中的转场音效文件“TRANSITON FX_01.wav”，“源”窗口中会显示出音频素材的波形画面。接下来单击“播放-停止”按钮，查看素材的整体内容，然后选择需要截取的区域。在“源”窗口的左下角输入我们需要的素材入点时间“00:00:00:09”，然后单击“标记入点”按钮，将其设为本素材的入点。在“源”窗口的左下角输入我们需要的素材“出点”时间“00:00:02:05”，然后单击“标记为出点”按钮，将其设为本素材的出点。将时间指示器移动至00:00:01:15处，拖曳“源”窗口中的“仅拖动音频”按钮，将音频片段的入点对齐到时间指示器所在的位置，此时可以查看素材的完整内容，如图7.116和图7.117所示。

图7.116　设置入/出点（二）

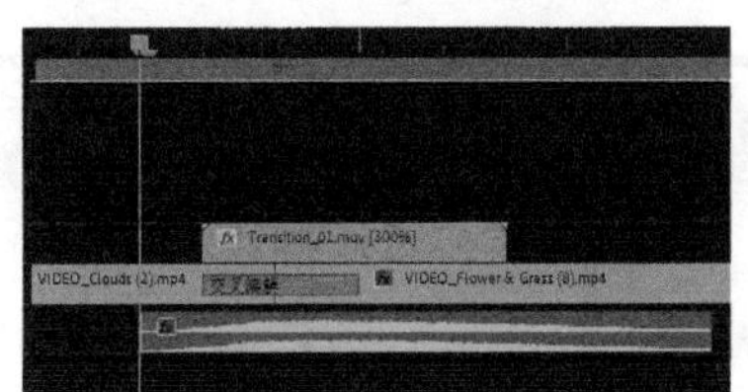

图7.117　仅拖动音频部分至音频轨道

步骤9　导出

单击“时间轴”窗口，使其成为当前操作窗口，然后单击“文件”>“导出”>“媒体”，弹出“导出设置”对话框，在右侧的“导出设置”里找到“格式”参数，选择H.264；在“预设”里选择“匹配源-高比特率”，“输出名称”里选择存储的地址和文件格式。设置完成后单击“导出设置”对话框底部的“导出”按钮，完成导出操作，如图7.118和图7.119所示。本案例制作完成。

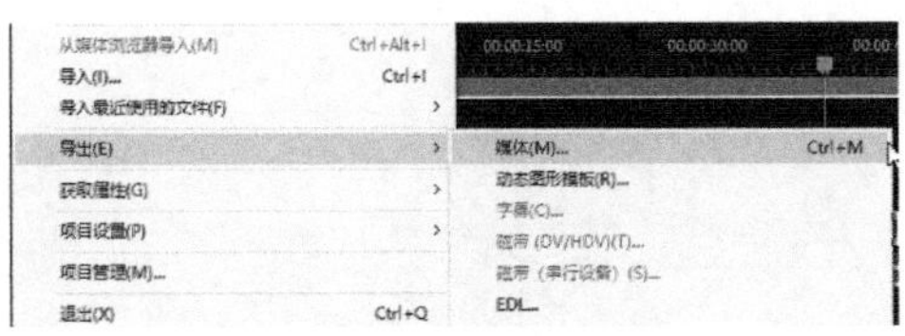

图7.118　导出媒体（三）

图7.119　导出设置（三）

7.8 扩展阅读——时间码

电影和电视工程师协会（The Society of Motion Picture and Television Engineers，SMPTE）成立于1916年，拥有来自85个国家和地区的7500多名会员，其推动了影视成像领域的技术发展。

SMPTE时间码Time Code用于实现设备间的时间同步，在前期拍摄中需要进行多机位或声画单独录制，在后期剪辑时可以利用时间码实现同步，目前其在影音工业领域中被广泛应用，参数格式是00（Hour）：00（Minute）：00（Second）：00（Frame）。

在繁杂的后期工作中，正确使用时间码能够高效地同步视频和声音文件，大量节省工作时间。对时间码有基本的了解，在很多年以前就已成为影视后期工作的基础。一般来说，时间码是一系列数字，通过定时系统形成控制序列，且无论这个定时系统是集成在了视频、音频文件，还是其他文件中。在视频项目中，时间码可以加到视频的录制中，以实现同步、文件组织和搜索等功能。

7.9 课后练习

（1）本练习中展示的效果画面是使用Premiere Pro CC自带的过渡效果制作的，请大家参照给出的图片效果自主完成本练习，巩固前面所学的基本内容。

本练习使用的是“圆划像”过渡效果，制作时需要注意的是图像中的变化中心发生了变化，大家需要对照参考画面的效果，调整“圆划像”效果的变化中心，如图7.120所示。

图7.120 效果画面示例

（2）使用具有中国传统文化元素的素材，制作自拟主题的视频作品。

制作要求

①所选素材应能够烘托主题且风格统一。

②在每两个素材的衔接处添加合适的过渡效果。

③加入能烘托主题的背景音乐。

④设置每个过渡效果的持续时间为2秒。

⑤作品的整体时间长度为2分钟左右。

⑥输出格式为.mp4。

第8章

视频的点缀——字幕与图形

8.1 字幕与图形的作用

8.1.1 多媒体设计中的重要元素——字幕

字幕（Caption）在影视作品中出现的次数最多，无论什么样的作品都会或多或少地用到片头、片尾字幕，演职员表、人物名牌等标题字幕，用于旁白或配音的对白字幕及具有特殊用途的说明性字幕。这些字幕大多是信息的载体，起到传递信息的作用。但是字幕不仅仅是信息的载体，还是非常重要的多媒体设计元素，能够起到烘托主题、渲染气氛和突出风格等重要作用。

字幕的字体、大小、颜色、角度、粗细等字体属性及衬线、段落字数、行间距、字间距等排版属性都能够非常清晰地表现出作品的风格，如图8.1所示。

图8.1　字幕

8.1.2 千变万化的设计元素——图形

图形在影视包装、电视节目片头中最为常见，特别是在电视包装中其与字幕配合使用能起到非常重要的作用。很多时候单靠字幕是无法完美地展现节目的效果的，图形会大幅提高字幕和主题的契合度，强化影片和节目的效果。综艺节目也常常搭配使用字幕和图形，以让观众快速了解节目的类型和风格，吸引目标观众的眼球，如图8.2所示。

图8.2 图形

8.2 “基本图形”窗口

从2018版本开始，Premiere就加入了“基本图形”窗口，以代替老旧的“字幕设计器”窗口，“基本图形”窗口从最初的只具有简单的功能到现在完善的编辑方式和架构，得到了广大用户的肯定。现在的“基本图形”窗口中有对字幕动画的扩展功能，支持更多的动画样式，支持多层描边和文本蒙版等强大功能，如图8.3所示，使得Premiere Pro CC的字幕制作能力大幅提高，接下来让我们一起来了解一下它的使用方法。

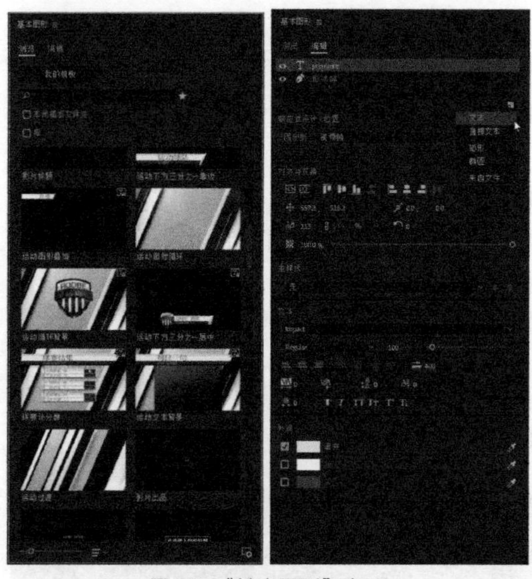
图8.3 “基本图形”窗口

8.2.1 创建一个字幕或标题

步骤1 创建文本图层

使用工具栏中的“文本工具”在“节目”窗口中单击，或使用“基本图形”窗口>“编辑”标签>“新建图层”按钮>“文本”命令创建一个文本图层“新建文本图层”，如图8.4所示。

步骤2 创建图形图层

使用工具栏中的“矩形工具”在“节目”窗口中单击并拖曳，或使用“基本图形”窗口>“编辑”标签>“新建图层”按钮>“矩形”命令创建一个图形图层“形状01”，如图8.5所示。

图8.4 创建文本图层

图8.5 创建图形图层

步骤3 调整图层的顺序、位置和大小

将“形状01”图形图层拖曳至文本图层下方，使文字显示在图形上方，并拖曳图形的蓝色边框，调整其位置和大小，如图8.6所示。

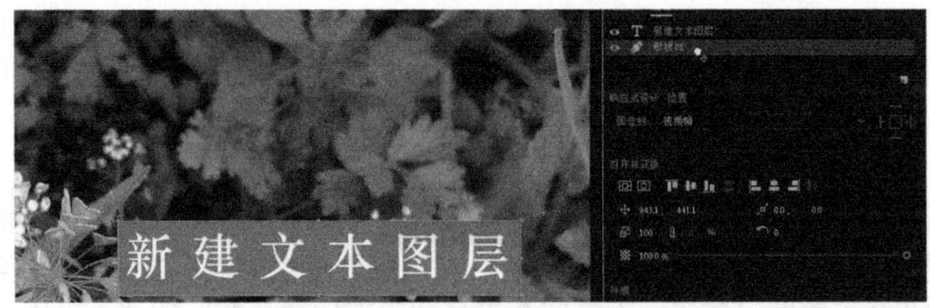

图8.6 调整图层的顺序、位置和大小

8.2.2 基本属性介绍

Premiere Pro CC中的图层与Photoshop CC中的图层概念相似，各层相互独立，上层内容会遮挡下层内容。在"编辑"标签中可以有多个文本、形状和剪辑图层，也就是说，时间轴序列中的单个图形素材可以包含多个图层。在创建新图层时，系统会自动在时间轴中添加包含该图层的图形剪辑，且剪辑的开头位于时间指示器所在的位置。如果已经选择了轨道中的图形素材，那么创建的下一个图层将添加到已选择的图形素材中，而不是建立新的图形素材，"基本图形"窗口中的基本属性如图8.7所示。

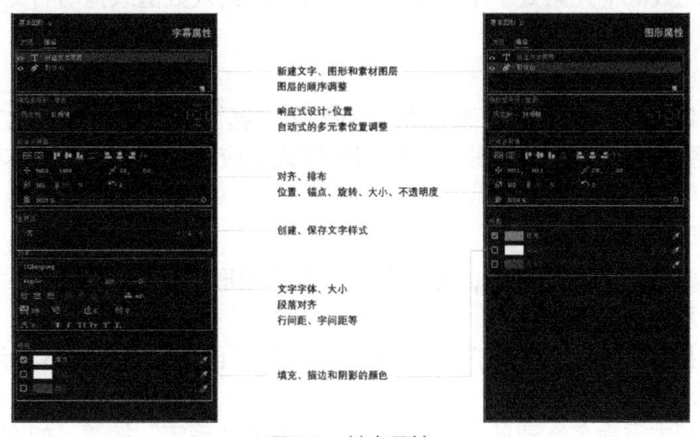

图8.7 基本属性

1. 响应式设计-位置

"响应式设计-位置"是控制多元素保持宽度或高度的同步变化的属性。很多时候我们建立的文本图层在背景上，当文本图层的长度改变时，背景无法保持同样的宽度，需要手动修改，费时费力。

可以通过"响应式设计-位置"属性将选定的文本或图形图层固定到另外一个文本或图形图层上，还可以选择变化的固定点，如图8.8所示。

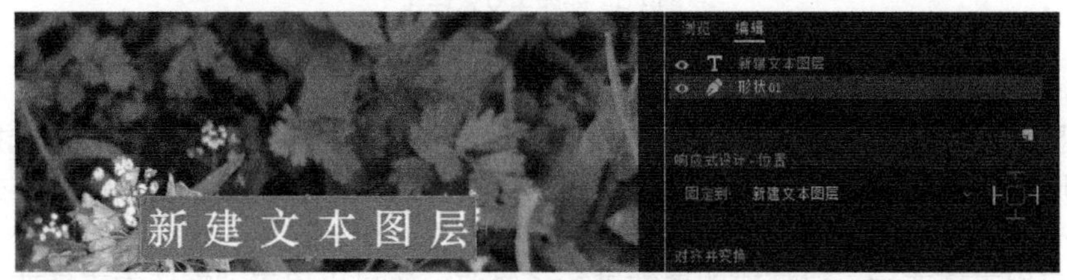

图8.8 响应式设计-位置

当选择"形状01"图层后，在"固定到"下拉列表中选择"新建文本图层"选项，将"选择父图层的左右两边固定"功能激活（图标呈蓝色），也就是说，将"形状01"图层固定到"新建文本图层”图层的左右两端。这样只要文本图层发生宽度的变化，“形状01”图层的宽度也会变化。

2. 对齐并变换

垂直居中对齐和水平居中对齐：将元素垂直或水平对齐至“节目”窗口中的可视区域的中心点处。

垂直对齐方式和水平对齐方式：这两组对齐工具都是将元素垂直或水平对齐至屏幕可视区域的顶端、水平中点、底端、左边缘、垂直中点、右边缘。两组工具的前3个只要选择单个或两个元素即可使用，而第四个工具“垂直均匀分布”和“水平均匀分布”需要选择3个及3个以上的元素才可使用。

位置：决定元素在屏幕可视区域中的位置，即坐标。屏幕可视区域的左上角是坐标原点。字幕或图形超出可视区域的部分在“节目”窗口中无法显示。

锚点：位移、缩放、旋转的中心点。

比例：画面尺寸。一般情况下，宽度和高度处于等比例锁定状态，只要输入一个数值，宽度与高度就会同时变化。若退出等比例锁定状态，将进入宽度和高度独立修改状态，画面将不再保持等比例缩放。

旋转：用于旋转画面的属性，画面以锚点为中心进行旋转，该值为正值时，顺时针旋转；为负值时，逆时针旋转，输入的数值超过360°时，将显示为“圈数x度数”。

不透明度：可视化元素的不透明程度。数值从0到100，为0时元素完全透明，为100时元素完全不透明，在其他数值下元素处于半透明状态，可通过输入数值或拖动右侧滑块的方式调整不透明度。

3. 主样式

使用主样式可以将文本的字体、颜色和大小等文本属性快速应用到其他文本素材上，也可以对时间轴上不同图形的多个图层快速应用相同的样式。应用样式之后，文本会自动继承用户对样式的所有更改。

步骤1　创建主文本样式

在序列中选择要定义的图形剪辑，然后单击“基本图形”窗口>“编辑”标签，选择文本图层，对文本字体、大小等进行设置。

设置完文字效果后，在“主样式”下拉列表中选择“创建主文本样式”选项，即可将当前效果设定为主样式。

在弹出的对话框中重命名新建的文本样式，然后单击“确定”按钮，如图8.9所示。

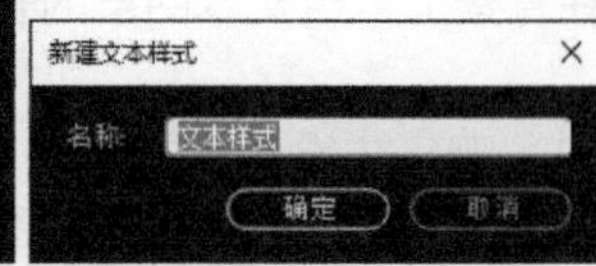

图8.9　新建主文本样式

步骤2　应用主样式

样式将显示在“项目”窗口中，“主样式”下拉列表中也会出现相应的选项。选择其他未应用样式的图形剪辑的文本部分（“编辑”标签下），在样式的下拉列表中选择此主样式，就可以应用此主样式。

如果在应用主样式后，对样式的属性进行了修改，还可以单击“推送为主样式”按钮，将修改后的样式设置为新的主样式。

如果不小心修改了样式的属性，可以单击“从主样式同步”按钮更改回原来的主样式，如图8.10所示。

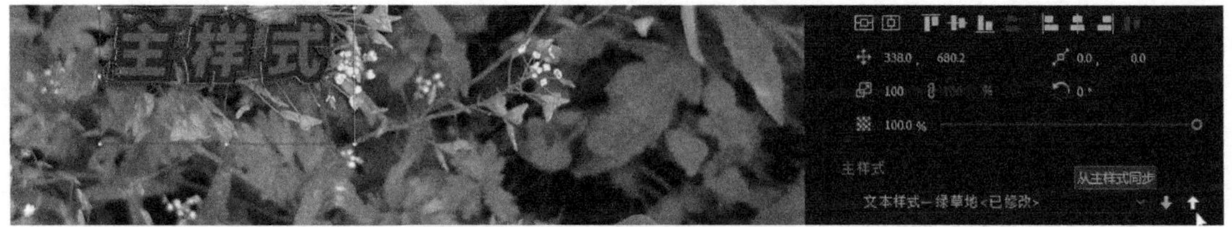

图8.10 “从主样式同步”按钮

4. 文本

可以调整文本的字体、大小、行间距、字间距等属性，如图8.11所示。

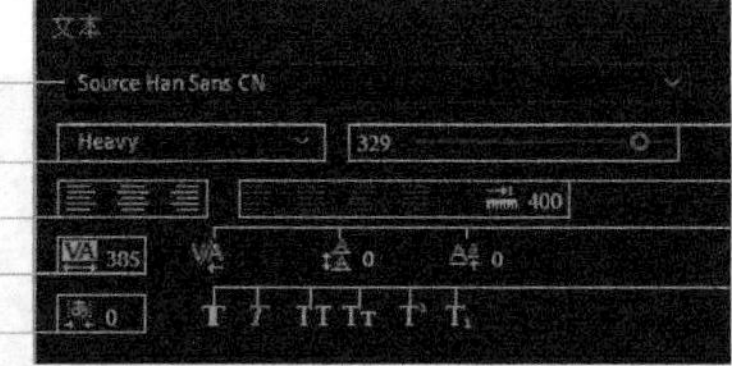

图8.11 文本属性

5. 外观

描边样式：在“编辑选项”（扳手图标）中可以选择线段连接的方式。

填充：文字或图形的填充颜色，可以使用单色或双色（渐变色）进行填充。

描边：文字或图形的轮廓颜色，可以进行多次描边，形成具有多层颜色的轮廓重叠效果。

阴影：文字或图形的阴影，可选择不同颜色，也可多次添加阴影。

形状蒙版：使用文字或图形的轮廓形状作为蒙版图层，隐藏一个图层的一部分内容。方法是使用上层文字或图形作为蒙版图层来控制紧邻的下层文字或图形的显示，如图8.12所示。

图8.12 外观属性

6. 响应式设计-时间

在序列中选择要制作动画的图形元素，但要确保未选择“编辑”标签中的任何图层（选择图层时不显示“滚动”复选框），然后勾选“滚动”复选框，创建在屏幕上滚动的字幕。勾选“滚动”复选框后，在“节目”窗口中会出现一个透明的蓝色滚动条，如图8.13所示。

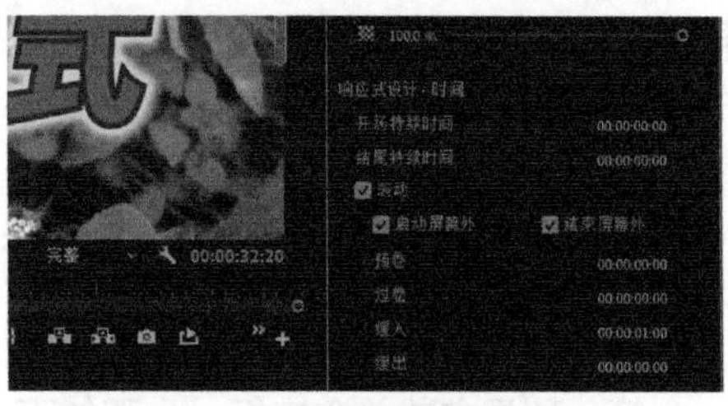

图8.13 响应式设计-时间

开场持续时间：用来保护被指定为开场/进场部分的持续时间，在延长或缩短素材时，开场/进场部分的关键帧动画不受影响。

结尾持续时间：用来保护被指定为结尾/退场部分的持续时间，在延长或缩短素材时，结尾/退场部分的关键帧动画不受影响。

滚动：制作向上运动的动态字幕。

启动于屏幕外：可使文字或图形从可视区域的外部滚动到画面内。

结束于屏幕外：可使文字或图形从可视区域的内部滚动到画面外。

预卷：设置文字或图形在开始滚动前停留的时间长度。

过卷：设置文字或图形在结束滚动后停留的时间长度。

缓入：设置滚动开始后，缓入滚动的时间长度。

缓出：设置滚动结束前，缓出滚动的时间长度。

8.2.3 创建剪辑图层

创建剪辑图层的步骤如下。

（1）单击“时间轴”窗口或“基本图形”窗口，将其设置为当前操作窗口（出现蓝色边框）。

（2）单击“图形”>“新建图层”>“来自文件”，或单击“基本图形”窗口>“编辑”标签>“新建图层”按钮>“来自文件”。

（3）在弹出的“导入”对话框中选择一个剪辑，然后单击“打开”按钮，即可在“时间轴”窗口和“基本图形”窗口中显示出相应的内容和选项，如图8.14所示。

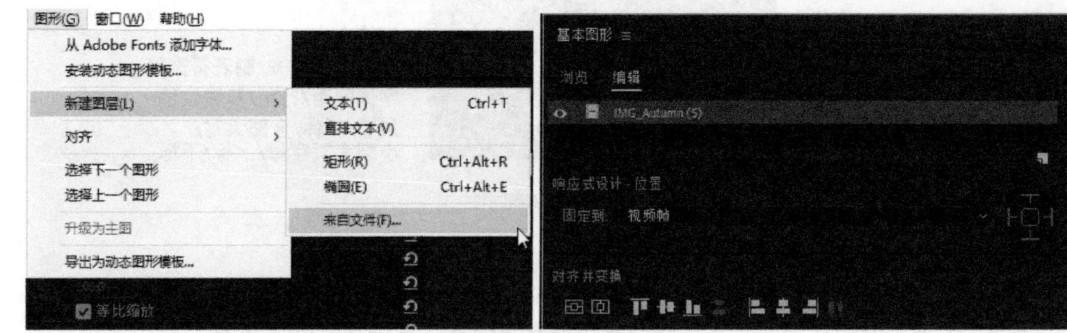

图8.14　创建剪辑图层

8.2.4 动态图形模板

当你的创意受到目前掌握技术的限制时怎么办？找其他人帮忙吗？

其实不用，只要使用动态图形模板，就可以做出酷炫的动态效果。打开“基本图形”窗口，单击“浏览”标签，其中的内容就是可以帮助你实现创意的工具——动态图形模板。

1. 使用预设模板

在Premiere Pro CC的“基本图形”窗口中有很多预设的模板样式供用户使用。使用方法是拖曳需要的模板到时间轴上。还可以修改其中的某些元素，使其符合制作要求。单击时间轴上的模板，然后单击“基本图形”窗口中的“编辑”标签，就可以看到能够修改的参数了，如图8.15所示。

2. 导入第三方动态图形模板

有些模板由于制作时的软件环境限制和使用时的条件限制，不能被随意修改，这时可以导入自己喜欢的第三方动态图形模板。

导入第三方动态图形模板的方法有以下两种。

第一种是安装单个模板，步骤如下。

（1）在“基本图形”窗口中单击“浏览”标签，在窗口右下角单击“安装动态图形模板”按钮 。

（2）在弹出的“打开”对话框中选择单个模板文件，然后单击“打开”按钮，如图8.16所示。

（3）在右侧的模板列表里找到安装完成的模板。要删除模板，选择模板后按Delete键即可。

图8.15　修改参数前后的对比图

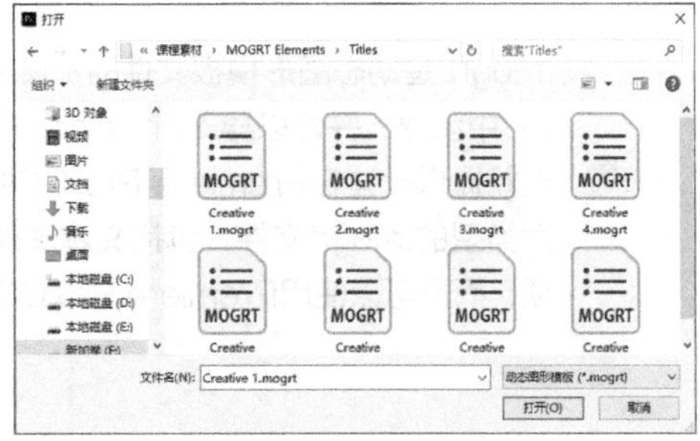

图8.16　导入模板

第二种是批量化安装模板，步骤如下。

（1）单击“基本图形”窗口中的“选项”按钮■，选择“管理更多文件夹”选项。

（2）在弹出的“管理更多文件夹”对话框中单击左下角的“添加”按钮。

（3）在“选择文件夹”对话框中选择一个要安装到的文件夹，然后单击“选择文件夹”按钮，如图8.17所示。

（4）单击“管理更多文件夹”对话框中的“确定”按钮，即可在右侧的模板列表里找到安装完成的模板。

要批量删除模板，在“管理更多文件夹”对话框中选择要删除的文件夹，单击“移除”按钮即可。

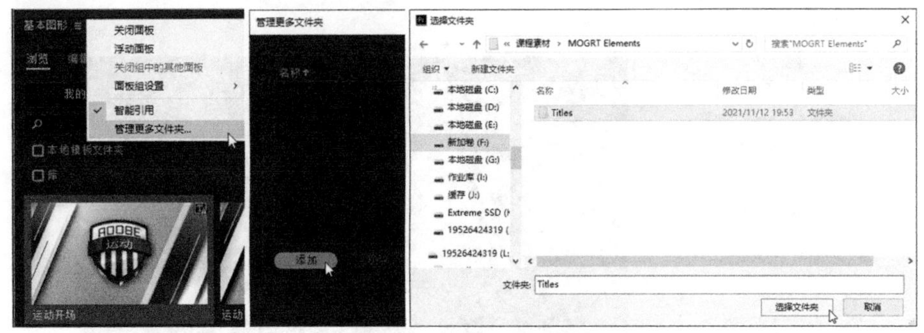

图8.17　批量化安装模板

3. 保存自定义模板

如果自己制作了一个比较满意的动态图形效果，可以将其保存为自定义模板，方便在其他项目中使用或者共享给项目组中的其他成员使用。

可以通过以下方法将创建完成的动态图形效果自定义为动态图形模板。

（1）在序列中单击鼠标右键，选择“导出为动态图形模板”选项。

（2）在“导出为动态图形模板”对话框中，设置名称为“自定义模板”，单击“浏览”按钮选择存储路径，单击“确定”按钮后，就可以在相应的位置找到这个模板，如图8.18所示。

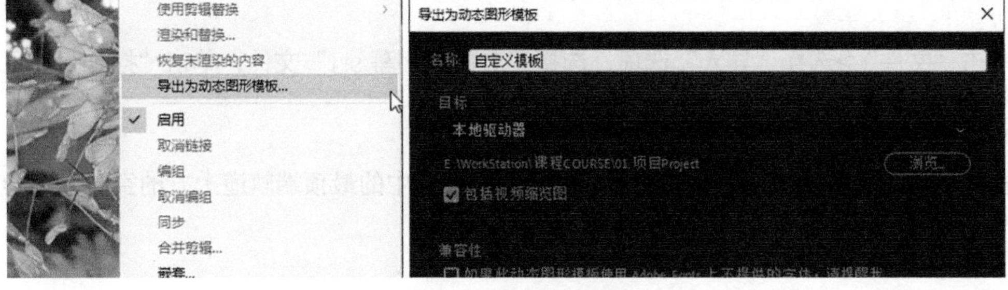

图8.18　保存自定义模板

.mogrt 是动态图形模板文件的扩展名。动态图形可以在Premiere Pro CC和After Effects CC中创建，并可以导入Premiere Pro CC或After Effects CC中编辑和使用。动态图形模板能提供一些在Premiere Pro CC中创建更高级的动画视频风格时所需的工具。有许多不同类型的.mogrt文件，包括文本动画、视频帧等动态元素。每个模板都有相应的自定义选项，而且可以使用Premiere Pro CC内部的“基本图形”窗口对其进行编辑。

8.3 “字幕”窗口

“字幕”窗口是用来制作对白性字幕和说明性字幕的窗口。对白性字幕是语言的文字表现，主要是音/视频文件中演员说的话、MV里的歌词。

对白性字幕一般位于屏幕下方，在大多数情况下其颜色为黑色或白色，目的是让文字无论是在亮的，还是暗的画面中都比较清晰（黑字白边或白边黑字）。因为要匹配人物的口型，所以这种字幕通常有严格的时间长度要求，以实现精确匹配。这种字幕可以内嵌到视频中，也可作为外挂字幕使用，外挂字幕比较常用的格式是.srt和.ass，通常要与视频文件同名才可自动载入，如图8.19所示。

对白性字幕.srt - 记事本

文件(F) 编辑(E) 格式(O) 查看(V) 帮助(H)

1
00:00:50,680 --> 00:00:53,058
我并不是
像你们那样在正常环境下长大

2
00:00:53,141 --> 00:00:56,186
开始时倒还正常 但后来世界毁灭了

3
00:00:56,811 --> 00:00:58,730
我觉得大家都还算淡定

4
00:00:58,813 --> 00:01:02,150
这种事我们一直都有预感
只是终于发生了而已

图8.19 外挂字幕

在Premiere Pro CC中，对白性字幕可以使用第三方插件创建或手动创建，也可以将建立好的字幕作为独立的外挂字幕输出，以供其他文件使用。Premiere Pro CC 15.4版本中新增了将语音转换为文本的功能，可通过该功能创建文本字幕。

8.3.1 导入外部字幕文件

步骤1 导入字幕

单击“文件”>选择“导入”选项，选择“对白性字幕.srt”文件，单击“打开”按钮，导入字幕文件，如图8.20所示。

步骤2 导入轨道

拖曳“项目”窗口中的字幕文件至“时间轴”窗口中的最顶端轨道上方的空白区，导入字幕文件，如图8.21所示。

步骤3 调整字幕的入点和出点

使用“选择工具”在轨道上的字幕素材上拖曳竖直滑块，以调整字幕开始和结束的时间。

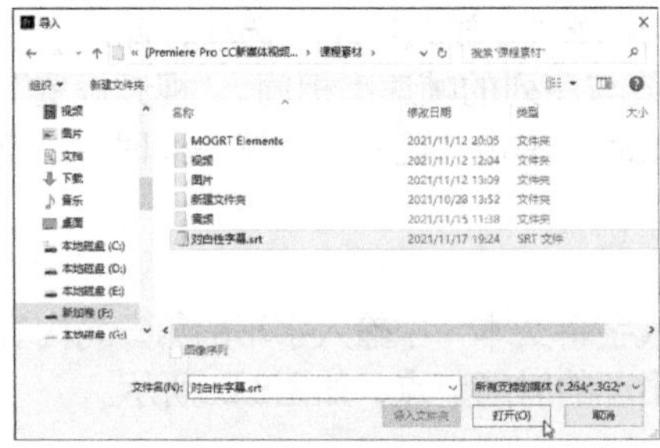

图8.20　导入字幕

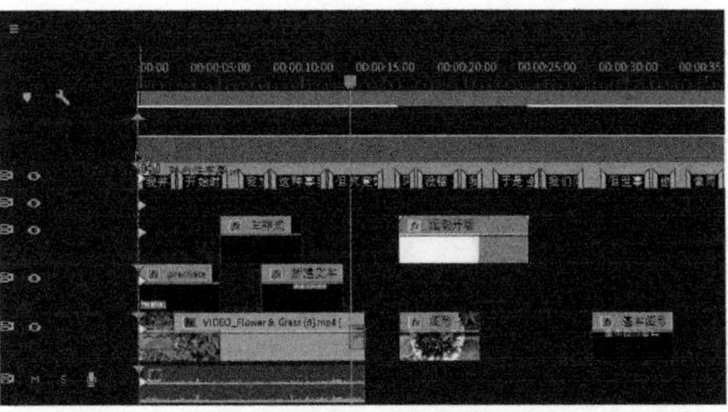

图8.21　导入轨道

步骤4　调整字幕样式

双击序列中的字幕文件或单击“窗口” > “字幕”，打开“字幕”窗口。选择需要改动的单个字幕或全选“字幕”窗口中的所有字幕，修改字体大小为40，设置背景颜色的不透明度为0，字体颜色为白色，描边颜色为黑色，“边缘”为5，如图8.22所示。

在Premiere Pro CC 2020以上版本软件中，单击“字幕”窗口右上角的三个小点标记按钮，可以选择“导出到SRT文件”选项，单独导出字幕文件。

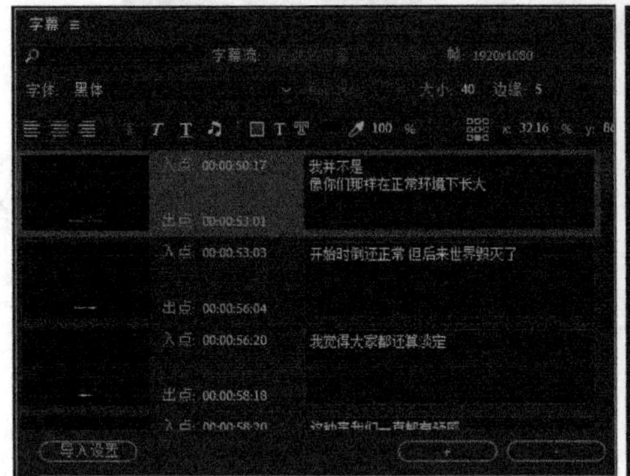

图8.22 “字幕“窗口

8.3.2 手动创建字幕文件

步骤1　创建字幕

以下3种方法都可以创建字幕文件。

（1）单击选择“文件” > “新建” > “字幕”选项。

（2）在“项目”窗口的空白处单击鼠标右键，选择“新建项目” > “字幕”选项。

（3）单击“项目”窗口底部的“新建项”按钮并选择“字幕”选项，如图8.23所示。

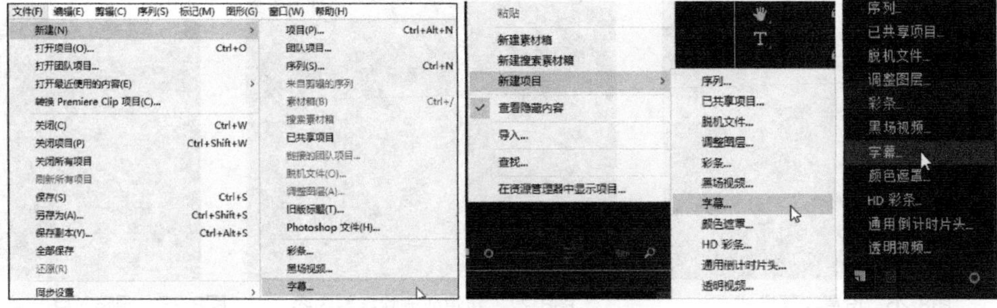

图8.23　新建字幕（一）

在“新建字幕”对话框中，在“标准”下拉列表中选择“开放式字幕”选项，此选项是创建对白性字幕的选项。将“时基”设置为25.00fps，该值与序列的帧速率相同。“视频设置”组中的宽度、高度和像素长宽比也应与序列的设置相同。最后，单击“确定”按钮。此时“字幕”窗口中会显示刚才创建的字幕文件，如图8.24所示。

步骤2　输入文字

在“字幕”窗口中的第一行字幕的右侧“在此处键入字幕文本”中输入字幕的第一句内容，并设置相应的入点和出点时间，以此确定字幕在视频中出现的时间节点，如图8.25所示。

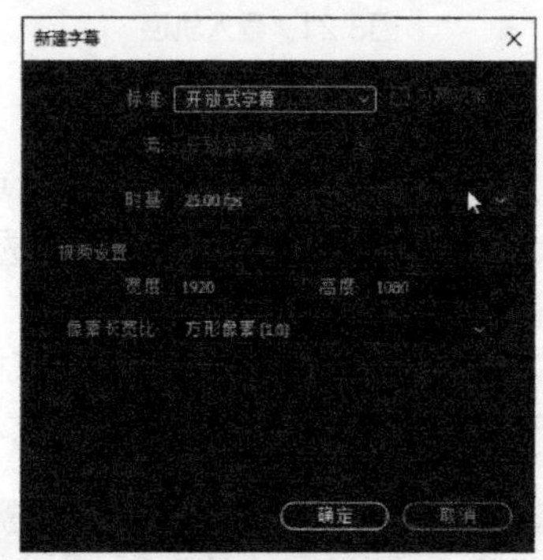

图8.24　设置参数

图8.25　输入文字

步骤3　设置字幕样式

双击序列中的字幕文件或单击“窗口”>“字幕”，打开“字幕”窗口。选择需要改动的单个字幕或全选“字幕”窗口中的所有字幕，修改字体大小为40。

将背景颜色的不透明度设置为0，字体颜色设置为白色，描边颜色设置为黑色，“边缘”设置为5，“字体”设置为“黑体”，如图8.26所示。

步骤4　新建或删除字幕行

单击窗口右下角的“+”按钮，可以继续创建第二行字幕，并设置第二行字幕的入点和出点时间，其他字幕的制作与此类似。需要注意的是，设置字幕样式后，后面添加的新字幕将沿用第一行字幕的样式。

要删除字幕，需要先选择要删除的字幕内容，再单击窗口右下角的“-”按钮即可，如图8.27所示。

步骤5　调整入点/出点时间

有以下2种调整各行字幕入点和出点时间的方法。

（1）使用“选择工具”在轨道中的字幕素材上拖曳竖直滑块，以调整字幕开始和结束的时间，如图8.28所示。

（2）在“字幕”窗口中各行字幕的“入点”和“出点”中输入具体时间，如图8.28所示。

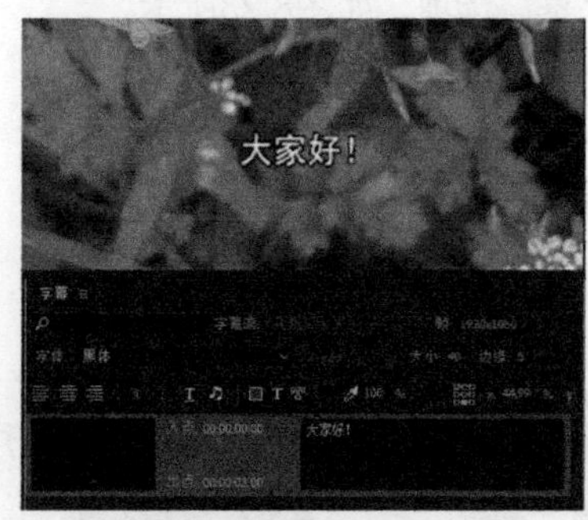

图8.26　设置字幕样式

图8.27　新建或删除字幕内容

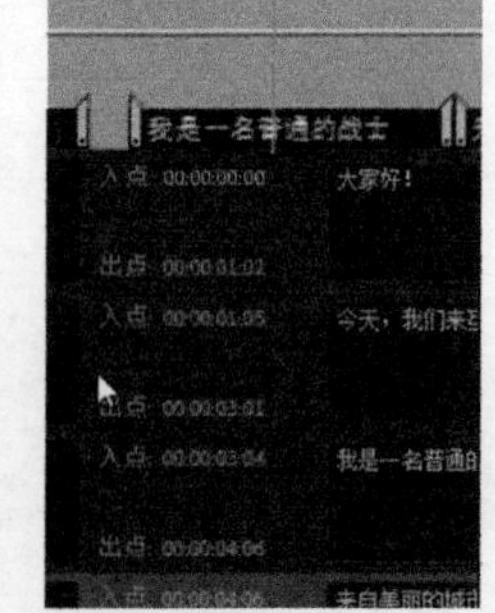

图8.28　调整入点/出点时间

8.4 字幕设计器

虽然Premiere Pro CC升级了字幕设计窗口，但还是为老用户保留了之前版本的字幕设计窗口——字幕设计器，单击选择“文件”>“新建”>“旧版标题”选项，即可看到旧版界面，如图8.29所示。

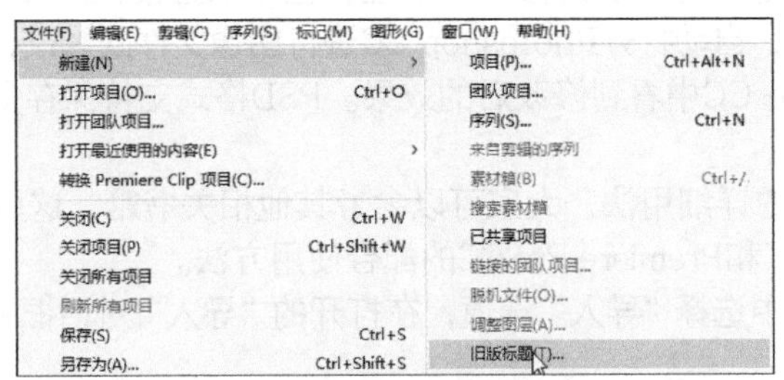

图8.29 单击“旧版标题”

字幕设计器的使用方法与“基本图形”窗口基本相同，但其功能较少且易用性较差，优点是较为直观，字幕设计器的基本功能如图8.30所示。

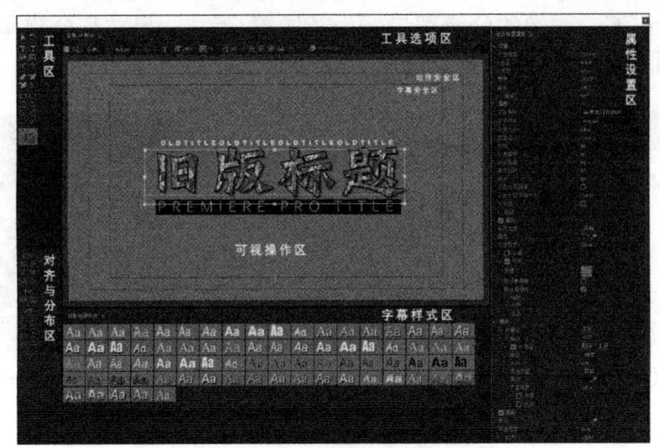

图8.30 字幕设计器界面

8.5 使用Photoshop CC配合编辑

作为图像处理领域的头部产品，Photoshop CC凭借强大的图像处理能力，在图像处理、合成方面及平面设计、Web制作、三维动画制作、影视制作中发挥着巨大的作用，而且可以与Premiere Pro CC配合使用，进行字幕的制作、帧画面的处理、画面调色等，其启动界面如图8.31所示。

下面通过一个简单的实例来了解Photoshop CC与Premiere Pro CC配合使用的思路和方法。

首先，两个软件的制作原理相同，都是通过层（轨道）的方式来处理图像和制作视频的。其次，它们有着相同的开发公司——Adobe公司，而且软件研发的最初架构也是在一个整体的创意制作软件包理念下。最后，大家都知道视频的基本单位是帧——单张的图片，基于这些原因使得Adobe软件之间有着极高的协作性、兼容性和整体性。所以，Premiere Pro CC不仅可以和

Photoshop CC完美配合，还可以和Adobe公司的其他创意制作类软件无缝衔接，如Illustrator、After Effects CC、Audition CC和Media Encoder。

Adobe软件之间的良好兼容性主要体现在以下两方面。

（1）项目之间可以通过动态链接相互调用，甚至可以互相导入对方的项目文件，并且可进行一定程度的修改和处理。

（2）软件的标准文件可以互相导入或做简单修改。

目前，Photoshop CC的PSD格式的文件可以直接导入Premiere Pro CC使用，并且可以保留图层和Alpha通道等信息，方便随时修改和处理；也可以直接在Premiere Pro CC中选择“在Photoshop中编辑”选项，自动打开Photoshop CC进行图像文件的修改，修改完成后只需保存一下就可以在Premiere Pro CC中看到修改后的效果。PSD格式支持保存多层图层的透明度信息、Alpha通道信息等内容。

关于Photoshop CC的详细用法，大家可以参考其他相关书籍，这里仅以导入分层画面文件为例，说明Photoshop CC和Premiere Pro CC的配合使用方法。

（1）在“项目”窗口中选择“导入”选项，在打开的“导入”对话框中选择PSD格式的文件，单击“打开”按钮。

（2）在“导入分层文件”对话框中，选择“导入为”下拉列表中的“合并所有图层”选项，这样可以将所有图层合并成一个图层并保留原来的透明信息。也可以选择合并某些图层、单独保留某些图层和以序列方式导入图层，如图8.32所示。

注意：在使用Photoshop CC处理图像时，应保证其色彩模式为RGB，否则对应文件无法正常导入Premiere Pro CC。图像的分辨率最好为72像素/英寸，尺寸和分辨率太大时画面质量不但没有显著提升，而且会增加计算机的负担。

图8.31　Photoshop CC的启动界面

图8.32　导入PSD格式的分层文件

8.6 使用After Effects CC配合编辑

After Effects CC也是使用层来制作视觉效果的软件，Photoshop CC更适合用来制作静态的图像或字幕，而要制作具有强大视觉冲击力的字幕动画就少不了After Effects CC的配合。After Effects CC是Adobe公司推出的一款动态图形和视觉效果软件。它可以用于创建电影级的影片字幕、片头和过渡效果，利用After Effects CC制作Premiere Pro CC中的字幕会产生令人兴奋的视觉效果，其启动界面如图8.33所示。

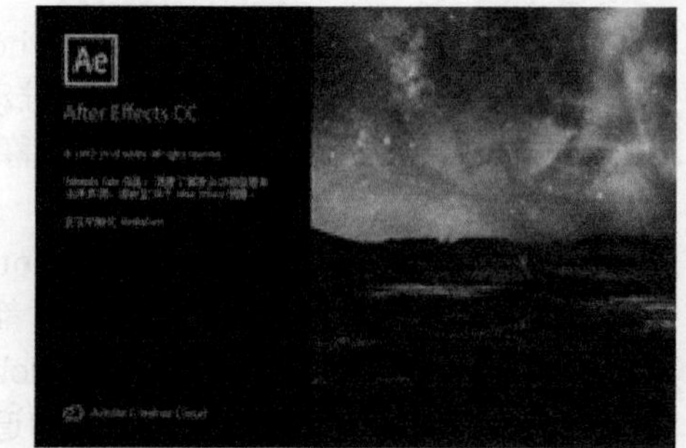

图8.33　After Effects CC的启动界面

接下来我们快速了解一下使用After Effects CC创作具有视觉冲击力的字幕动画的流程。

（1）打开After Effects CC，创建一个项目。

（2）在项目中创建一个合成（一个镜头，类似于序列）。
（3）使用“文字工具”添加字幕。
（4）为字幕添加预设效果。
（5）输出字幕文件。
具体内容请参考下面的案例。

8.7 案例

下面通过3个案例介绍字幕制作的相关方法。

8.7.1 案例一：使用“基本图形”窗口制作字幕

目标

（1）熟练使用“基本图形”窗口制作字幕。
（2）学习增强字幕标题层次感的方法，并尝试使画面素材更有艺术感。
（3）了解字幕与图形的关系，并学习如何统一制作效果。

重点与难点

（1）将字幕与图形有机统一的方法。
（2）字幕与图形如何烘托主题。
（3）如何使字幕与画面更好地匹配。

制作步骤

步骤1　新建项目

单击“项目”窗口中的“新建项”按钮，选择“序列”按钮。在弹出的“新建序列”对话框中选择“序列”>“Digital SLR”>“1080p”>“DSLR 1080p25”选项，并在“序列名称”文本框中输入“字幕实例01”，单击“确定”按钮，如图8.34所示。

步骤2　导入视频

在素材文件夹中找到“VIDEO_Flower & Grass (6).mp4”并将其拖曳至当前序列的视频1轨道上，如图8.35所示。

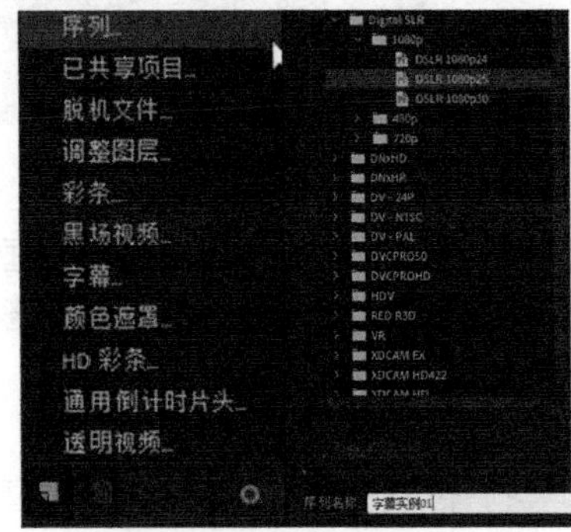

图8.34　新建项目和序列（一）

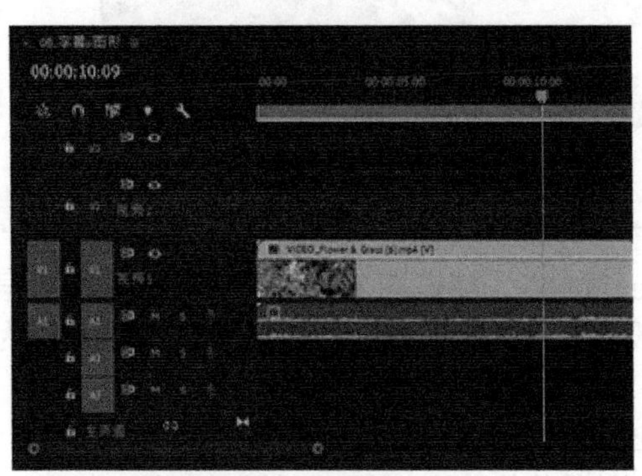

图8.35　导入视频（一）

步骤3　创建字幕与图形

打开“基本图形”窗口，单击“编辑”标签>“新建图层”按钮>“文本”。在“节目”窗口中双击“新建文本图层”，输入“premiere”，设置字体为“Impact”，字体大小为132.0，单击“垂直居中对齐”和“水平居中对齐”按钮，如图8.36所示。

单击“编辑”标签>“新建图层”按钮>“文本”。在“节目”窗口中双击“新建文本图层”，输入“Video Editing Software”，设置字体为“Arial”，字体大小为33，位置参数的*x*轴数值为680.0、*y*轴数值为610.0，并将其移动至“premiere”图层下层，如图8.37所示。

图8.36　创建字幕

图8.37　创建第二行字幕

单击“编辑”标签>“新建图层”按钮>“矩形”，新建一个“形状01”图层，在其名称上单击鼠标右键，选择“重命名”选项，输入“dark green”，并将其移至最下层作为背景。取消“比例”属性中的“设置缩放锁定”，将水平数值设为95，垂直数值设为210，将填充颜色改为深绿色（R34，G70，B13），单击“垂直居中对齐”和“水平居中对齐”按钮，如图8.38所示。

单击“编辑”标签>“新建图层”按钮>“矩形”，新建一个“形状02”图层，在其名称上单击鼠标右键，选择“重命名”选项，输入“light green”，并将其移至“dark green”图层上层。取消“比例”属性中的“设置缩放锁定”，将水平数值设为20，垂直数值设为210，将填充颜色改为绿色（R84，G135，B49），单击“垂直居中对齐”和“水平居中对齐”按钮，如图8.39所示。

图8.38　新建深色矩形背景

图8.39　新建绿色矩形背景

单击“编辑”标签>“新建图层”按钮>选择“来自文件”选项，在“导入”对话框中选择文件“leaf.png”，将该图层移至“premiere”图层和“light green”图层之间，并调整其大小为55，设置位置参数的*x*轴数值为752.0、*y*轴数值为505.0，如图8.40所示。

步骤4　调整图形位置

选择序列中的图形素材，找到“视频效果”>“运动”>“位置”参数，将其*x*轴数值修改为415.0，*y*轴数值修改为935.0，如图8.41所示。

图8.40 新建“来自文件”图层

图8.41 调整图形位置

步骤5 添加过渡效果

选择视频素材“VIDEO_Flower & Grass (6).mp4”，使用组合键Ctrl+D为其添加默认的过渡效果，单击入点过渡效果和出点过渡效果，调整“持续时间”为“00:00:02:05”。选择图形素材，使用组合键Ctrl+D为其添加默认的过渡效果，单击入点过渡效果和出点过渡效果，调整“持续时间”为“00:00:00:20”，如图8.42所示。

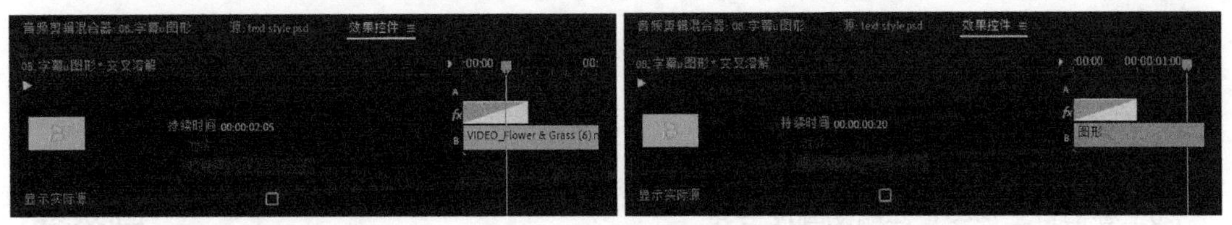

图8.42 添加过渡效果

步骤6 设置响应式设计-位置

为了提高工作效率，可以让背景图形跟随文字内容的长宽变化而变化，如修改一行字幕中文字的数量时，背景图形或其他字幕将跟随修改的字幕的长宽变化而发生变化。

可以将“premiere”设为主体，将“Video Editing Software”“dark green”“light green”设为响应式元素。但是要注意的是，文字在作为响应设计元素时，只会在长宽上发生变化，而不会主动改变间距等属性。

单击“基本图形”窗口>“编辑”标签，选择“dark green”选项，选择“固定到”下拉列表中的“premiere”选项，并设置父图层的左边和右边固定。对“light green”和“Video Editing Software”两个图层进行相同的设置，如图8.43所示。

图8.43 设置响应式设计-位置

步骤7 导出

首先，调整“时间轴”窗口中的工作区域，使其位于时间标尺下方。如果“时间轴”窗口中没有显示工作区域，可以在“时间轴”窗口菜单中选择“工作区域栏”选项，拖曳工作区域右侧的出点标记至视频素材结尾处，如图8.44所示。

其次，单击“时间轴”窗口，使其成为当前操作窗口，然后单击选择“文件”>“导出”>“媒体”选项，弹出“导出设置”对话框，在右侧的“导出设置”对话框里找到“格式”，选择“H.264”；在“预设”里选择“匹配源-高比特率”，在“输出名称”里选择存储的地址和文件模式，设置完成后单击“导出设置”对话框底部的“导出”按钮，完成导出操作，如图8.45所示。本案例制作完成。

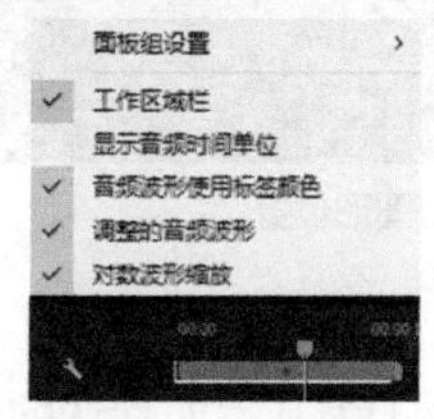

图8.44　选择“工作区域栏”选项

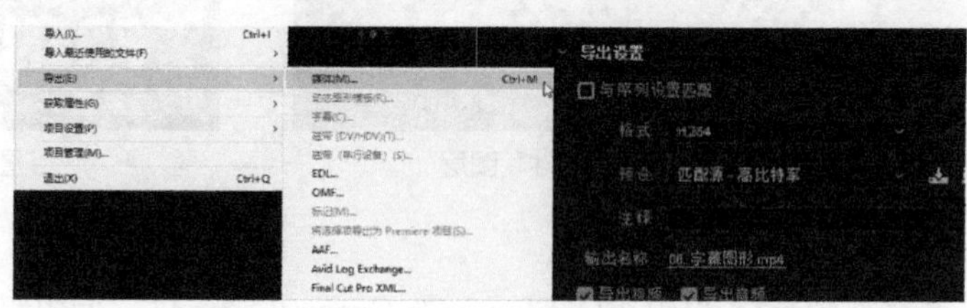

图8.45　导出设置（一）

8.7.2 案例二：使用字幕设计器制作字幕

目标

（1）了解使用字幕设计器制作字幕的方法。
（2）学习增强字幕标题层次感的方法，并尝试使画面素材更有艺术感。
（3）掌握另一种字幕标题的制作方法。

重点与难点

（1）将字幕与图形有机统一的方法。
（2）字幕与图形如何烘托主题。
（3）如何使字幕与画面更好地匹配。

制作步骤

步骤1　新建项目

单击“项目”窗口中的“新建项”按钮，选择“序列”选项。在弹出的“新建序列”对话框中选择“序列预设”>“Digital SLR”>“1080p”>“DSLR 1080p25”选项，并在“序列名称”文本框中输入“字幕实例02”，单击“确定”按钮，如图8.46所示。

步骤2　导入视频

在素材文件夹中找到“VIDEO_Flower & Grass (6).mp4”并将其拖曳至当前序列的视频1轨道上，如图8.47所示。

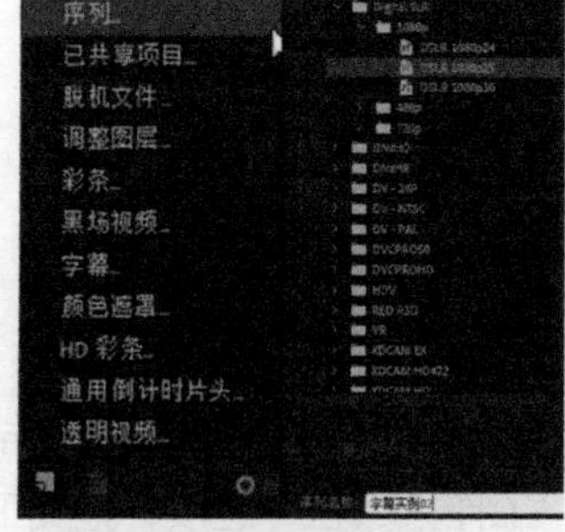

图8.46　新建项目和序列（二）

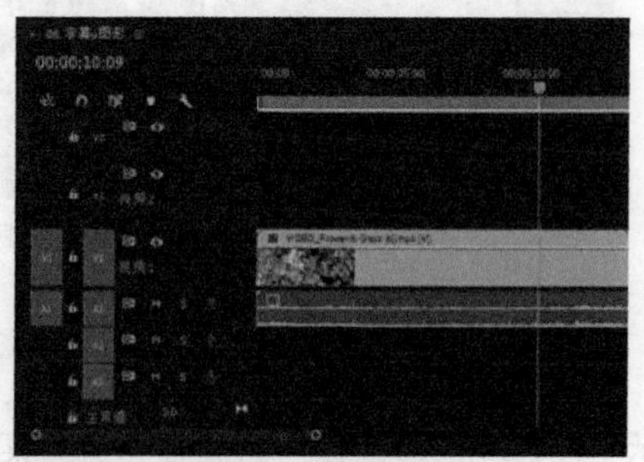

图8.47　导入视频（二）

步骤3　创建字幕与纹理

单击“文件”>“新建”>“旧版标题”，在“新建字幕”对话框中进行相应设置，如图8.48所示，并将“项目”窗口中的新建字幕“旧版标题”拖曳至视频2轨道中。

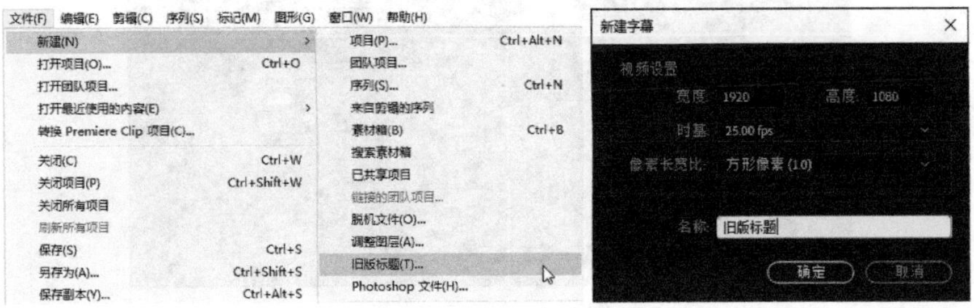

图8.48　新建字幕（二）

选择字幕设计器中的“矩形工具”，在画面中单击并拖曳出一个矩形，在字幕设计器右侧的“旧标题属性”窗口中将“宽度”设为1960.0，“高度”设为355.0，将“填充”>“颜色”设为黑色（R0，G0，B0），“不透明度”设为50%；在“描边”中勾选“外描边”复选框，在“外描边”中将“大小”设置为10.0，单击“垂直居中对齐”和“水平居中对齐”按钮，如图8.49所示。

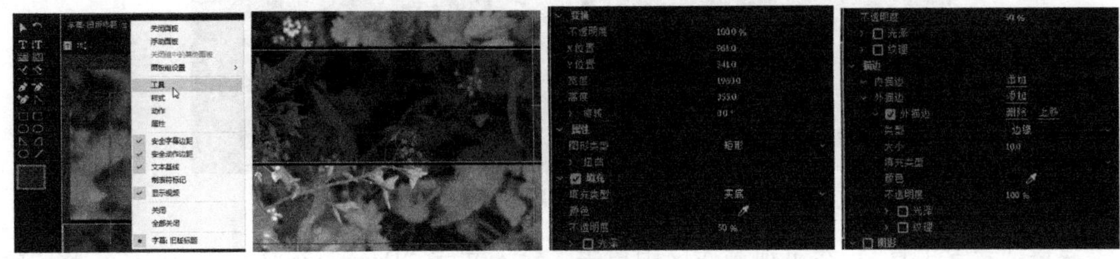
图8.49　属性设置

选择“文字工具”，在可视操作区中单击，输入文字“旧版标题”。将“属性”中的“字体系列”设为“华康龙门石碑”，“字体大小”设为246.0。勾选“纹理”复选框，单击“纹理”右侧的灰色方块，在弹出的“载入纹理图像”对话框中选择“IMG_Summer (7)”，单击“打开”按钮。在“描边”中勾选“外描边”复选框，在“外描边”中设置“大小”为10.0，“颜色”为黑色（R0，G0，B0），如图8.50所示。勾选“阴影”复选框，将“颜色”设置为黑色（R0，G0，B0），“距离”设置为10，“扩展”设置为30。单击“垂直居中对齐”和“水平居中对齐”按钮。

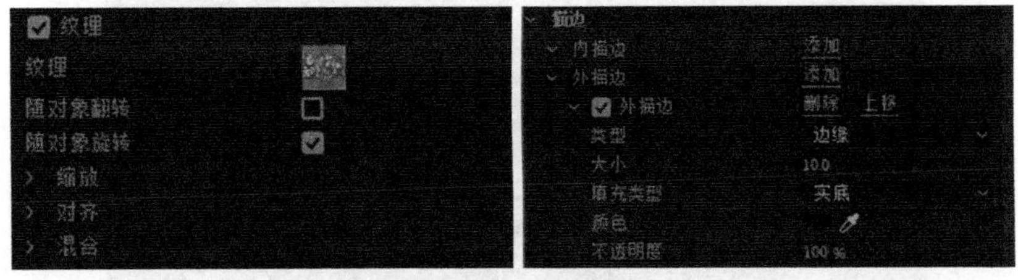

图8.50　载入纹理图像

选择“文字工具”，在可视操作区中单击，输入文字“legacy title design”，将“属性”中的“字体系列”设为“Arial”，“字体样式”设为“Narrow Bold”，“字体大小”设为27.0，“字偶间距”设为51.0，勾选“小型大写字母”复选框。将“填充”中的“颜色”设为白色（R255，G255，B255），“不透明度”设为100%，取消勾选“纹理”“外描边”和“阴影”复选框，如图8.51所示。将“变换”中的“X位置”设为989.0，“Y位置”设为386.0。

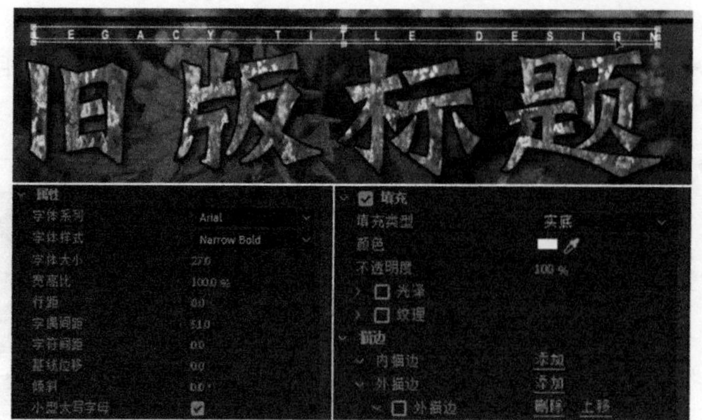

图8.51　创建英文字幕

选择字幕设计器中的“矩形工具”，在画面中单击并拖曳出一个矩形，在字幕设计器右侧的“旧标题属性”窗口中，将“宽度”设为1152.0，“高度”设为67.4，再将“X位置”设为982.1，“Y位置”设为675.0；将“颜色”设为黑色（R0，G0，B0），如图8.52所示。

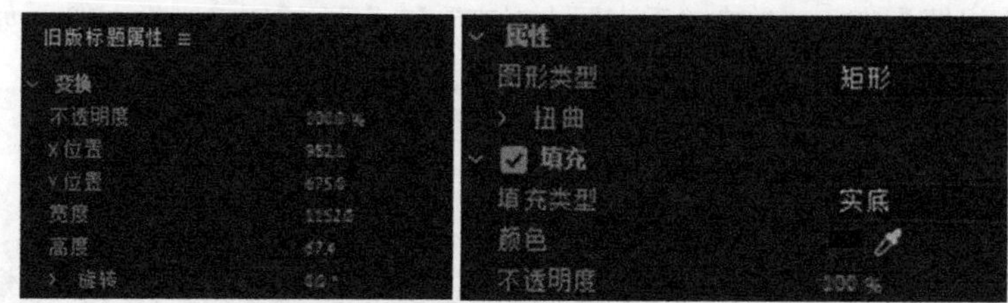

图8.52　创建黑色背景

选择“文字工具”，在可视操作区中单击，输入文字“Premiere Pro CC title”，将“属性”中的“字体系列”设为“思源黑体CN”，“字体样式”设为“ExtraLight”，“字体大小”设为72.0，“字符间距”设为42.0，勾选“小型大写字母”复选框，将“小型大写字母大小”设为100.0%；将“填充”中的“颜色”设为黄色（R255，G255，B0），将“变换”中的“X位置”设为992.7，“Y位置”设为682.2，如图8.53所示。

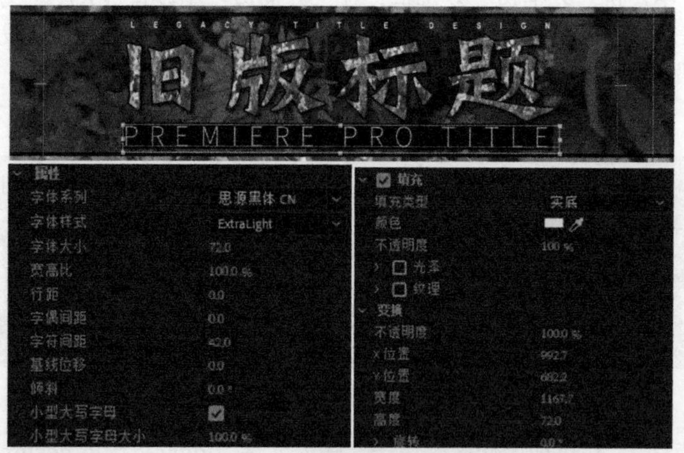

图8.53　创建下方的英文字幕

步骤4　添加过渡效果

选择视频素材“VIDEO_Flower & Grass (6).mp4”，使用组合键Ctrl+D为其添加默认的过渡效果，单击入点过渡效果和出点过渡效果，调整“持续时间”为“00:00:02:05”。选择“旧版标题”素材，使用组合键Ctrl+D为其添加默认的过渡效果，单击入点过渡效果和出点过渡效果，调整“持续时间”为“00:00:00:20”，如图8.54所示。

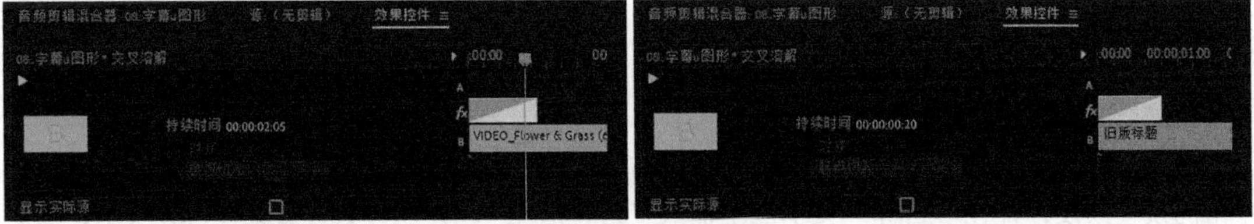

图8.54 添加过渡效果

步骤5 导出

首先，调整“时间轴”窗口中的工作区域，使其位于时间标尺下方。如果“时间轴”窗口中没有显示工作区域，可以在“时间轴”窗口菜单中选择“工作区域栏”选项，拖曳工作区域右侧的出点标记至视频素材结尾处，如图8.55所示。

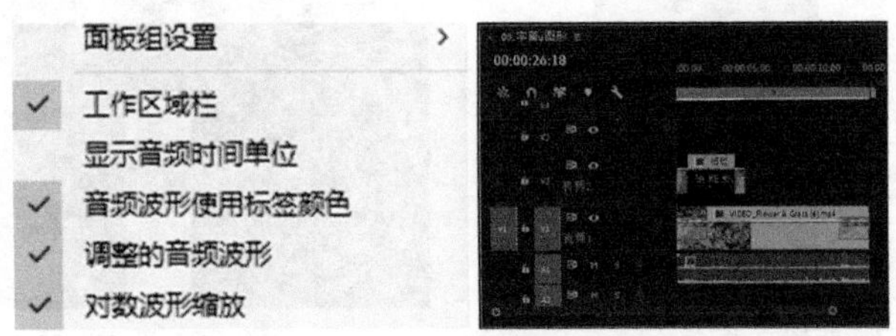

图8.55 选择“工作区域栏”选项

然后，单击“时间轴”窗口，使其成为当前操作窗口，单击“文件”>“导出”>“媒体”，弹出“导出设置”对话框，在右侧的“导出设置”里找到“格式”，选择H.264，在“预设”里选择“匹配源-高比特率”，“输出名称”里选择存储的地址和文件格式，设置完成后单击“导出设置”对话框底部的“导出”按钮，完成导出操作，如图8.56所示。本案例制作完成。

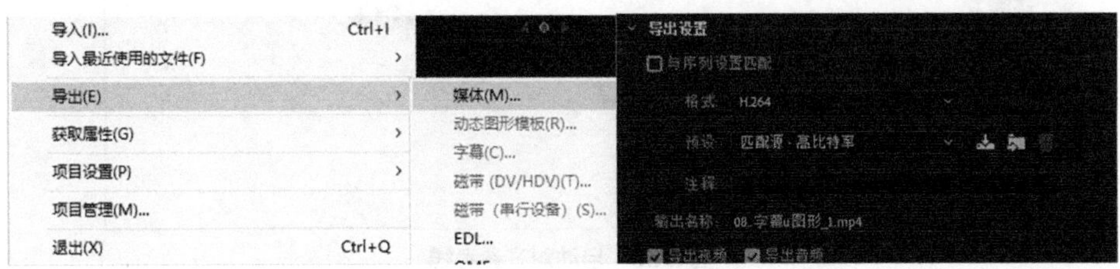

图8.56 导出设置（二）

8.7.3 案例三：使用Photoshop CC和After Effects CC制作字幕动画

目标

（1）了解配合使用Photoshop CC、After Effects CC和Premiere Pro CC制作字幕的方法。

（2）学习软件之间的动态链接方法，并尝试使字幕更有动感。

（3）掌握另一种字幕标题的制作方法。

重点与难点

（1）用Photoshop CC表现字幕质感的方法。

（2）用After Effects CC制作字幕动画的方法。
（3）有效建立起Premiere Pro CC 、Photoshop CC和After Effects CC之间的连接。

制作步骤

步骤1　新建Photoshop CC文件

打开Photoshop CC，单击“文件”>“新建”，打开“新建文档”对话框，选择右上角的“胶片和视频”预设，并在“名称”文本框中输入“刀锋战士”，其他参数设置如图8.57所示，然后单击“创建”按钮。

步骤2　新建字幕

选择“横排文字工具”，在画布中单击，输入“刀锋战士”，然后在“字符”窗口中修改相关参数，如图8.58所示。

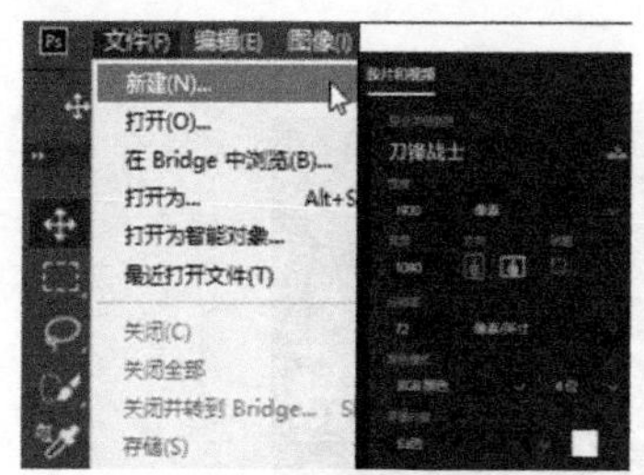
图8.57　新建文件

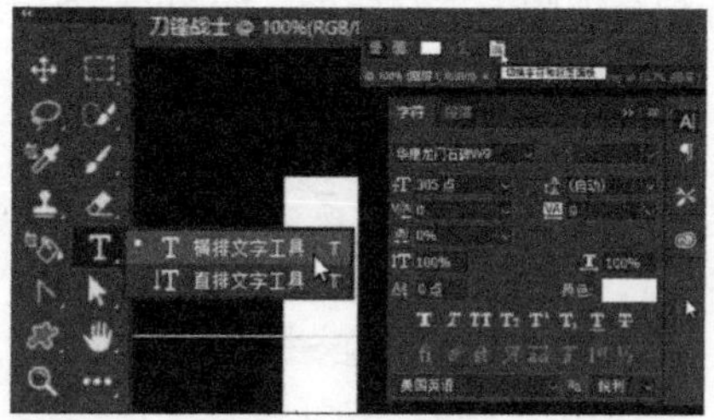
图8.58　新建字幕（三）

使用“移动工具”将文字拖曳至画布中心，直至水平和垂直方向上出现紫色的自动对齐参考线，表明文字已处于画布的中心位置，如图8.59所示。

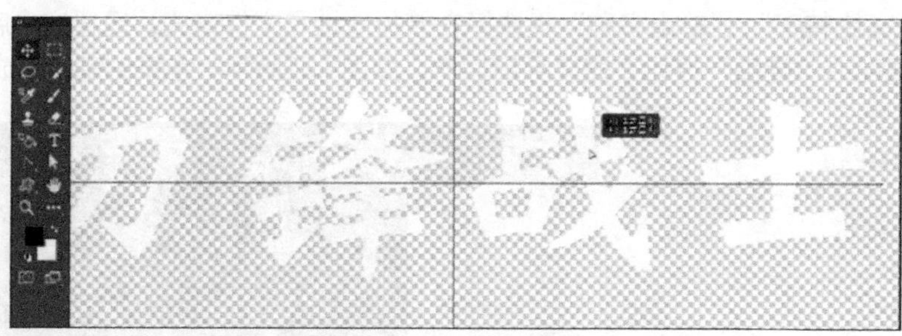
图8.59　自动对齐参考线

步骤3　添加图层样式

按F7键打开“图层”窗口，单击“背景”图层左侧的眼睛图标，在文本图层“刀锋战士”上单击鼠标右键，选择“混合选项”选项，在打开的对话框中勾选“投影”复选框，具体参数设置如图8.60所示。

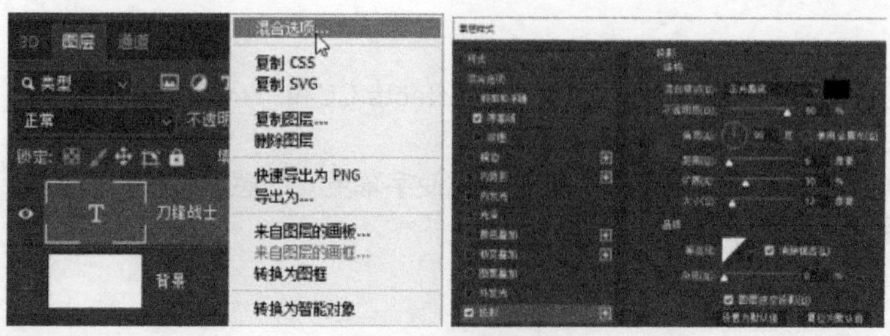
图8.60　投影设置

勾选“外发光”复选框，调整相关参数，如图8.61所示。

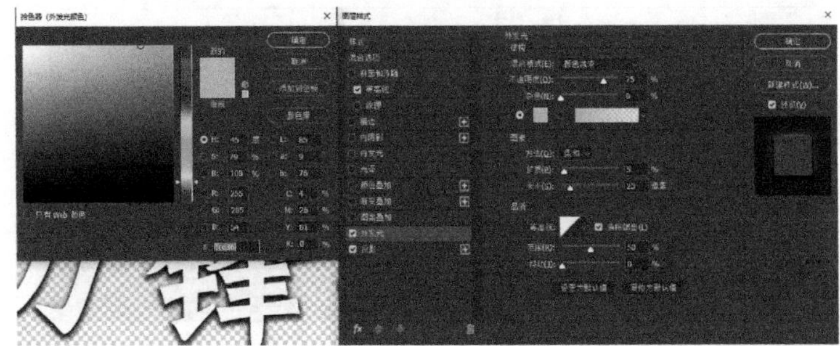

图8.61　外发光设置

勾选“图案叠加”复选框。在Photoshop CC中打开“纹理”文件夹中的“暖色石材暗纹.png”文件，单击“编辑” > “自定义图案”，定义纹理图案，调整相关参数，如图8.62所示。

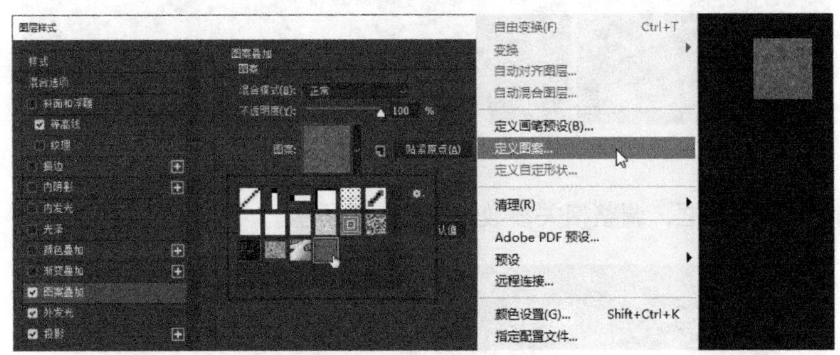

图8.62　图案叠加设置

勾选“渐变叠加”复选框，调整相关参数，如图8.63所示。

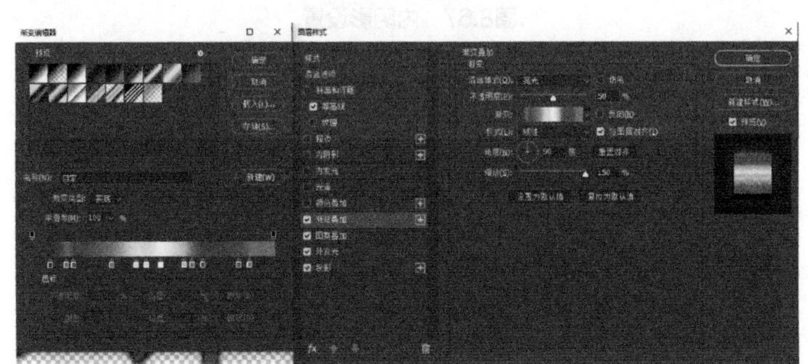

图8.63　渐变叠加设置

勾选“颜色叠加”复选框，调整相关参数，如图8.64所示。

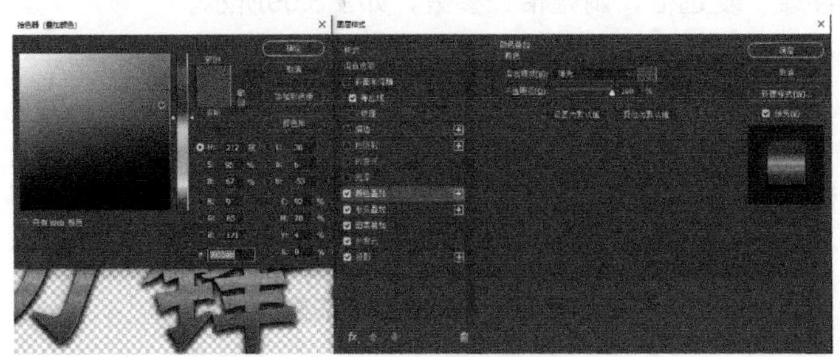

图8.64　颜色叠加设置

勾选“光泽”复选框，调整相关参数，如图8.65所示。

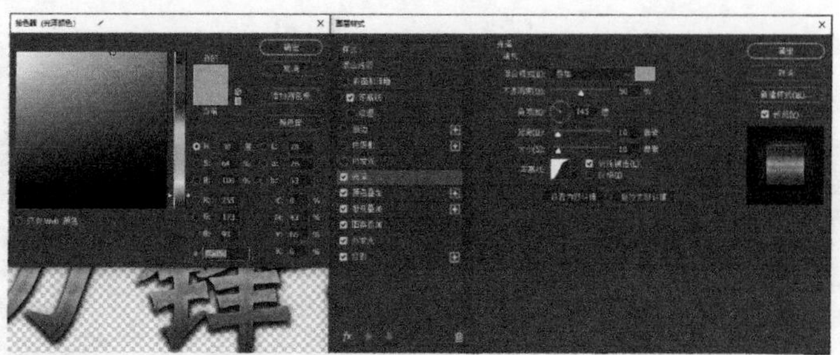

图8.65　光泽设置

勾选“内发光”复选框，调整相关参数，如图8.66所示。

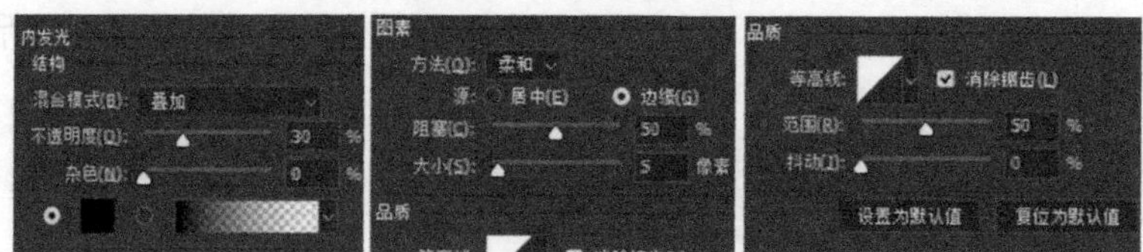

图8.66　内发光设置

勾选“内阴影”复选框，调整相关参数，如图8.67所示。

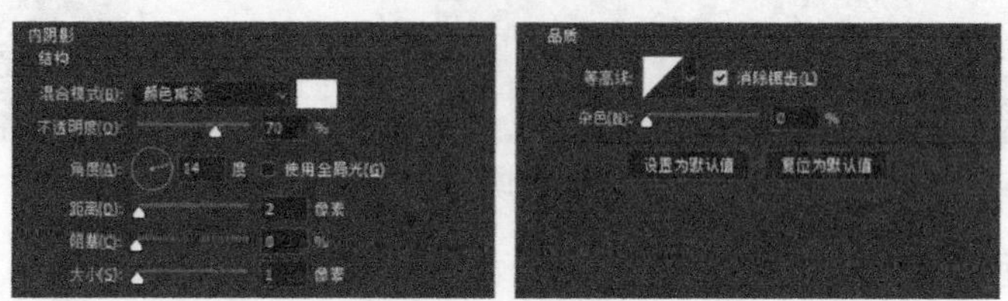

图8.67　内阴影设置

勾选“描边”复选框，调整相关参数，如图8.68所示。

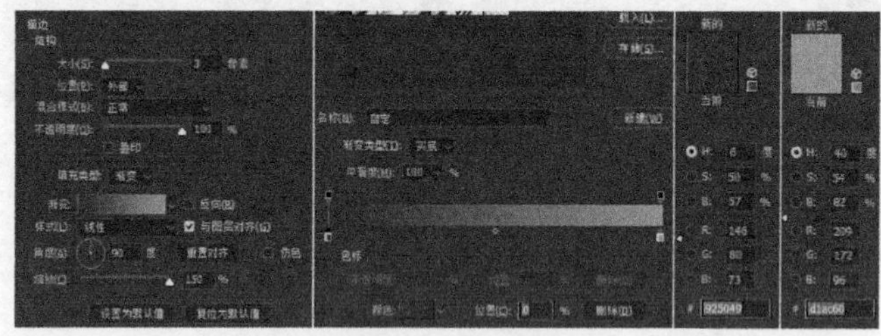

图8.68　描边设置

勾选“斜面和浮雕”复选框，调整相关参数，如图8.69所示。

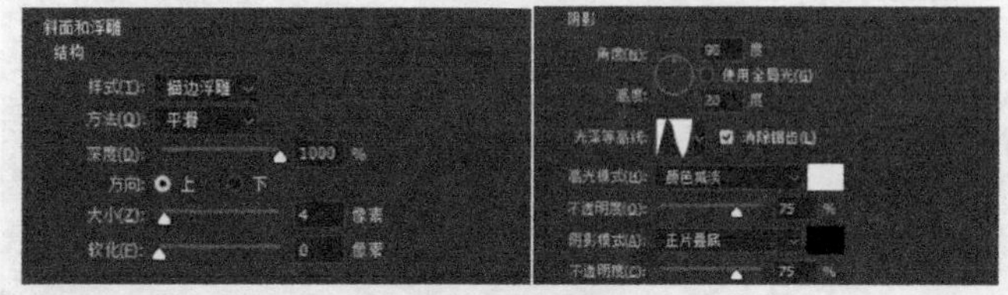

图8.69　斜面和浮雕设置

勾选“等高线”复选框，调整相关参数，如图8.70所示。单击“确定”按钮，应用图层样式。

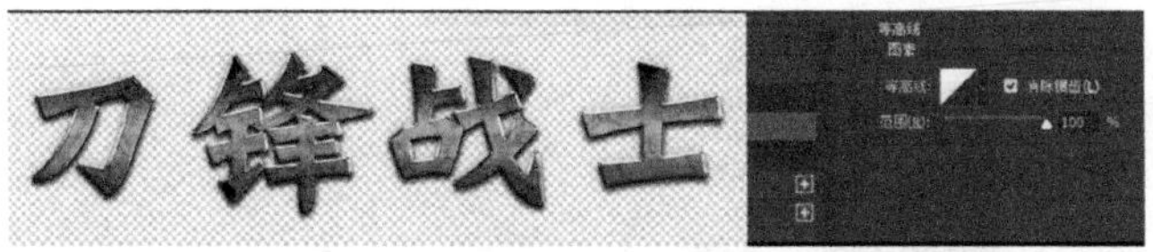

图8.70　等高线设置

步骤4　保存Photoshop CC文件

单击“文件”>“存储”，在打开的“另存为”对话框中选择保存路径，将“文件名”改为“刀锋战士.psd”，单击“保存”按钮，完成Photoshop CC文件的制作，如图8.71所示。

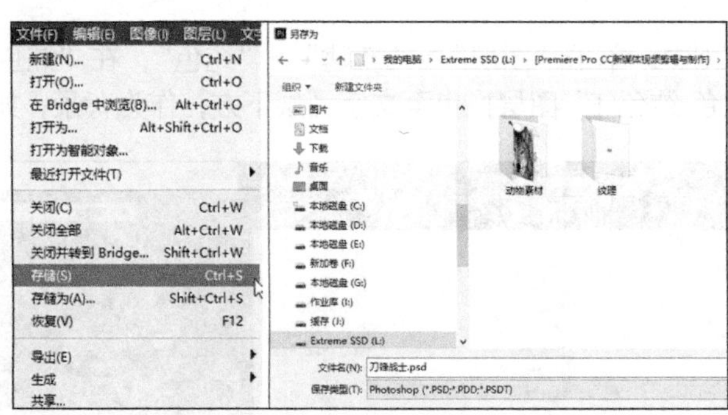

图8.71　保存文件

步骤5　新建Premiere Pro CC项目

单击“项目”窗口中的“新建项”按钮，选择“序列”选项。在弹出的“新建序列”对话框中选择“序列”>“Digital SLR”>“1080p”>“DSLR 1080p25”选项，并在“序列名称”文本框中输入“字幕实例03”，单击“确定”按钮，如图8.72所示。

步骤6　导入素材

在“项目”窗口中单击鼠标右键，选择“导入”选项，选择“刀锋战士.psd”文件，在弹出的“导入分层文件”对话框中选择“合并所有图层”选项，然后单击“确定”按钮，导入PSD分层文件，如图8.73所示。

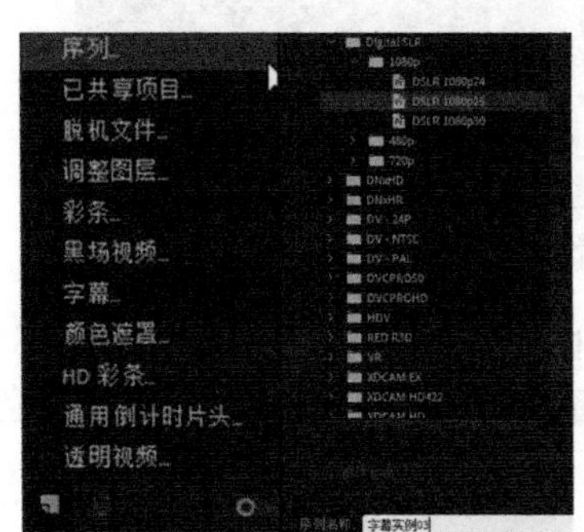

图8.72　新建序列

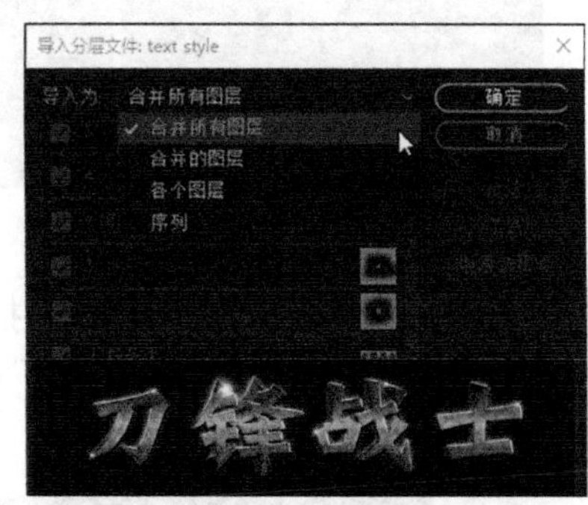

图8.73　导入PSD文件

步骤7　使用After Effects CC合成替换

将PSD文件拖曳至视频轨道中，在该文件上单击鼠标右键，选择“速度与持续时间”选项，将“持续时间”改为00:00:07:00，单击“确定”按钮。

在素材上单击鼠标右键，选择“使用After Effects合成替换”选项，如图8.74所示，这时会自动打开After Effects（前提是已安装相近版本的After Effects），并要求保存项目文件，使用默认名称将其存储至计算机硬盘中即可。这时Premiere Pro CC序列中的素材类型已变成“关联合成模式”。

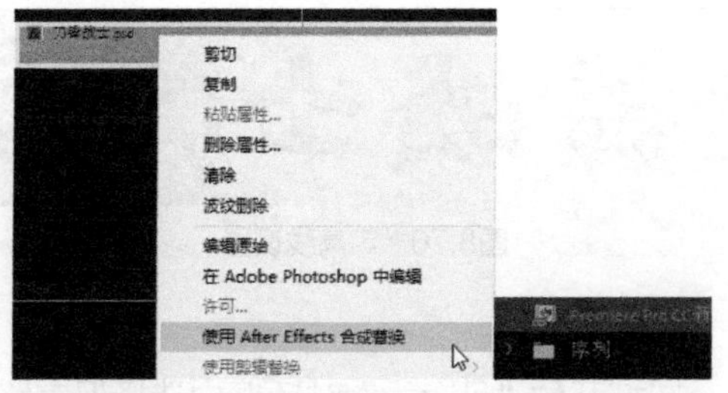

图8.74　使用After Effects合成替换

步骤8　创建统一风格的背景

在After Effects CC中，单击“图层”>“新建”>“纯色”，在“纯色设置”对话框中修改相关参数，然后将“黑色 纯色 1”图层拖曳至文字图层下方，作为背景，如图8.75所示。

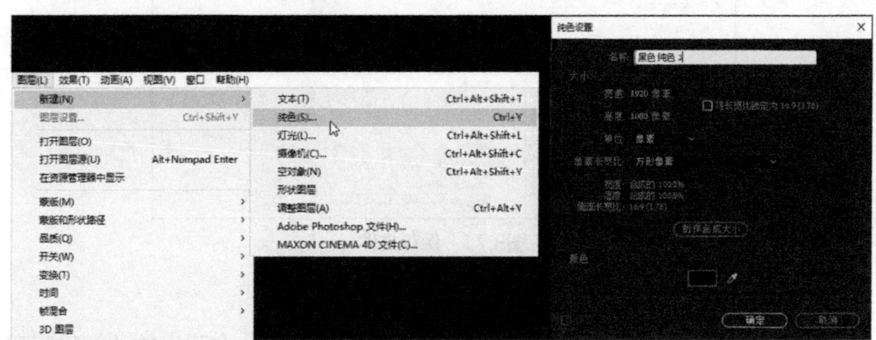

图8.75　新建纯色图层

单击“窗口”>“效果和预设”，打开“效果和预设”窗口。将“动画预设”>“Background”>“宇宙能量”预设（此预设中包含3个叠加的效果）拖曳至“黑色 纯色 1”图层上，制作金属风格的背景，如图8.76所示。

图8.76　添加动画预设

单击“窗口”>“效果控件”，打开“效果控件”窗口。在“效果控件”窗口中找到“Tritone”效果，单击“中间调”右侧的吸管图标，在“合成”窗口中的“刀”字上吸取字体颜色作为背景颜色，如图8.77所示。

图8.77　吸取颜色

步骤9　新建文字图层

单击“图层”>“新建”>“文本”，在“合成”窗口中的光标处输入“刀锋战士”，并修改相关参数，如图8.78所示。

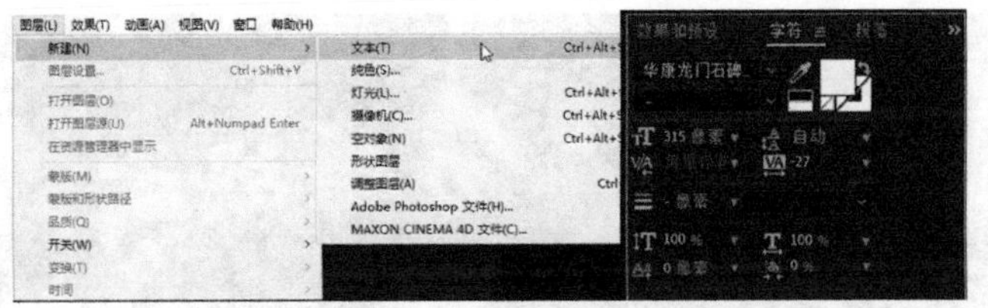
图8.78　新建文本图层

步骤10　添加动画预设

打开“效果和预设”窗口，找到“动画预设”>“Text”>“3D Text”>“3D 随机固定翻滚”预设，将时间指示器移至0秒处，并拖曳此预设至“刀锋战士”文字图层上，如图8.79所示。

图8.79　添加动画预设（一）

单击时间轴左上角的时间码，修改时间为0:00:03:00。使用“选取工具”向左拖曳“刀锋战士”文字图层的右侧边缘，使其对齐至时间指示器所在的位置，如图8.80所示。

图8.80　修改图层长度（一）

打开“效果和预设”窗口，找到“动画预设”>“Behaviors”>“淡入淡出-帧”预设，将其拖曳至“刀锋战士”文字图层上，制作结尾处的时长为1秒的画面淡出效果，如图8. 81所示。

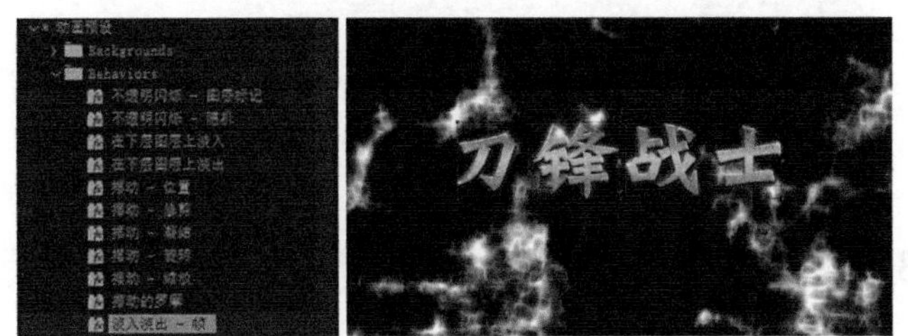

图8.81　添加动画预设（二）

单击时间轴左上角的时间码，修改时间为0:00:02:00。使用“选取工具”向右拖曳“刀锋战士”文字图层的左侧边缘，使其对齐至时间指示器所在的位置，如图8.82所示。

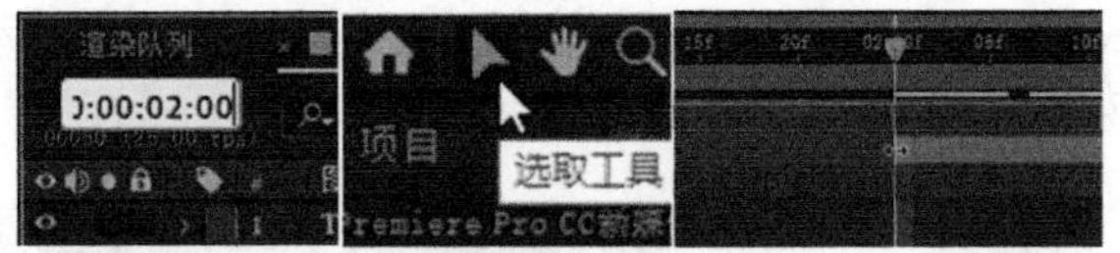

图8.82　修改图层长度（二）

打开“效果和预设”窗口，找到“动画预设”>“Behaviors”>“淡入淡出-帧”预设，将其拖曳至“刀锋战士”文字图层上，制作开头处的时长为1秒的画面淡入效果。单击“文件”>“保存”，保存After Effects CC中的操作，如图8.83所示。

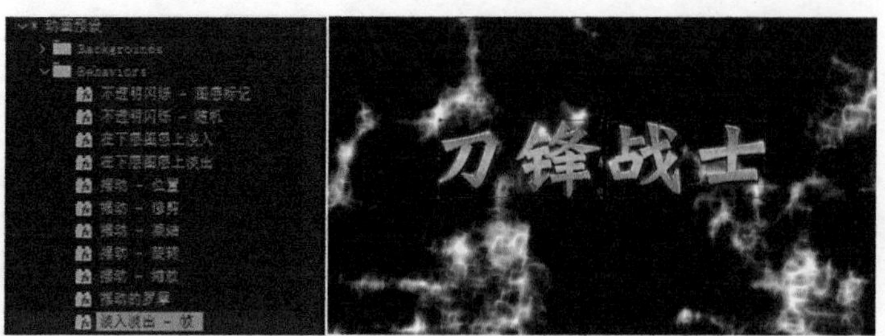

图8.83　添加动画预设（三）

步骤11　导出

打开Premiere Pro CC，按空格键播放动画，“关联的合成”中的画面已经更新为After Effects CC中的效果。接下来调整“时间轴”窗口中的工作区域。单击“时间轴”窗口，使其成为当前操作窗口，单击“文件”>“导出”>“媒体”，弹出“导出设置”对话框，在右侧的“导出设置”里找到“格式”，选择H.264；在“预设”里选择“匹配源-高比特率”，“输出名称”里选择存储的地址和文件格式，设置完成后单击“导出设置”对话框底部的“导出”按钮，完成导出操作，如图8.84所示。本案例制作完成。

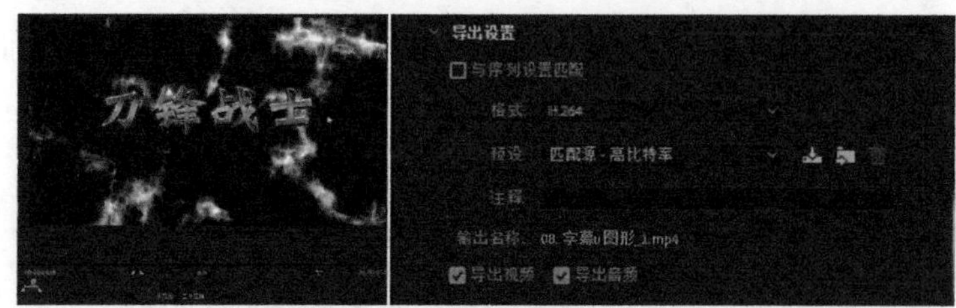

图8.84　导出设置（三）

8.8 扩展阅读　第三方字幕插件

8.8.1 NewBlue Titler Pro 7 Ultimate

NewBlue Titler Pro 7 Ultimate是Newblue 出品的一款专业字幕插件，能够以更快、更智能的方法为视频项目添加出色的标题。通过该插件，视频制作者可以使用精美的标题和图形吸引观众，而视频制作者无须为此花费太多的时间。该插件能帮助用户大幅提高制作效率，能制作三维立体文字、金属质感文字、滚动文字等，还支持文字属性的控制。其还提供了上百种预设效果，可以直接用于视频项目，支持GPU加速。该插件还包含文字关键帧动画，为文字制作提供了全方位的解决方案，如图8.85所示。

NewBlueFX

图8.85　NewBlue Titler Pro 7 Ultimate

8.8.2 Arctime Pro

Arctime Pro是一款简单、强大、高效的跨平台字幕制作软件。Arctime Pro经过超8年的精心打磨，专注于交互与流程优化，定义了现代字幕软件设计范式，提供精准的音频波形图，可以快速、准确地创建和编辑字幕素材等。其AI语音识别、AI自动打轴功能可极大地降低用户的工作量，AI语音合成功能可快速为视频添加配音，开启新一代视频创作方式。它支持导出多种字幕格式，支持将文件导出到全系列剪辑软件，还支持高质量视频压制，如图8.86所示。

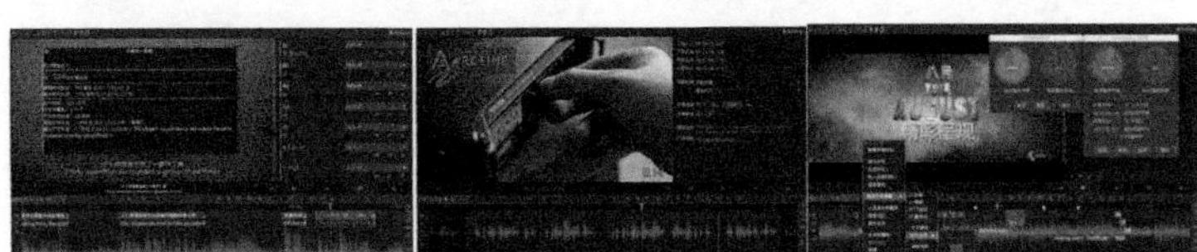

图8.86　Arctime Pro

8.8.3 剪映专业版

剪映是抖音推出的一款手机视频编辑软件，如图8.87所示。其带有丰富的剪辑功能，支持变速，有多种滤镜和美颜效果，有丰富的曲库资源。自2021年2月起，剪映支持在iOS、Android系统的手机移动端，macOS、Windows系统的PC端使用。

剪映原本是一款大众级的视频编辑软件，但随着技术的升级，其增加了很多实用功能。其中对影视剪辑最具使用价值的功能就是AI智能语音识别，该功能可以将语音自动转换为文字。其AI智能语音识别功能是免费的，而且识别速度和准确率都比较高，是其具有代表性的科技亮点，但遗憾的是无法单独导出字幕。

图8.87　剪映专业版

8.9 课后练习

（1）制作一个你喜爱的电视节目的Logo。

（2）用“钢笔工具”“矩形工具”“椭圆工具”制作一个自己熟悉的商品的Logo。

第9章 高效的编辑方法——高级编辑技术

9.1 实用编辑技术

使用Premiere Pro CC编辑视频时，除了可以使用编辑工具进行编辑以外，还可以使用一些实用技术进行高效的编辑。这些实用技术可以大大简化操作步骤，提高工作效率，并能在一些特殊情况下解决使用者遇到的问题，接下来我们就来开始学习。

9.1.1 粘贴属性

“粘贴属性”可以将素材中已经设定完成的属性和效果以复制粘贴的方式添加到其他素材上，是可以批量修改素材属性的方式。能够复制粘贴的属性包括视频属性中的运动、不透明度、时间重映射、效果及其关键帧，音频属性中的音量、声道音量、声像器、音频效果及其关键帧，还有缩放属性中的时间等。这种操作可以有效保证色调、光照等画面效果的统一、连续。使用方法如下。

（1）在已经调整完毕的素材上单击鼠标右键，选择“复制”选项或单击“编辑”菜单>“复制”。

（2）在需要粘贴属性的素材上单击鼠标右键，选择“粘贴属性”选项或单击“编辑”菜单>“粘贴属性”。

（3）在打开的“粘贴属性”对话框中选择需要粘贴的属性，单击“确定”按钮，如图9.1所示。

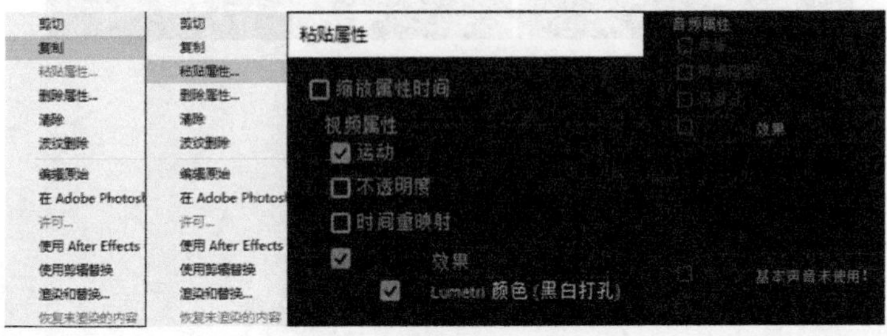

图9.1 “粘贴属性”对话框

需要特别注意以下几点。

（1）“粘贴属性”不是万能的，有些属性是无法复制粘贴的，例如素材本身的时间长度。

（2）“粘贴属性”功能是可以进行批量化修改操作的，只需要在粘贴前，将需要粘贴属性的素材全部选择后，再执行“粘贴属性”命令即可。

（3）如果复制的效果包含关键帧，那么这些关键帧将出现在目标素材中对应的位置。如果复制属性的源素材和粘贴属性的目标素材的时间长度不同，可以通过“缩放属性时间”选项进行匹配。不选择“缩放属性时间”选项时，粘贴后关键帧的位置与源素材相同；如果选择了“缩放属性时间”选项，那么粘贴后的关键帧将自动移至目标素材的结尾处，如图9.2所示。

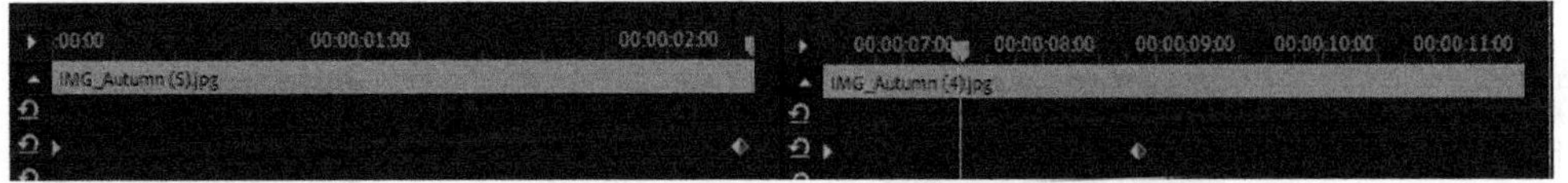

图9.2 “缩放属性时间”选项（左已选择）（右未选择）

9.1.2 速度/持续时间

“速度/持续时间”的主要作用是调整素材的播放速度与时间长度，通过同步或单独调整这两种属性达到编辑素材的目的，主要用于制作慢动作画面、延时画面或变速运动效果。

在“剪辑速度/持续时间”对话框中，默认状态下“速度”与“持续时间”是关联在一起的，它们之间是反比例关系。也就是说，素材的速度变慢时，持续时间将变长；素材的速度变快时，持续时间将缩短，如图9.3所示。

（1）素材的播放速度和持续时间可以单独调整，可以单击按钮中断它们之间的链接，此时按钮变为状态，表示可以在不更改持续时间的情况下更改播放速度。

（2）“倒放速度”用于倒放视频画面。

（3）“保持音频音调”可以在速度或持续时间发生变化时让音频音调保持正常。

（4）“波纹编辑，移动尾部剪辑”可以使与变化的素材相邻的素材保持跟随。

（5）“时间插值”用于选择不同的速度运算方法。

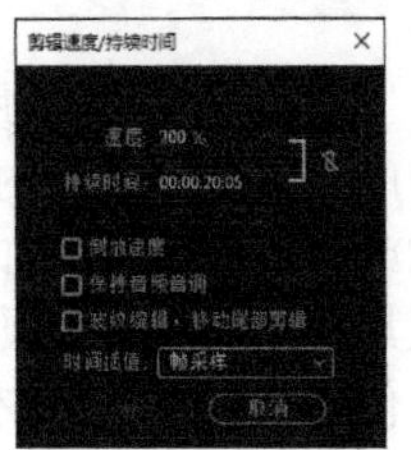

图9.3 “剪辑速度/持续时间”对话框

9.1.3 帧定格

“帧定格”是使视频画面中的某一帧静止不动的命令，Premiere Pro CC中有3种方法可以制作静帧——帧定格选项、添加定格帧和插入定格帧分段，操作方法如下。

1. 帧定格选项

在“帧定格选项”对话框中可以选择一个定格的位置，较为常用的位置是“播放指示器”“入点”“出点”位置，当然也可以使用“源时间码”和“序列时间码”定义定格帧的时间，还可以勾选“定格滤镜”复选框，如图9.4所示。

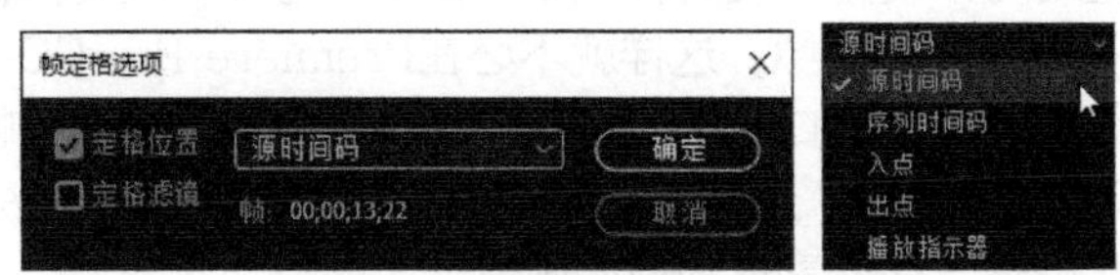

图9.4 “帧定格选项”对话框

2. 添加定格帧

“添加定格帧”可以在时间指示器所在位置分割素材并设定一个定格帧，时间指示器之后的素材内容将成为帧的内容。

使用方法是先将时间指示器移动到要制作静帧的时间节点处，然后在素材上单击鼠标右键并选择“添加定格帧”选项，这样就可以在当前时间节点处制作静帧，当前素材之后将显示时间指示器处显示的内容，如图9.5所示。

3. 插入定格帧分段

“插入定格帧分段”可以在时间指示器所在位置插入一段定格帧，时间指示器所在位置的素材内容将成为插入帧的内容，如图9.6所示。

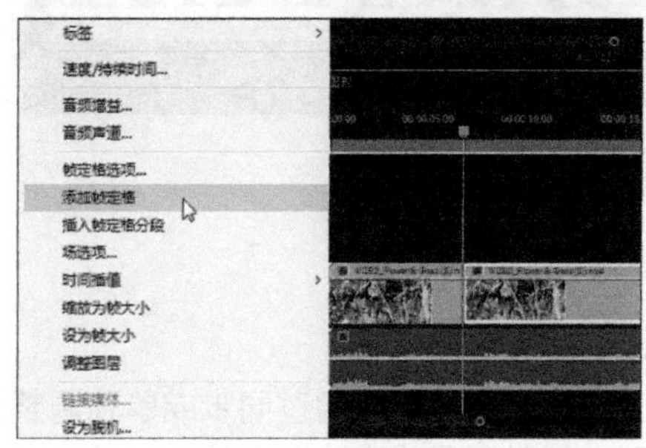

图9.5　添加定格帧

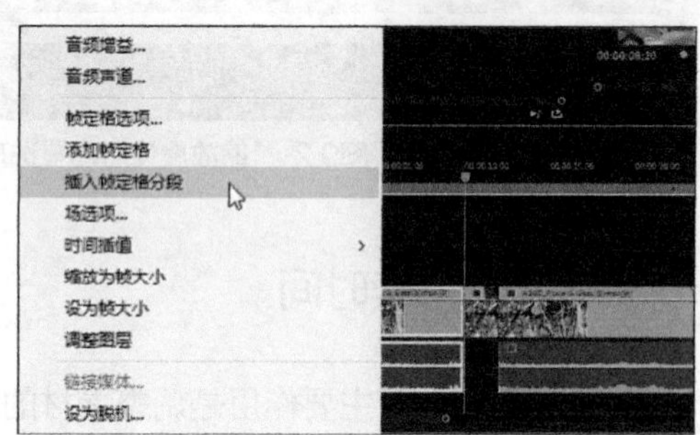

图9.6　插入定格帧分段

9.1.4 场选项

“场选项”是在采用隔行扫描方式成像的视频中出现场序错误或素材与序列场序不匹配时使用的命令。场序错误可能会导致回放时产生抖动或锯齿形边缘，如果出现了上述情况，就需要通过交换素材的场序使其恢复正常或与项目的场序相匹配。

使用方法是在素材上单击鼠标右键，选择“场选项”选项，在打开的“场选项”对话框中勾选“交换场序”复选框，然后在“处理选项”组中选择一个合适的选项，如图9.7所示。

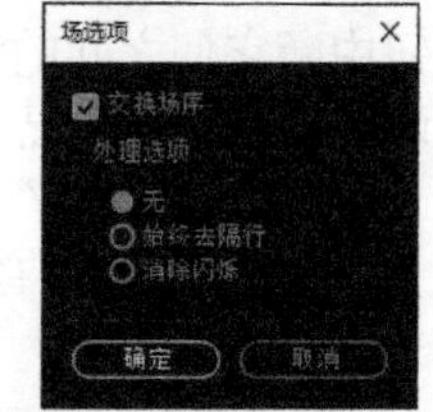

图9.7　“场选项”对话框

（1）无：不应用任何处理选项。

（2）始终去隔行：将隔行扫描的帧转换为非隔行扫描的逐行扫描帧。对于希望慢速播放或在定格帧中播放的素材，此选项很有用。

（3）消除闪烁：通过模糊两个场降低图像中的细小的水平线条出现闪烁的概率。对于包含细小水平线条的图像，此选项特别有用。

9.1.5 设为帧大小

在导入静帧图像时，帧的大小至少应该与序列的画面尺寸相同，这样在制作一般性的静止画面时可以获得最佳效果。但是大多数情况下，都会通过设置静帧图像的缩放、平移或旋转属性获得相应的视觉变化。这时可以使用“设为帧大小”命令，这种方法将保留图像的本机像素分辨率，以便在放大图像时得到清晰的图像。这样就不必在Premiere Pro CC中使用可能会损失图像锐度的方法，如修改“效果控件”窗口中的“缩放”属性或使用“缩放为帧大小”功能。

方法是在素材上单击鼠标右键，选择“设为帧大小”选项，这种方法在进行大小的改变时可以不对素材进行栅格化处理，保留素材的原始画质。

9.2 编辑工具

在进行视频编辑时，除了经常使用的“剃刀工具”以外，还有一些简单、实用的编辑工具，这些工具可以在特定情境下更好地进行编辑，提高编辑的效率或精度。

9.2.1 选择工具

“选择工具”通常用来选择、移动素材等，但有时也作为基本的编辑工具使用。

使用“选择工具”拖动素材的入点或出点（不能超出源素材的原始入点和出点）可以修剪素材，被修剪的部分并没有被真正删除，而是被隐藏起来了，可以通过相同的方法将其还原，如图9.8所示。

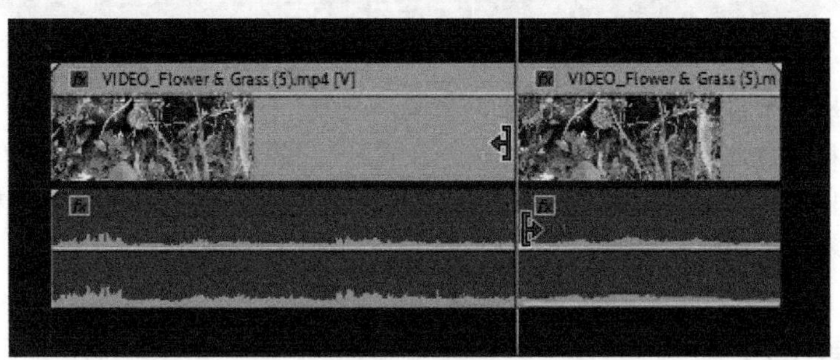

图9.8 选择工具

9.2.2 波纹编辑工具

一般情况下，在修改素材的入点或出点后，被修改的部分会留下一小段间隙，此时可以将素材前面或后面的相邻素材向后或向前移动，将空隙填补上，还要注意不要出现夹帧或黑场。

选择“波纹编辑工具”，可在修剪时间轴上的素材的入点或出点后，将其前面或后面的素材向后或向前移动，系统会自动填补修改后留下的间隙，并保留修剪素材左侧或右侧的所有剪辑结果。需要注意的是，波纹编辑会缩短影片的持续时间，如图9.9所示。

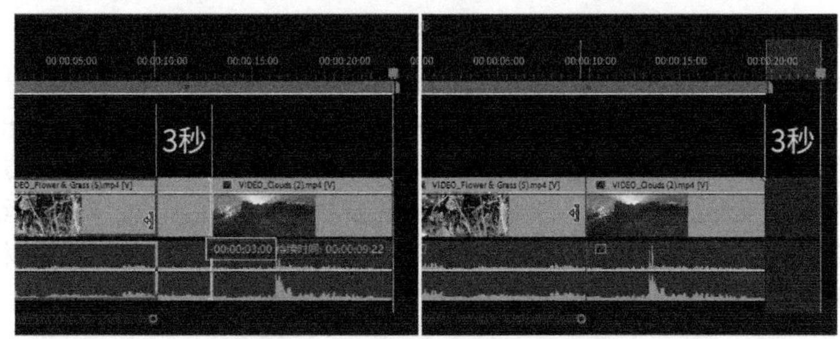

图9.9 波纹编辑前后的对比图

使用“波纹编辑工具”的方法如下。

（1）在工具栏中选择“波纹编辑工具”。

（2）在“时间轴”窗口中，将鼠标指针置于要更改的素材的入点或出点处，直到出现“波纹入点”图标或“波纹出点”图标，向右或向左拖动图标。

9.2.3 滚动编辑工具

选择“滚动编辑工具”时，可在时间轴上同时修剪前一个素材的出点和后一个素材的入点，两个素材整体的持续时间不变，如图9.10所示。

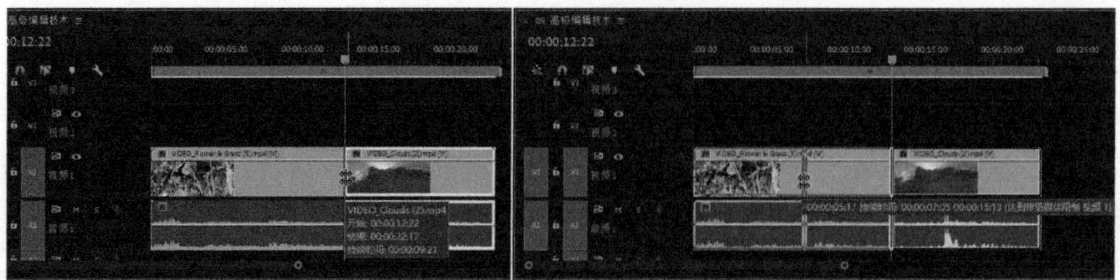

图9.10　滚动编辑前后的对比图

使用“滚动编辑工具”的方法如下。

（1）在工具栏中选择“滚动编辑工具”。

（2）在“时间轴”窗口中，将需要更改的素材的边缘向左或向右拖动，将根据该素材的帧数变化修剪相邻素材，如图9.10所示。

9.2.4 内滑工具

选择“内滑工具”时，可将时间轴中的素材向左或向右移动，同时修剪该素材左侧和右侧的两个相邻素材（修剪的是所选素材的左侧素材的出点和右侧素材的入点），3个素材的整体持续时间及它们在时间轴上的排列顺序保持不变，如图9.11所示。

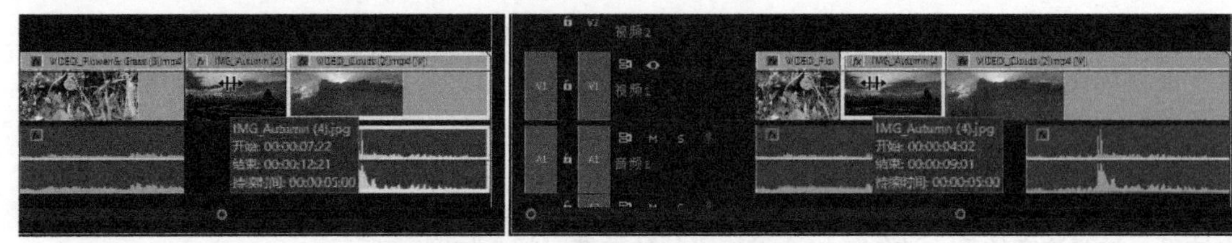

图9.11　内滑编辑前后的对比图

使用“内滑工具”的方法如下。

（1）在工具栏中选择“内滑工具”。

（2）将鼠标指针放在需要调整的素材上，然后向左拖动，将前一个素材的出点和后一个素材的入点向前（左）移；或者向右拖动，将前一个素材的出点和后一个素材的入点向后（右）移。

松开鼠标左键后，Premiere Pro CC将更新相邻素材的入点和出点，同时将结果显示在“节目”窗口中，并保持所移动的素材的排列顺序和序列的持续时间，对所移动的素材做出的唯一更改是改变了其在序列中的位置，如图9.12所示。

图9.12　“节目”窗口中的变化

9.2.5 外滑工具

选择“外滑工具” 时，可同时更改所选素材的入点和出点，并保持入点和出点的时间间隔不变，多个素材的整体持续时间及它们在时间轴上的排列顺序保持不变。

可通过一次外滑编辑操作将素材的入点和出点前移或后移相同的帧数。使用“外滑工具”拖动素材可以更改素材的开始帧和结束帧，而不会改变其持续时间或影响相邻素材，如图9.13所示。

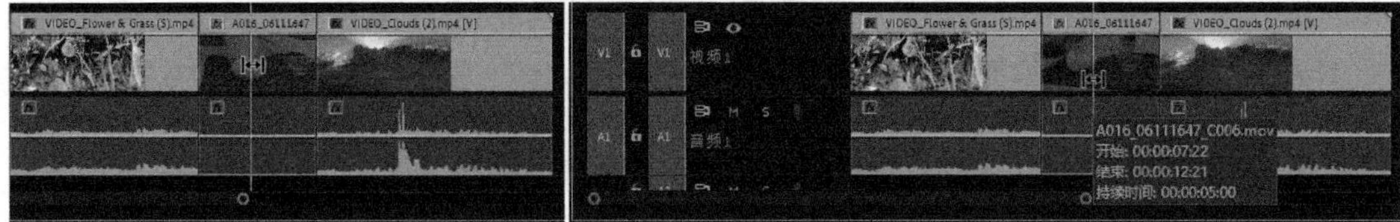

图9.13 外滑编辑前后的对比图

使用“外滑工具”的方法如下。

（1）在工具栏中选择“外滑工具”。

（2）将鼠标指针置于要调整的素材上，然后向左拖动，将素材的入点和出点向后移，或者向右拖动，将素材的入点和出点向前移。Premiere Pro CC将实时更新该素材的入点和出点，并将结果显示在“节目”窗口中，同时保持素材的排列顺序和序列的持续时间不变，如图9.14所示。

图9.14 “节目”窗口中的变化

9.2.6 比率拉伸工具

选择“比率拉伸工具”时，可通过缩短素材来加快其回放速度，或通过延长素材来减慢其回放速度。“比率拉伸工具”会改变素材的播放速度和持续时间，但不会改变素材的入点和出点，如图9.15所示。

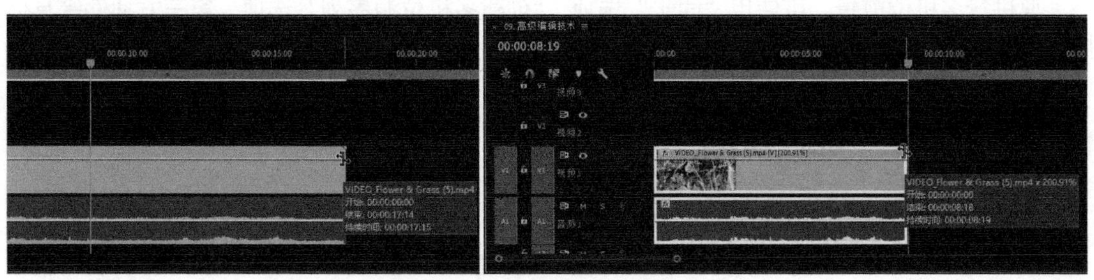

图9.15 “比率拉伸工具”的应用

9.3 修剪编辑

“修剪编辑”模式是对素材进行细微编辑的工作模式。在“修剪编辑”模式下，可以对素材进行逐帧编辑，该模式下的“节目”窗口如图9.16所示。

图9.16 “修剪编辑”模式下的“节目”窗口

使用“修剪编辑”模式的方法如下。

（1）单击“序列”>“修剪编辑”或按组合键Shift+T。

（2）在“时间轴”窗口中，可选择同一序列中的其他编辑点，并且仍处于修剪模式。也可以在“时间轴”窗口中进行更改，例如放大/缩小、滚动或更改轨道高度等，并且仍处于修剪模式。

（3）如果已经处于修剪模式，则可使用“转到下一个编辑点（向下箭头）”和“转到上一个编辑点（向上箭头）”跳转到其他编辑点，同时仍处于修剪模式。

（4）如果未处于修剪模式，则按这些快捷键（J、K、L）时会移动时间指示器而不是选择编辑点。

9.4 多机位剪辑

为了多角度、全方位地展现镜头中的内容，通常会使用多台摄录设备同时进行拍摄，但在后期剪辑时，多个不同来源的视频素材的画面动作和声画匹配的统一与对位工作将耗费大量的时间和精力。

因此，可以采用多机位剪辑的工作方式，直接选择所需片段，再将多机位的视频素材录制成单轨内容。还可以手动设置入点、出点或剪辑标记，以同步剪辑，也可以以音频为基础同步素材。

要进行多机位剪辑，可使用“同步”选项、“创建多机位源序列”选项、第三方插件等具体操作方法如下。

9.4.1 使用“同步”选项

步骤1 创建序列

在Premiere Pro CC的“项目”窗口中单击“新建项”>“序列”>“新建序列”，在“新建序列”对话框中输入项目名称“多机位剪辑”，然后单击“确定”按钮，如图9.17所示。

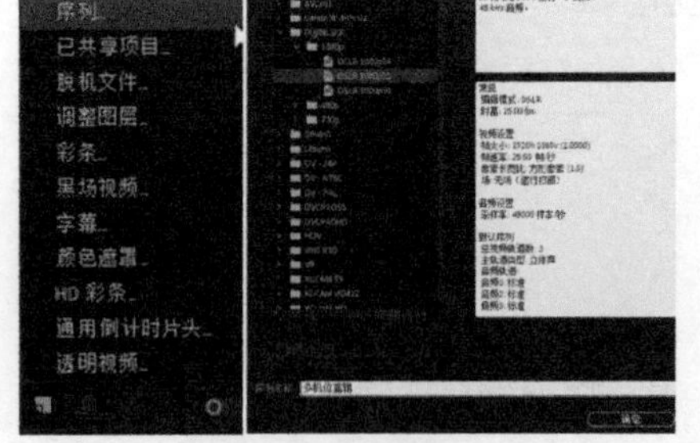

图9.17 创建序列

步骤2 导入素材

单击“文件”>“导入”。在弹出的“导入”对话框中找到“多机位素材”文件夹，在其中选择要导入的文件，然后单击“导入”按钮。将同一场景的不同机位的视频分别移至不同的视频轨道中，如图9.18所示。

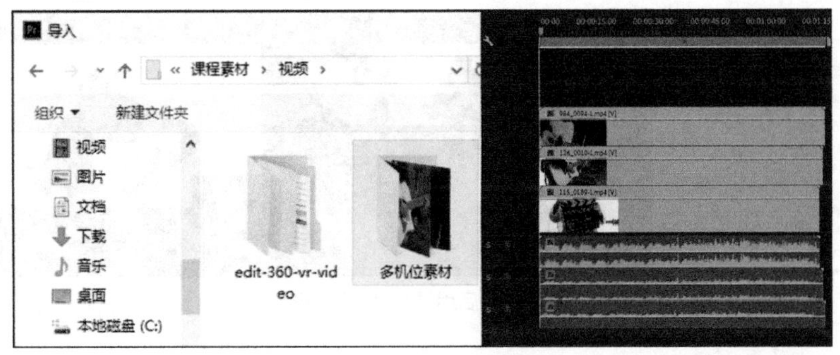

图9.18　导入素材（一）

步骤3　同步素材

将视频轨道中的所有素材全部选择或使用组合键Ctrl+A全选所有素材，然后在任意素材上单击鼠标右键，选择“同步”选项。在打开的“同步剪辑”对话框中，根据素材的特点选择“同步点”组中的选项，本例选择“音频”选项，单击“确定”按钮完成同步，如图9.19所示。

如果这时只有两个机位，就可以按镜头需要直接删除视频轨道中上方轨道的素材，一并实现双机位的剪辑效果，如图9.20所示。但是如果机位较多或按现场导播方式剪辑的话，大家可以参考以下内容。

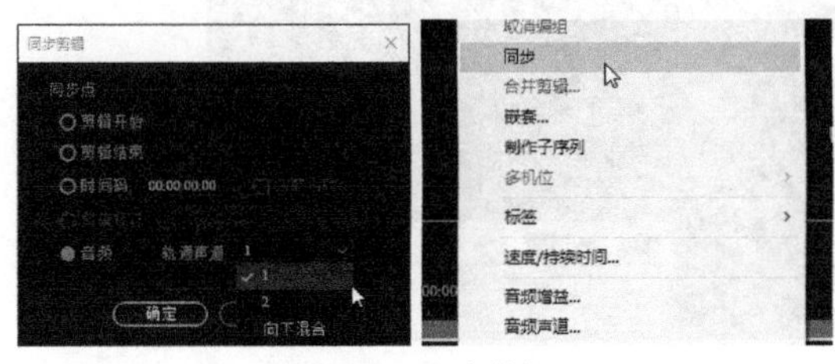

图9.19　同步剪辑

图9.20　双机位剪辑效果

步骤4　嵌套素材

将视频轨道中的所有素材全部选择，然后在任意素材上单击鼠标右键，选择“嵌套”选项。在弹出的“嵌套序列名称”对话框中，将“名称”改为“多机位01”，然后单击“确定”按钮，Premiere Pro CC将把所选的多个素材嵌套进一个素材中，并显示在视频1轨道中，而音频轨道保持不变，所以将音频2轨道静音，如图9.21所示。

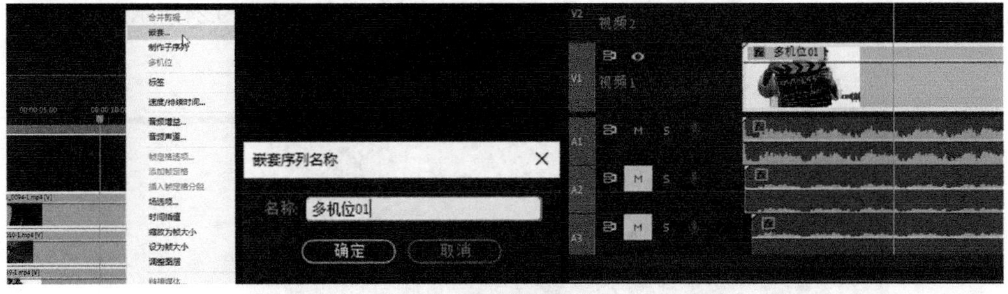

图9.21　嵌套素材

步骤5　启用“多机位”功能

在嵌套的素材上单击鼠标右键，选择“多机位”>“启用”选项。然后，在“节目”窗口中单击右下角的加号，将“多机位录制开关”和“切换多机位视图”按钮拖曳到蓝色框中，单击“确定”按钮。最后在“节目”窗口中单击“设置”中的“多机位”视图显示模式或单击“切换多机位视图”按钮，这样就可以进行多机位编辑了，如图9.22所示。

图9.22　启用“多机位”功能

步骤6　进行多机位编辑

在“节目”窗口的左侧会显示每个机位的分屏画面，而右侧会显示多机位录制完成后的画面。可以在“节目”窗口的“多机位”界面或时间轴中，使用数字键（1-9，非小键盘中的）或单击切换至不同的机位拍摄的画面，单击“节目”窗口下方的红色圆形按钮（多机位录制开关）开始录制。录制结束后，将在时间轴中看到由很多碎片化的素材组成的内容，这时已经将各个机位的素材拼接完成，可以导出，如图9.23所示。

图9.23　多机位编辑（一）

9.4.2　使用“创建多机位源序列”选项

步骤1　创建序列

在Premiere Pro CC的“项目”窗口中单击“新建项”>“序列”>“新建序列”，在“新建序列”对话框中输入名称“多机位剪辑”，然后单击“确定”按钮，如图9.24所示。

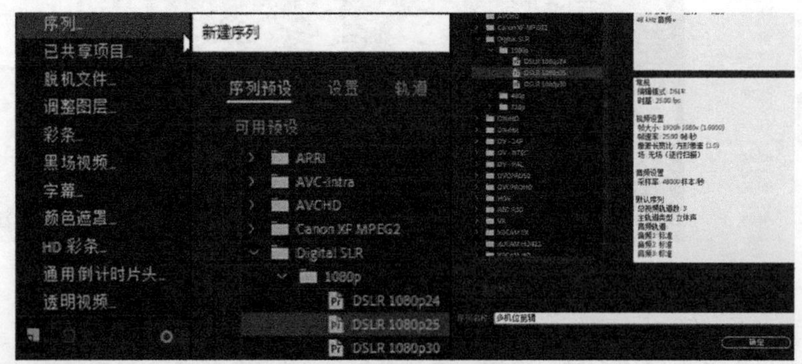

图9.24　创建项目和序列

步骤2　导入素材

单击“文件”>“导入”。在弹出的“导入”对话框中找到“多机位素材”文件夹，在其中选择要导入的文件，然后单击“打开”按钮。将同一场景不同机位视频分别移至不同的视频轨道中，如图9.25所示。

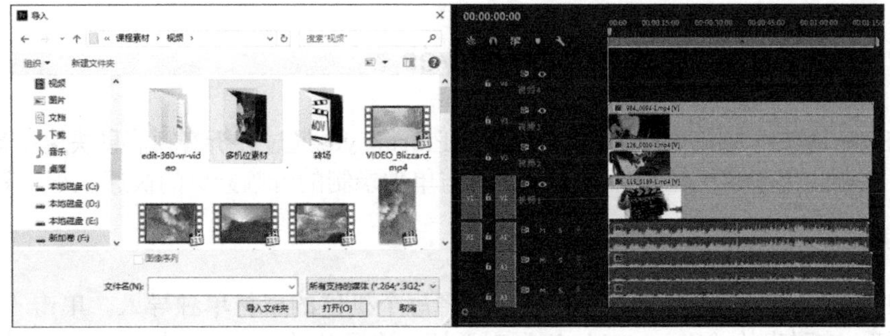

图9.25 导入素材（二）

步骤3 创建多机位源序列

选择多机位素材所在的文件夹或直接选择多机位素材，单击鼠标右键，选择“创建多机位源序列”选项。在“创建多机位源序列”对话框中设置相关参数，然后单击“确定”按钮，如图9.26所示。将“项目”窗口中的“多机位源序列”拖曳至新建的“多机位”序列中，之前导入的多机位素材可删除。如果要修改“多机位源序列”中的源素材，可按住Ctrl键并双击轨道上的源序列即可进入。

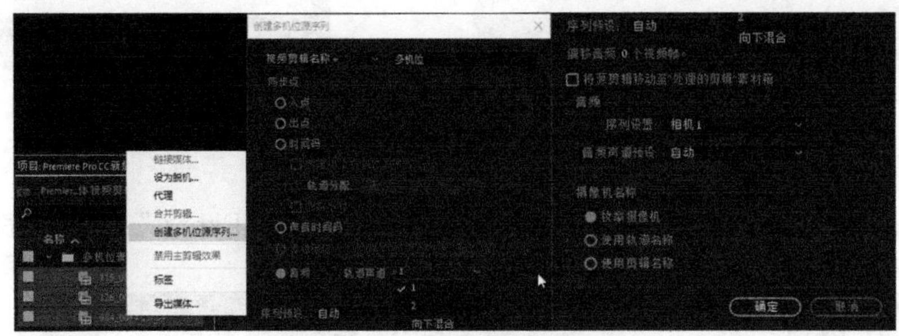

图9.26 创建多机位源序列

步骤4 启用“多机位”功能

单击“切换多机位视图”按钮，具体方法可参考“9.4.1 使用‘同步’选项”中的步骤5。

步骤5 进行多机位编辑

在“节目”窗口中的“多机位”界面或时间轴中，按数字键（1~9，非小键盘中的）或单击切换至不同的机位拍摄的画面，单击“节目”窗口下方的红色圆形按钮（多机位录制开关），开始录制。录制结束后，可以在时间轴中看到由很多碎片化的素材组成的内容，这时已经将各个机位的素材拼接完成，如图9.27所示。

图9.27 多机位编辑（二）

如果有需要修改的镜头，只需将时间指示器移至要修改的位置，打开录制开关，再重新选择机位即可。也可以使用“选择工具”直接拖曳素材的出点或入点。

9.4.3 使用第三方插件——PluralEyes

PluralEyes是红巨人出品的音频同步插件。PluralEyes通过分析音频信息快速将音频与视频进行匹配，主要应用于多机位拍摄的视频素材与单独录制的音频素材的快速匹配，其使用步骤如下。

步骤1 导入素材

打开PluralEyes后，分机位导入素材，即将每个机位的素材单独导入。单击“Add More Media”按钮，在弹出的“Choose Media”对话框中选择素材，然后单击“打开”按钮。也可以直接将素材拖曳至轨道中，如图9.28所示。

步骤2 同步素材

在所有机位的素材全部导入后，单击“Synchronize”按钮，系统会自动同步所有轨道中的素材，如图9.29所示。

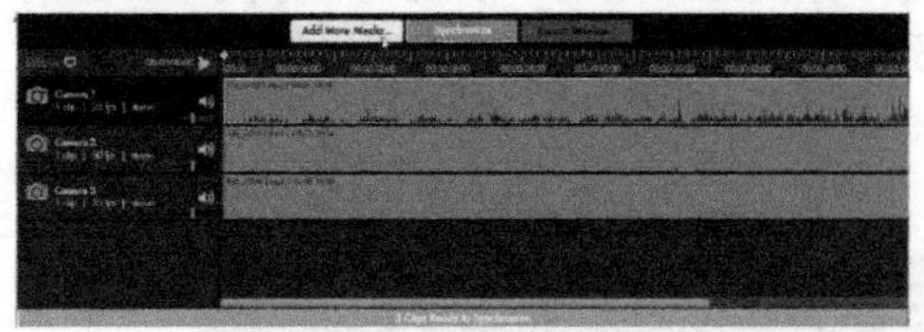

图9.28 导入素材（三）

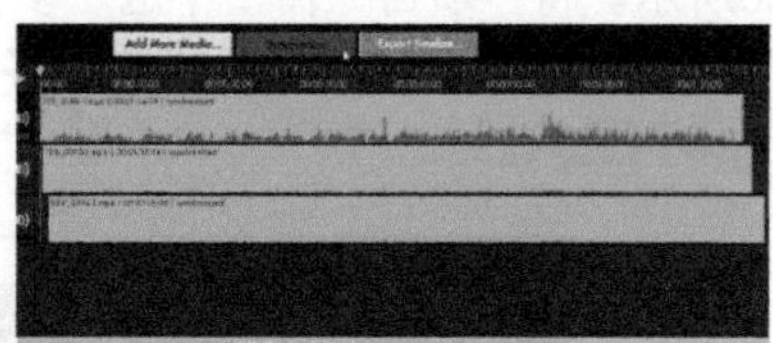

图9.29 同步素材

步骤3 导出XML文件

单击“Export Timeline”按钮，选择相应的选项，单击“Export”按钮，完成导出，如图9.30所示。

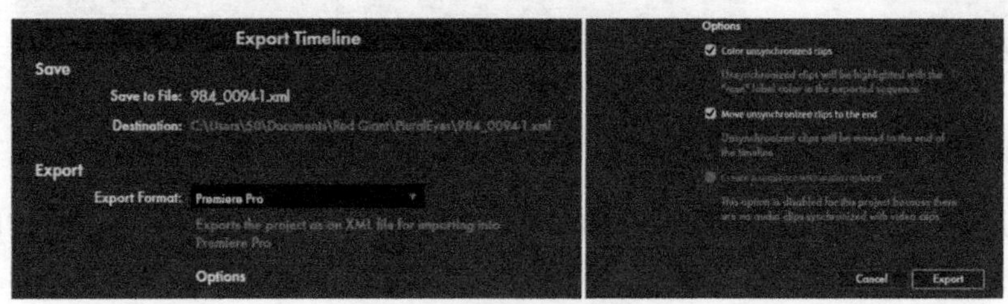

图9.30 导出XML文件

步骤4 导入XML文件

单击“文件”>“导入”。在弹出的“导入”对话框中找到上一步导出的XML文件，然后单击“打开”按钮。可以在“项目”窗口中看到导入的XML文件已经被识别为“Synced Sequence”序列，双击打开此序列，如图9.31所示。

图9.31 导入XML文件

步骤5 启用“多机位”功能

具体方法可参考“9.4.1 使用‘同步’选项”中的步骤5。

步骤6 进行多机位编辑

具体方法可参考“9.4.1 使用‘同步’选项”中的步骤6。

9.5 扩展阅读——多机位拍摄和剪辑的技巧

在进行多机位剪辑时，注意以下几点，既可以避免一些麻烦，也可以提高多机位剪辑的效率。

（1）拍摄时，尽量使用相同型号和相同设置的拍摄设备，要保证几个机位的帧速率、画幅、缩放比例一致。

（2）无论有几个机位，都要保证每个镜头的亮度和色彩一致。

（3）录制前，可以采用打板器和拍手掌的方式形成声波标记点，方便后期进行对齐操作。

（4）录制时，尽量设置一个单独录制声音的设备，以防摄像机的录制效果较差。

（5）将素材导入计算机后，应以机位名为素材命名，以便区分。

（6）同步时，应将其他轨道的音频静音，防止受到干扰。

（7）先同步素材，再剪辑，最后添加效果，以防效果失效。

（8）剪辑时，要尽量保证人物动作完整，还要注意配音的节奏感。

9.6 课后练习

（1）尝试用多机位剪辑的方式剪辑的课程配套资源中的多机位素材并输出一个视频片段，在剪辑过程中尝试使用内滑工具、外滑工具等高级编辑工具。

（2）尝试制作一个电影混剪视频。

制作要求

（1）音频与画面的节奏匹配。

（2）适当添加字幕。

（3）加入能烘托主题的背景音乐。

（4）分辨率为1920px×1080px，帧速率25帧/秒。

（5）时间长度为1分钟左右。

（6）输出格式为.mp4。

第10章 视效动画的制作基础——视频效果和关键帧动画

10.1 视频效果

10.1.1 简介

我们在影视作品中看到的视频效果一般是添加到素材上的效果，《战狼2》中的爆炸、弹痕、导弹，灾难片《2012》《后天》中的海浪、雪崩的场景、烟雾、火山喷发的场景，科幻片《流浪地球》中的光效、行星、冻住的城市，动作片《钢铁侠》《蜘蛛侠》中的人物在高楼大厦间穿梭的效果等都是后期制作的特效。

视频效果使影视作品具有较强的视觉冲击力和较好的画面质感，后期制作包括镜头之间的转换、艺术效果、画面的调色和校色、字幕特效动画、抠像、数字绘景、2D或3D动画、流体或粒子动画等诸多特效处理方法。可以使用效果来旋转和动画化素材，或在帧内调整剪辑的大小和位置。此外，还可以在“效果控件”窗口或“时间轴”窗口中使用关键帧来动画化大多数效果，并可以为所有效果创建和应用预设。

这些技术和方法给影视制作带来了无限的可能性和广阔的创意空间，也为我们了带来了源源不断的视觉盛宴。

10.1.2 效果分类

在Premiere Pro CC中可以使用很多视频效果来创建特效画面。Premiere Pro CC中的视频效果有系统自带的固定效果、标准效果和第三方插件中的增强效果等3类。

1. 固定效果

添加到“时间轴”窗口中的每个素材都会预先应用或内置固定效果。固定效果可控制剪辑的固有属性，并且无论是否选择素材，“效果控件”窗口中都会显示固定效果，也就是说，这类效果不一定被使用，但不能被删除。可以在“效果控件”窗口中调整所有的固定效果，如图10.1左图所示。固定效果包括以下内容。

（1）运动：包括位置、缩放、旋转、锚点（素材缩放和旋转的中心）和防闪烁滤镜五大常用属性，可用于制作动画、旋转和缩放素材、降低闪烁频率，或将这些素材与其他素材进行画面合成。

（2）不透明度：调整素材的不透明度，用于制作叠加、淡化和溶解等效果。

（3）时间重映射：使素材的任意部分减速播放、加速播放、倒放或者将帧冻结等。

（4）音量等属性：控制素材音频的音量、声道和声像。

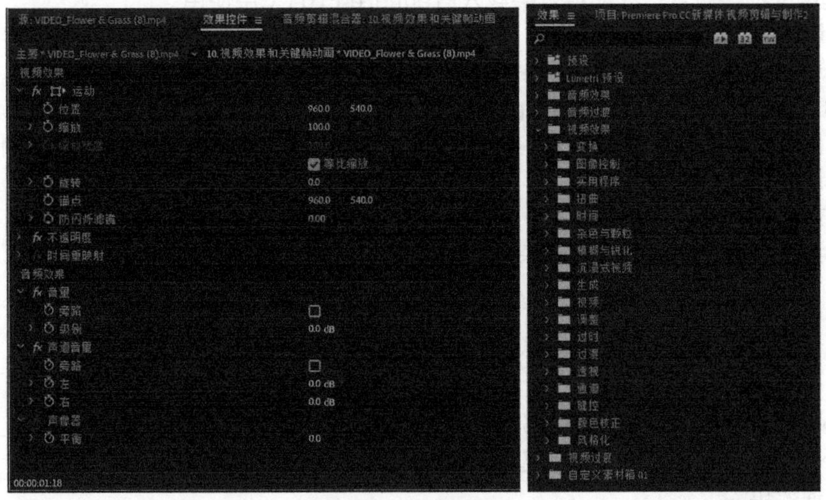

图10.1　固定效果

2. 标准效果

标准效果是必须应用于素材才能达到期望结果的附加效果。可以将任意数量的标准效果应用于序列中的任何素材上。使用标准效果可以添加特性或编辑视频，如调整色调或修剪画面。

Premiere Pro CC包括许多视频效果和音频效果，它们位于“效果”窗口中，如图10.1右图所示。必须将标准效果应用于素材，然后选择该素材，才能在“效果控件”窗口中对效果进行调整。带有图标的视频效果可直接通过“节目”窗口中的手柄操控。

在“效果控件”窗口中使用关键帧动画开关，可以对所有的标准效果属性制作关键帧动画。在“效果控件”窗口中调整贝塞尔曲线的形状，可以微调效果动画的平滑度或速度。标准效果包括以下内容。

- 变换
- 图像控制
- 实用程序
- 扭曲
- 时间
- 杂色与颗粒
- 模糊与锐化
- 沉浸式视频
- 生成
- 视频
- 调整
- 过时
- 过渡
- 透视
- 通道
- 键控
- 颜色校正
- 风格化

3. 第三方增强效果

除了Premiere Pro CC自带的许多效果之外，还可以通过增效工具使用第三方供应商提供的效果。Premiere Pro CC用户可以从Adobe官方平台或第三方供应商处购买增效工具，或从其他兼容的应用程序中获得增效工具。例如，许多支持Premiere Pro CC、After Effects CC、Photoshop CC等的增效工具和VST（虚拟工作室技术，它是集成软件音频合成器和功效插件的音频编辑和记录系统）等增效工具，部分增效工具如图10.2所示。

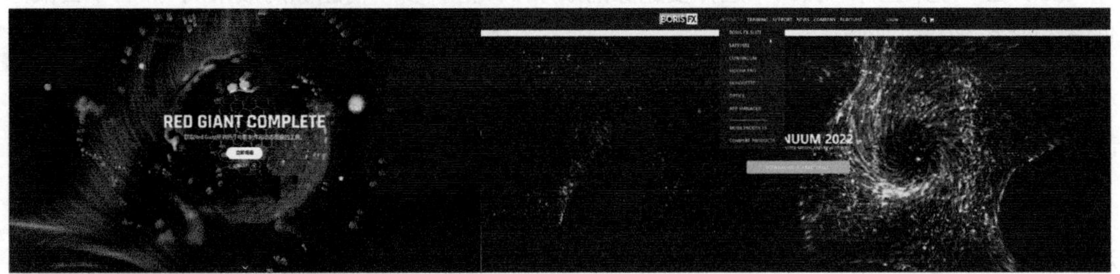

图10.2　红巨人和Boris FX插件

效果的增效工具文件应位于公共的增效工具文件夹中，并且需要安装与所用Premiere Pro CC版本相匹配的插件版本，才能将效果载入Premiere Pro CC中使用。

以下是增效工具文件的保存路径。

Windows：Program Files\Adobe\Common\Plug-ins\<version>\MediaCore

macOS：/Library/ApplicationSupport/Adobe/Common/Plug-ins/<version>/MediaCore

打开项目时，如果项目引用的某些效果不存在，Premiere Pro CC将执行以下操作。

（1）告诉用户缺少哪些效果。

（2）将效果标记为脱机媒体。

（3）在没有效果的情况下执行渲染操作。

10.1.3 效果类型过滤器

Premiere Pro CC 中的效果还被分为以下类别以方便搜索。在“效果”窗口左上角的搜索框下面有3个按钮。这些按钮是3种效果类型的过滤器，分别介绍如下。

GPU加速效果。

Premiere Pro CC提供GPU加速效果。对于这些效果，回放将实时进行，不需要渲染。某些效果可以充分利用 GPU 的处理能力来加速渲染。但要注意的是，仅在安装支持的显卡后，加速效果才能使用。如果该按钮处于禁用状态，就表示无法使用该加速效果。

32位颜色效果。

Premiere Pro CC包括一些支持高位深度处理的视频效果与过渡效果。当这些效果应用于高位深度的Photoshop CC文件时，可以用32bpc像素渲染这些效果，它们的颜色分辨率更高，颜色渐变更平滑。对于每个高位深度效果，“效果”窗口中的效果名称的右边都将显示图标。注意，要启用高位深度渲染，需在“新建序列”对话框中勾选“最大位深度”复选框。

YUV效果。

Premiere Pro CC 中具有的效果可以直接处理YUV值，而不用先将像素值转换为RGB值，这样容易调整对比度和曝光度，不会产生不必要的变色现象。

10.1.4 添加和删除效果

1. 两种添加效果的方法

（1）将效果图标从“效果”窗口中拖曳到“时间轴”窗口中的素材上，可将视频效果添加到素材上。

（2）先选择素材，然后在“效果”窗口中双击某个视频效果，可将该效果添加到所选素材上。

如果想批量添加视频效果，可以先选择所需的所有素材，然后将视频效果拖曳至所选的任意一个素材上。

2. 3种删除效果的方法

（1）在“效果控件”窗口中选择要删除的效果（或选择多个需删除的效果），然后单击鼠标右键并选择“清除”选项。

（2）从“效果控件”窗口菜单中选择“移除效果”选项，或用鼠标右键单击时间轴上的一个素材，然后选择“删除属性”选项，在“删除属性”对话框中选择要移除的效果类型，然后单击“确定”按钮。

（3）在“效果控件”窗口中选择素材，然后按Delete或Backspace键。

还可以暂时禁用效果，单击效果左侧的图标，使之成为图标，这样做只会阻止效果显示而不会将其删除。需要注意的是，将视频效果添加到素材中后，该效果只会在素材的入点和出点之间显示。然而，我们可以配合关键帧动画，让视频效果在特定时间开始和结束。

10.1.5 复制、粘贴和重置效果

如果想将一个素材上的视频效果的属性数值应用到另一个素材上，例如，将相同的模糊数值应用于类似镜头的其他素材上。可以使用以下两种方法来实现。

（1）选择某个素材，然后激活此素材的“效果控件”窗口，选择效果，单击鼠标右键后选择“复制”选项。接下来单击另一个素材的“效果控制”窗口并再次单击鼠标右键，选择“粘贴”选项，将效果应用于该素材。可以再激活其他素材的“效果控件”窗口并执行相同的操作，将效果应用于新的素材。

（2）在时间轴中的素材上单击鼠标右键并选择“复制”选项，然后在其他素材上单击鼠标右键并选择“粘贴属性”选项，选择需要粘贴的效果（可同时粘贴多个效果），然后单击“确定”按钮。

当调整效果参数时，如果需要将视频效果的属性还原至初始状态，可单击属性最右侧的“重置参数”按钮。如需重置整个效果，则单击效果名称右侧的“重置效果”按钮，两者的图标虽然一样但作用不同。

10.1.6 效果预设

可以使用预设快速添加某种效果而无须设置其属性。Premiere Pro CC的“效果”窗口中有许多不同类型的预设效果，其使用方法与视频效果一致，拖曳预设文件至“时间轴”窗口中的素材上就可以添加对应的效果，如图10.3所示。

也可以将常用的一些视频效果设置为预设文件，这样下次使用时只需要拖曳预设文件至新的素材上就可对新的素材应用同样的效果及参数，自定义预设的步骤如下。

（1）在时间轴上选择设置完效果的素材。

（2）打开“效果控件”窗口，选择一个或多个视频效果。

（3）在选择的效果上单击鼠标右键，选择“保存预设”选项。

（4）在弹出的“保存预设”对话框中选择适当的选项，然后单击“确定”按钮，如图10.4所示。

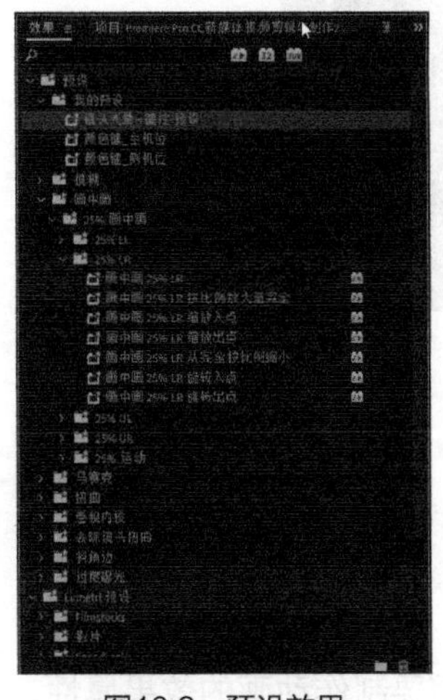

图10.3　预设效果

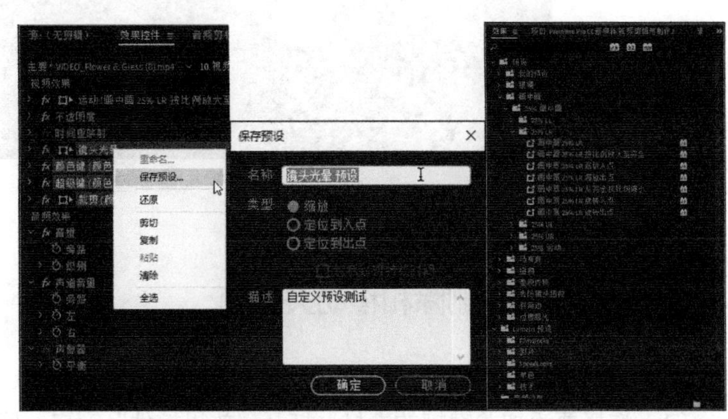

图10.4　保存预设

当然，还可以创建和删除预设文件夹，以便管理这些预设文件，具体方法可以参考“7.2 管理音频/视频过渡效果文件夹”部分。

 关键帧和关键帧动画

我们目前所学习的知识中，几乎所有的元素都处于静止状态，即使是视频效果也没有呈现出过多的变化，主要原因是没有设置效果属性的关键帧动画。设置关键帧动画后可以将绝大多数的视频效果设置成动态，使其属性数值随着时间的变化呈现出不同的变化，而我们只需在几个重要节点处调整相关属性数值即可。这样可以大大提高制作效率，这就是关键帧动画的魅力所在。

10.2.1 定义和原理

关键帧是用来记录效果属性在不同时间节点处数值的工具。

它通常记录的是效果属性在动态变化过程中，能够决定其效果的关键时间节点处的数值。例如：两点确定一条直线，起点和终点就是关键节点，在这两个关键节点处建立的能够记录其位置数值和时间数值的点就是关键帧，其轨迹如图10.5所示。

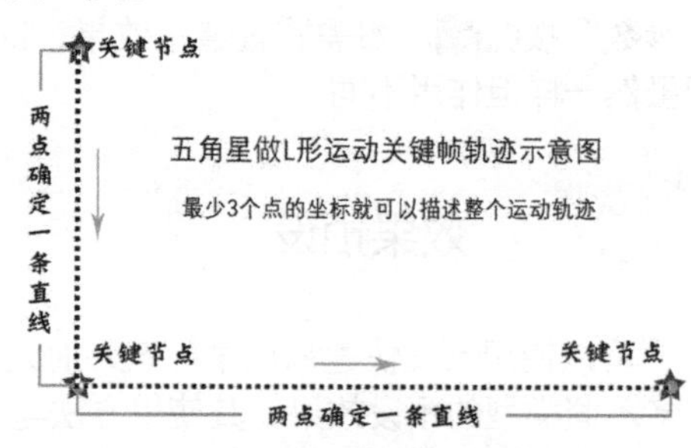

图10.5　关键帧轨迹示意图

制作关键帧动画就是给需要动画效果的属性，在不同时间节点处建立两个及以上的关键帧，并记录相邻关键帧的不同数值，这样软件就能自动计算两帧之间的其他数值，形成动态的变化效果。而在呈现这些关键帧的变化时，采用不同的插值方法得到的计算结果也不同，能够获得匀速、加速、减速的动画效果，如图10.6所示。

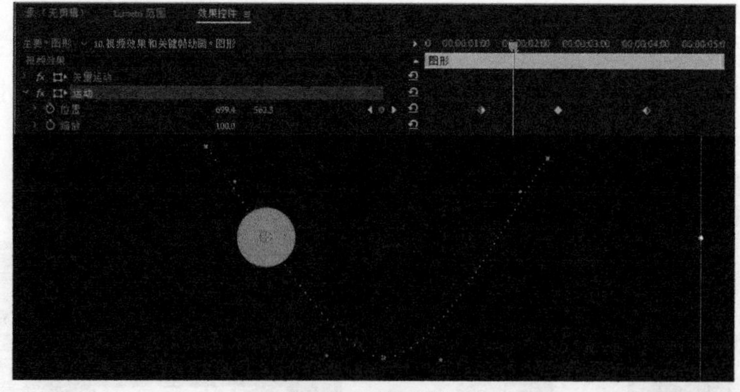

图10.6　动画轨迹

10.2.2 添加、删除和移动关键帧

1. 添加关键帧的方法

（1）选择要添加关键帧的素材，打开“效果控件”窗口，展开需要制作动画的效果属性，单击“动画关键帧”按钮，激活关键帧动画开关，在时间指示器处创建一个默认的关键帧。

（2）单击“添加/删除关键帧”按钮。如果时间指示器所在位置没有关键帧，则将添加关键帧。如果此位置有关键帧，则删除该关键帧。

（3）直接修改属性的数值，也可在时间指示器处新建关键帧。

2. 删除关键帧的方法

（1）选择要删除关键帧的素材，打开“效果控件”窗口，选择需要删除的关键帧，单击鼠标右键，选择“清除”选项。

（2）选择需要删除的关键帧，按Delete或Backspace键。

（3）将时间指示器移动到该关键帧处，单击“添加/删除关键帧”按钮。

3. 添加轨道关键帧的方法

轨道关键帧的添加方法只适用于单个视频素材的不透明度、单个音频素材的音量和轨道的音量、静音和声像属性。

（1）在视频轨道或音频轨道上按住Shift键并滚动鼠标滚轮，增加轨道的高度，以显示调节基线。

（2）选择“选择工具”，按住Ctrl键并在调节基线上单击，建立关键帧。

（3）松开Ctrl键，向上移动关键帧时数值变大（正值），向下移动关键帧时数值变小（负值），如图10.7所示。

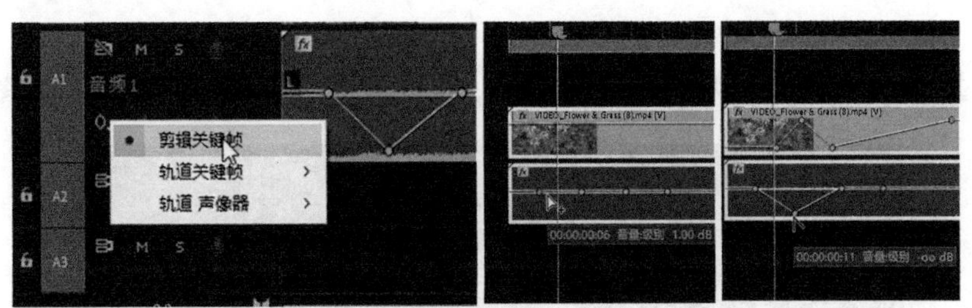

图10.7　添加轨道关键帧

4. 移动关键帧的方法

在“添加/删除关键帧”按钮的两侧各有一个三角形图标，单击左边的三角形图标可以将时间指示器移动到上一关键帧处（向左），而单击右边的三角形图标可以将时间指示器移动到下一关键帧处（向右）。这种导航方式最为精确，可以有效防止鼠标移动精度不够或手误带来的错误操作。

10.2.3 调整方式：复制和粘贴

1. 复制关键帧的方法

（1）打开素材的“效果控件”窗口，在需要复制的关键帧上单击鼠标右键，选择“复制”选项，或使用组合键Ctrl+C。

（2）如果是多个关键帧可以框选多个关键帧或按住Ctrl键逐一选择关键帧。

（3）单击选择“编辑”>“复制”选项。

2. 粘贴关键帧的方法

（1）首先确定时间指示器在“效果控件”窗口中局部时间轴的位置，这将是复制的关键帧的起点，然后单击鼠标右键并选择“粘贴”选项，或使用组合键Ctrl+V。

（2）单击选择“编辑”>“粘贴”选项。

10.2.4 关键帧的使用技巧

1. 动画速度控制

动画效果的速度是如何控制的呢？这个问题很像小学的数学题，也就是路程、时间和速度的关系。在时间固定的情况下，路程越远，速度越快；而路程越近，速度越慢。这就是控制动画速度的基本原理。

可以通过调整相邻关键帧的距离来控制动画效果的速度。

相邻关键帧距离越近，动画效果的速度就越快，组成运动轨迹的点数越少；相反，相邻关键帧距离越远，动画效果的速度就越慢，组成运动轨迹的点数越多，如图10.8所示。

图10.8　关键帧距离与速度的关系

2. 动画方向控制

可以通过交换时间轴中的两个关键帧的位置，实现运动方向或效果的反向，如图10.9所示。

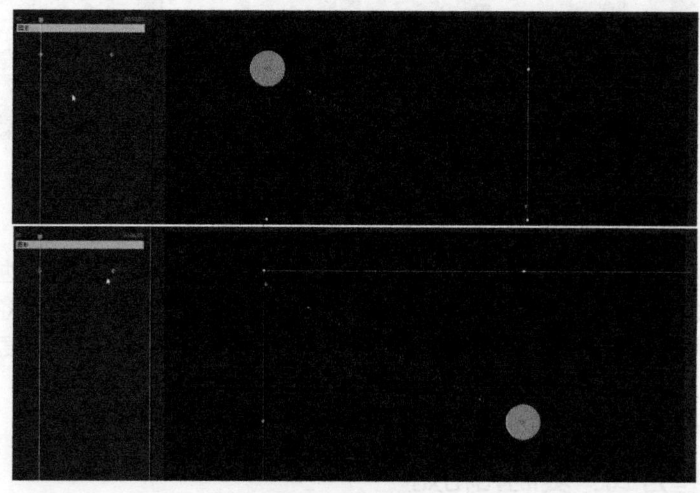

图10.9　方向控制

10.2.5 关键帧的插值

插值，是指在两个已知值之间填充未知数据的过程。在数字视频和电影中，这通常意味着在两个关键帧之间生成新值。例如，对于一个匀速运动，可以使之变成加速运动或减速运动，甚至可以变成加速、减速交替的运动。关键帧之间的插值可用于运动、效果、音频音量、图像调整、不透明度、颜色变化，以及其他视听觉元素的动画变化方式的设定。

（1）时间插值：将选定的插值方法应用于运动变化。例如，可以使用时间插值来确定物体在运动路径中是做匀速运动，还是做加速运动。但关键帧时间插值只能应用于Premiere Pro CC中的部分效果。

（2）空间插值：将选定的插值方法应用于形状变化。例如，可以使用空间插值来确定物体的角是圆角，还是棱角。空间插值可应用于Premiere Pro CC中的许多效果的关键帧。

以下是两种最常见的插值类型——线性插值和贝塞尔曲线插值，可以根据所需的变化，选择应用这些插值类型。

（1）线性插值：创建从一个关键帧到另一个关键帧的均匀变化，其中的每个中间帧都会获得相等的变化值。使用线性插值创建的变化会突然启动和停止，并在关键帧之间匀速变化。

（2）贝塞尔曲线插值：允许按照贝塞尔曲线的形状加快或减慢变化速度，例如在第一个关键帧处缓慢加速，然后缓慢减速到第二个关键帧。

不同插值关键帧的图标也不同，如图10.10所示，A是正常出/入，B是贝塞尔曲线/连续贝塞尔曲线/缓入/缓出，C是自动贝塞尔曲线，D是定格。

A B C D

图10.10 关键帧图标

可以从右键菜单中选择插值类型，也可以通过手动调整或关键帧手柄将一种插值类型更改为另一种插值类型，如图10.11所示。

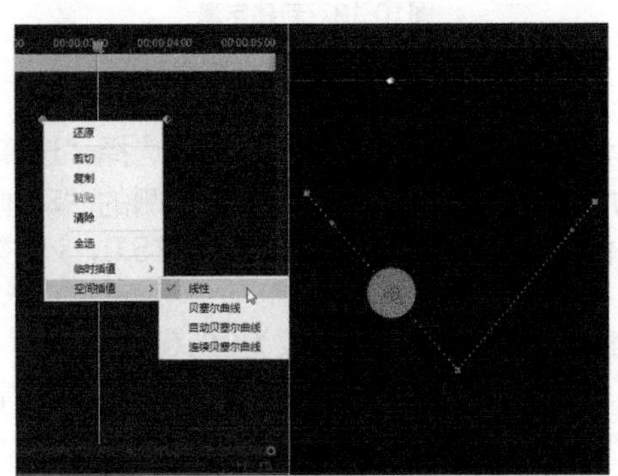

图10.11 关键帧的差值类型

10.2.6 制作一个简单的文字动画

步骤1 创建序列

单击“项目”窗口右下角的“新建项”按钮，选择“序列”选项。在“新建序列”对话框中选择“序列预设”>“Digital SLR”>“1080p”>“DSLR 1080p25”选项，单击“确定”按钮，如图10.12所示。

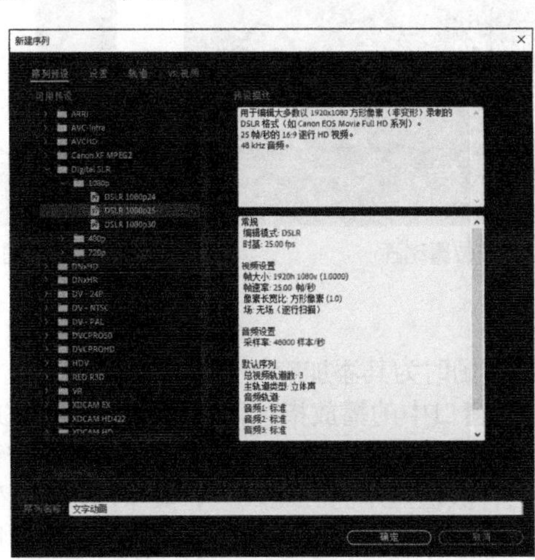

图10.12 创建序列（一）

步骤2 新建字幕

单击选择“窗口”>“基本图形”>“编辑”>“新建图层”>“文本”选项，新建一个文本图层，在“节目”窗口中双击这个文本图层，输入“Premiere Pro CC”，在“基本图形”窗口中将字体改为“Arial”，字体样式改为“Bold”，单击“垂直居中对齐”和“水平居中对齐”按钮，如图10.13所示。

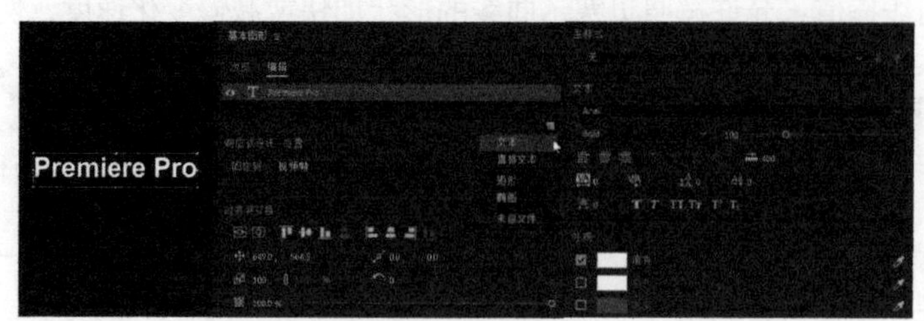

图10.13 新建字幕

步骤3 制作位置动画

首先，将播放指示器移动至时间轴00:00:00:00处，选择“选择工具”，打开“效果控件”窗口>“视频效果”>“运动”>“位置”属性，单击其左侧的“动画关键帧”按钮，激活关键帧动画开关，将文字的“位置”属性的x轴数值改为-415.0，y轴数值改为540.0，建立第1个关键帧。

其次，将“视频效果”窗口左下角的时间码改为00:00:01:00，然后按Enter键，使播放指示器跳转至00:00:01:00处，将文字的“位置”属性的x轴数值改为750.0，y轴数值不变，建立第2个关键帧。

依次类推，将时间码改为00:00:04:00，使播放指示器跳转至00:00:04:00处，将文字的“位置”属性的x轴数值改为1000.0，y轴数值不变，建立第3个关键帧。再将播放指示器改为00:00:04:24，使播放指示器跳转至00:00:04:24处，将文字的“位置”属性的x轴数值改为2900.0，y轴数值不变，建立第4个关键帧。将播放指示器移动到时间轴的最左侧，然后按空格键播放动画，文字水平运动，如图10.14所示。

如果文字在第2个和第3个关键帧间左右晃动，可以选择第2个和第3个关键帧，然后单击鼠标右键并选择“空间插值”>“线性”选项，如图10.15所示。

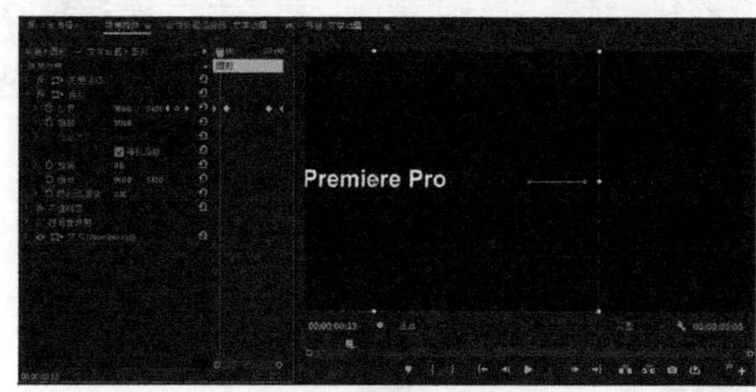

图10.14 制作位置动画

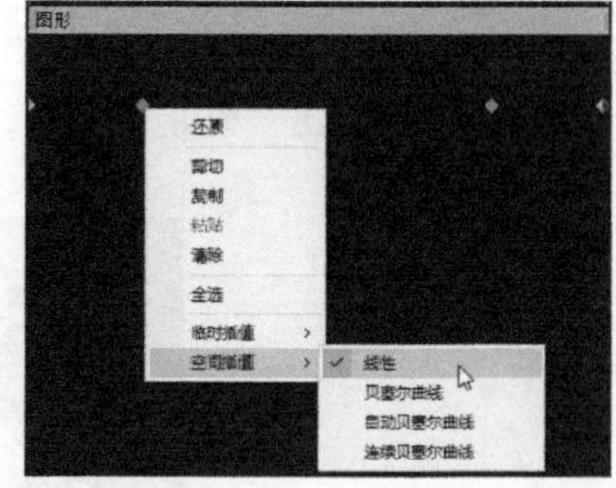

图10.15 设置空间插值

步骤4 制作旋转动画

接下来，要在文字入场和出场时为其添加旋转效果。

按Home键使“效果控件”窗口中的播放指示器跳转至00:00:00:00处。单击“效果控件”窗口中的“视频效果”>“运动”>“旋转”属性左侧的“动画关键帧”按钮，激活关键帧动画开关，将“旋转”属性改为720.0°后，数值显示为2x+0.0°，其中的2表示圈数，建立第1个关键帧。

将“视频效果”窗口左下角的时间码改为00:00:01:00，使播放指示器跳转至00:00:01:00处，将文字的“旋转”属性改为0.0°，建立第2个关键帧。

依次类推，将播放指示器改为00:00:04:00，使播放指示器跳转至00:00:04:00处，将文字的“旋转”属性改为0.0°，建立第3个关键帧。再将播放指示器改为00:00:04:24，使播放指示器跳转至00:00:04:24处，将文字的“旋转”属性改为720.0°，建立第4个关键帧。将播放指示器移动到时间轴的最左侧，然后按空格键播放动画，如图10.16所示。

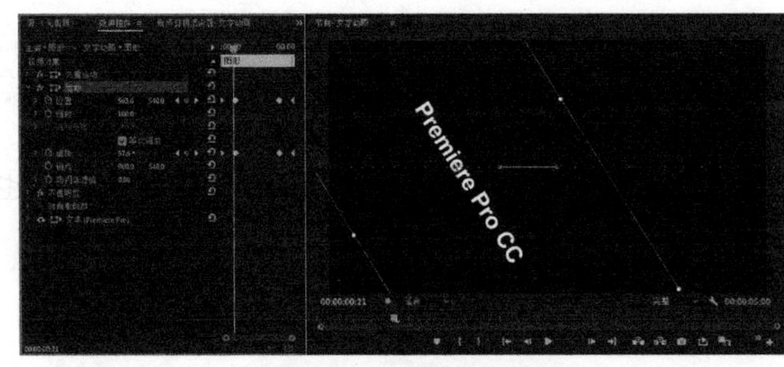

图10.16　制作旋转动画

步骤5　制作不透明度动画

接着，要在文字入场和出场时为其添加淡入淡出效果。

按Home键使“效果控件”窗口中的播放指示器跳转至00:00:00:00处。单击“效果控件”窗口中的“视频效果”>“不透明度”属性左侧的“动画关键帧”按钮，激活关键帧动画开关，将“不透明度”属性改为0后，建立第1个关键帧。

将“视频效果”窗口左下角的播放指示器改为00:00:01:00，使播放指示器跳转至00:00:01:00处，将文字的“不透明度”属性改为100%，建立第2个关键帧。

依次类推，将播放指示器改为00:00:04:00，使播放指示器跳转至00:00:04:00处，将文字的“不透明度”属性改为100%，建立第3个关键帧。再将播放指示器改为00:00:04:24，使播放指示器跳转至00:00:04:24处，将文字的“不透明度”属性改为0，建立第4个关键帧。将播放指示器移动到时间轴的最左侧，然后按空格键播放动画，如图10.17所示。

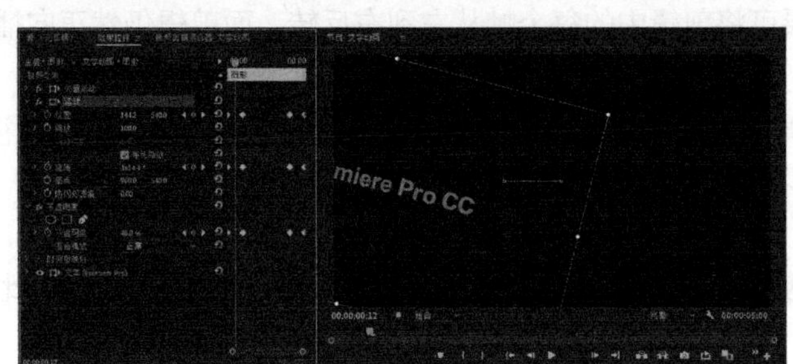

图10.17　制作不透明度动画

步骤6　导出

单击“时间轴”窗口，使其成为当前操作窗口，然后单击“文件”>“导出”>“媒体”，弹出“导出设置”对话框，在右侧的“导出设置”里找到“格式”，选择H.264；在“预设”里选择“匹配源-高比特率”，“输出名称”里选择存储的地址和文件格式，设置完成后单击“导出设置”对话框底部的“导出”按钮，完成导出操作，如图10.18所示。本案例制作完成。

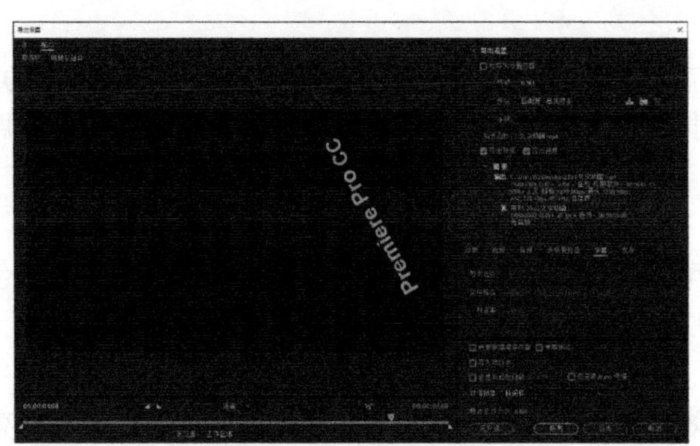

图10.18　导出设置（一）

可以从本案例的制作中归纳出的一点经验就是复杂的效果往往是通过合理地叠加简单的效果制作出来的。就像本例所使用的属性，每个单独的属性都不足以制作出具有强烈视觉冲击 效果的动画，但将多种效果合理叠加后能展现出较为生动的动画。

如果大家有兴趣，可以在本案例的基础上，尝试叠加一些其他效果，也许会有意想不到的收获。

10.3 视频效果分类

Premiere Pro CC的“视频效果”文件夹中有十几组视频效果，每个视频效果组都包含名称与分组名称相似的若干个视频效果，下面我们来了解一下这些视频效果。

10.3.1 变换

1. 垂直翻转

“垂直翻转”效果使剪辑从上到下翻转。关键帧无法应用此效果。

2. 水平翻转

“水平翻转”效果可将剪辑中的每个帧从左到右反转，而剪辑仍然正向播放。

3. 羽化边缘

“羽化边缘”效果可用于在图像边缘创建边缘柔和的黑色边框，从而让视频画面出现晕影。设置其“数量”值可以控制边框宽度。

4. 裁剪

“裁剪”效果从剪辑的边缘开始修剪像素，可指定要移除的图像的百分比。

5. 自动重构

“自动重构”效果将重构剪辑。

10.3.2 图像控制

1. 黑白

“黑白”效果可将彩色剪辑转换成灰度图像。此效果无法应用于关键帧动画。

2. 颜色替换

“颜色替换”效果可将所有的选定颜色替换成新的颜色，同时保留灰阶部分。使用此效果可以更改图像中特定对象的颜色，其方法是选择对象的颜色，然后通过调整控件来创建不同的颜色。

3. 颜色过滤

“颜色过滤”效果可将剪辑转换成灰度图像，但不包括指定的单个颜色。使用“颜色过滤”效果可强调画面中的特定区域。

4. 灰度系数校正

“灰度系数校正”效果可在不显著更改阴影和高光的情况下使剪辑变亮或变暗，其原理是更改中间调的亮度级别（中间灰色阶），同时保持暗部和亮部不变。

10.3.3 实用程序

Cineon转换器

“Cineon 转换器”效果提供针对 Cineon 帧的颜色转换的高度控制。要使用“Cineon 转换器”效果，需导入 Cineon 文件并将剪辑添加到序列中，然后将“Cineon转换器”效果应用于剪辑，并精确调整颜色，在“节目”窗口中可以查看调整结果。

10.3.4 扭曲

1. 边角定位

“边角定位”效果通过更改一些角的位置来扭曲图像。使用此效果可拉伸、收缩、倾斜或扭曲图像，可用于模拟沿剪辑边缘旋转的运动（如开门）等。

2. 镜头扭曲

“镜头扭曲”效果可模拟透过扭曲镜头查看素材时的视觉效果。

3. 放大

“放大”效果可放大图像的整体或一部分。此效果的作用类似于在图像的某个区域放置放大镜，使用该效果可在保持分辨率的情况下将整个或部分图像放大。

4. 镜像

“镜像”效果沿一条线拆分图像，然后将一侧反射到另一侧。

5. 球面化

“球面化”效果通过将图像区域包裹到球面上来扭曲图像。

6. 变换

“变换”效果可将二维几何变换应用于剪辑。如果要在渲染其他标准效果之前渲染素材锚点、位置、缩放或不透明度设置，建议使用“变换”效果，而不要使用素材的固定效果。

7. 湍流置换

“湍流置换”效果使用不规则的杂色在图像中创建湍流扭曲。例如，流水、哈哈镜和飞舞的旗帜。

8. 旋转

“旋转”效果通过围绕图像中心旋转的方式来扭曲图像。图像在中心的扭曲程度大于在边缘的扭曲程度，在极端设置下会产生旋涡效果。

9. 波形变形

“波形变形”效果可产生在图像中移动的波形外观。该效果可以产生各种不同的波形形状，包括正方形、圆形和正弦波。“波形变形”效果会横跨整个时间范围并以恒定速度自动动画化（没有关键帧），要改变变化速度，需要设置关键帧。

10. 偏移

“偏移”效果用于平移图像，脱离图像一侧的视觉信息会在其对面出现。

11. 变形稳定器

“变形稳定器”效果可以自动修复晃动的视频画面，消除摄像机移动造成的抖动，从而将手持拍摄的晃动素材转换为稳定、流畅的画面。

当“变形稳定器”效果在分析素材时，可以调整相关参数或者对项目的其他部分进行操作。如果想完全移除所有的摄像机运动，请选择“稳定”>“结果”>“不运动”选项。如果想在镜头中保留一些初始的摄像机运动，请选择“稳定”>“结果”>“平滑运动”选项。如果对修复结果不满意，可根据情况执行以下一个或多个步骤。

（1）如果素材变形或扭曲程度太大，可将“方法”切换为“位置、缩放和旋转”。

（2）如果偶尔出现褶皱扭曲，并且素材是使用有果冻效应的摄像机拍摄的，可将“高级”>“果冻效应波纹”设置为“增强减小”。

（3）检查“高级”>“详细分析”的设置。

（4）如果裁剪过度，可减小“平滑度”或选择“更少裁剪更多平滑”选项。“更少裁剪更多平滑”的响应更为迅速，因为它没有重新稳定阶段。

10.3.5 时间

1. 残影

“残影”效果可合并来自剪辑中的不同时间的帧。“残影”效果有各种用途，从简单的视觉残影到条纹和污迹效果都可实现。当素材包含运动动作时，此效果才会生效。默认情况下，应用“残影”效果时，任何先应用的效果都将被忽略。

2. 抽帧时间

“抽帧时间”效果可将视频素材锁定到特定的帧速率。“抽帧时间”作为一种特殊效果，可将帧速率降低至24帧/秒，它还提供了类似胶片的效果。

10.3.6 杂色与颗粒

1.蒙尘与划痕

“蒙尘与划痕”效果会修改不相似的像素并加入噪点。

2.杂色

“杂色”效果将修改视频素材中的颜色并使之呈现出颗粒状效果。

3.杂色HLS自动

该效果使用Hue（色相）、Lightness（亮度）和Saturation（饱和度）创建噪波。

10.3.7 模糊与锐化

1. 摄像机模糊（仅限 Windows）

“摄像机模糊”效果可模拟摄像机焦点范围外的图像效果，使剪辑变模糊。例如，通过为“模糊”设置关键帧，可以模拟主体进入或离开焦点时的效果或摄像机受到意外撞击时的效果。

2. 方向模糊

“方向模糊”效果可为素材提供均匀的运动效果。

3. 高斯模糊

“高斯模糊”效果可模糊和柔化图像并消除杂色，精确度较高。可以指定模糊的方向，是水平方向、垂直方向，还是两者兼有，并且使用“重复边缘像素”选项可以去除模糊所带来的黑色边界。

4. 减少交错闪烁

在处理交错素材时，“减少交错闪烁”效果非常有用。交错闪烁通常由在交错素材中显现的条纹引起。“减少交错闪烁”效果可降低高纵向频率，以使图像更适合用于隔行扫描成像的视频中。

10.3.8 沉浸式视频

虚拟现实技术（Virtual Reality，VR）视频就属于沉浸式视频，它给人们提供了全方位的浏览体验。Premiere Pro CC中的所有沉浸式视频效果和过渡效果都可自动检测剪辑的 VR 属性，其最终效果与非VR类的效果相同。需要搭配使用头戴式显示设备等才能体验真正的沉浸式效果。

10.3.9 生成

1. 四色渐变

“四色渐变”效果可产生四色渐变，它通过4个效果点的位置和颜色（可使用“位置和颜色”控件实现动画化）来定义渐变。

2. 镜头光晕

“镜头光晕”效果用于模拟将强光投射到摄像机镜头中时产生的折射效果，可选择不同类型的镜头光斑。

3. 闪电

“闪电”效果可在画面中的两个指定点之间创建闪电、雅各布天梯和其他电化视觉效果。“闪电”效果在剪辑的时间范围内自动动画化，无须使用关键帧。

4. 渐变

“渐变”效果用于创建线性渐变或径向渐变，并可随时间推移而改变渐变位置和颜色。使用“渐变起点”和“渐变终点”属性可指定渐变的起始和结束位置，一般用于创建背景或蒙版。

5. 棋盘

“棋盘”效果可以创建交错的方形图案效果。

6. 书写

“书写”效果可以将笔尖的位置和大小记录为动画方式。

10.3.10 视频

1. 剪辑名称

该效果可以自动将素材的名字直接显示在素材画面内，还可以修改其基本属性。

2. 时间码

“时间码”效果可以在素材画面上显示时间，用来记录时间，还可以切换为其他显示方式。

3. 简单文本

该效果可以在画面中的任意位置创建文字，并可对文字进行简单排版，可以用来制作字幕。

10.3.11 调整

1. 提取

“提取”效果可从视频剪辑中移除颜色，从而创建灰度图像。亮度值小于输入黑色阶或大于输入白色阶的像素将变为黑色，其他点显示为灰色或白色。

2. 色阶

“色阶”效果可控制素材的亮度和对比度，该效果结合了色彩平衡、灰度系数校正、亮度与对比度和反转效果的功能。

3. 光照

“光照”效果可对素材应用光照效果，最多可采用5种光照来产生具有创意的照明氛围，可以控制光照类型、光照方向、光照强度、光照颜色、光照中心和光照传播范围等光照属性。还有一个“凹凸层”控件用来使用其他素材中的纹理或图案产生特殊的光照效果，例如类似 3D 表面的效果。

4. ProcAmp

“ProcAmp”效果用于模仿标准电视设备上的放大处理器。此效果用于调整素材图像的亮度、对比度、色相、饱和度及拆分百分比。

10.3.12 过时

“过时”效果组里存放了一些旧版本软件中的视频效果。“自动对比度”“自动色阶”“自动颜色”效果可以无须调整便快速建立标准的素材画面。

10.3.13 过渡

1. 块溶解

“块溶解”效果可使素材在随机块中消失，可以单独设置块的宽度和高度（以像素为单位）。

2. 渐变擦除

“渐变擦除”效果可使素材中的像素根据另一视频轨道（称为渐变图层）中的相应像素的亮度值变透明。渐变图层中较暗的像素使相应的像素以较低的“过渡完成”值变透明。渐变图层可以是静止的图像，也可以是动态的图像，但渐变图层必须与应用了“渐变擦除”效果的剪辑位于同一序列中。

3. 线性擦除

“线性擦除”效果可在指定的方向对素材进行简单的线性擦除，常应用在字幕或图像出现或消失的时候。

10.3.14 透视

1. 基本3D

“基本3D”效果用于在3D空间中操控素材，可以围绕水平轴和垂直轴旋转图像，以及朝靠近或远离屏幕的方向移动图像。采用“基本3D”效果，还可以创建镜面高光来表现由旋转表面反射的光感，增强3D外观的真实感。

2. 投影

“投影”效果添加在剪辑素材中的阴影上，投影的形状取决于素材的 Alpha 通道，可以快速建立阴影效果。

3. 边缘斜面

“边缘斜面”效果可以模拟画面的立体感，就像是在素材画面上放置了一个带有厚度的立方体，呈现出三维立体的感觉。

10.3.15 通道

1. 反转

“反转”效果可反转图像的颜色信息。

2. 混合

“混合”效果可以利用轨道之间的素材制作几种混合模式呈现的简单画面叠加效果。

10.3.16 键控

1. Alpha调整

需要更改固定效果的默认渲染顺序时，可使用“Alpha 调整”效果代替不透明度效果。更改“不透明度”的值可创建不透明度级别。

2. 亮度键

“亮度键”效果可抠出图层中具有指定亮度的所有区域。

3. 颜色键

“颜色键”效果可抠出所有类似于指定颜色的图像像素，此效果仅修改剪辑的 Alpha 通道，是Premiere Pro CC中利用率较高的抠像效果。

4. 图像遮罩键

“图像遮罩键”效果根据静止图像素材（充当遮罩）的亮度值抠出图像素材的部分区域。透明区域会显示下方轨道中的素材。可以指定项目中的任何静止图像素材作为遮罩，它不必位于序列中。要使用移动图像作为遮罩，请使用“轨道遮罩键”效果。

5. 轨道遮罩键

“轨道遮罩键”效果通过两个相邻轨道上的素材（上方素材为遮罩层，下方素材为被遮罩层）在叠加的剪辑中创建透明区域。

6. 超级键

“超级键”效果类似于“颜色键”效果，可以对指定颜色的图像像素应用这类效果，并可以调节由拍摄造成的人或物的边缘的反光色。

有关颜色校正的信息请参阅第12章。

10.3.17 风格化

1. Alpha 发光

“Alpha 发光”效果用于在蒙版的Alpha通道的边缘添加颜色。

2. 彩色浮雕

“彩色浮雕”效果与“浮雕”效果的原理相似，但它不会抑制图像的原始颜色。

3. 浮雕

“浮雕”效果可锐化图像中对象的边缘并抑制其颜色。此效果从指定的角度使图像边缘产生高光。

4. 马赛克

“马赛克”效果使用纯色矩形填充素材，使原始图像像素化。此效果可用于模拟低分辨率的画面及遮蔽人物的脸部。

5. 复制

“复制”效果可将屏幕分成多个拼贴块并在每个拼贴块中显示整个图像。可拖动相应滑块来设置水平和垂直方向上拼贴块的数量。

6. 闪光灯

“闪光灯”效果会对剪辑执行算术运算，或使剪辑在一定或随机时间间隔后变得透明。例如，每隔5秒，素材可有十分之一秒为完全透明，或者素材的颜色能够以随机时间间隔反转。

7. 画笔描边

“画笔描边”效果可对图像应用粗糙的绘画外观。也可以使用此效果实现点彩画样式，方法是将画笔描边的长度设置为 0 并且增加描边浓度。

8. 查找边缘

“查找边缘”效果可识别有明显过渡的图像区域并突出显示其边缘，边缘可在白色背景上显示为暗线，或在黑色背景上显示为彩色线。应用“查找边缘”效果后，图像通常看起来像草图或原图的底片。

9. 粗糙边缘

“粗糙边缘”效果通过计算使素材的Alpha通道的边缘变得粗糙。此效果可为栅格化文字或图形提供自然、粗糙的外观。

案例

10.4.1 案例一：多向运动——动感片段的制作

为了增强视频画面的动感，让画面具有较强的视觉冲击力，我们可以为图片或视频本身设置动画效果。接下来让我们一起来尝试一下吧！

目标

（1）练习使用视频效果，并能够熟练掌握视频效果参数的设置方法。

（2）尝试使用关键帧动画使静态图像素材或视频素材更具动感。

（3）了解并积累视频效果的应用场景和使用技巧，制作一个完整的视频片段。

重点与难点

（1）如何增强画面的动感。

（2）尝试理解视频效果的应用途径。

（3）提高使用关键帧动画的熟练程度。

制作步骤

步骤1　创建序列

单击“新建项”按钮>“序列”，弹出“新建序列”对话框，将“序列名称”改为“多向运动—动感片段的制作”，单击“确定”按钮进入软件操作界面，如图10.19所示。

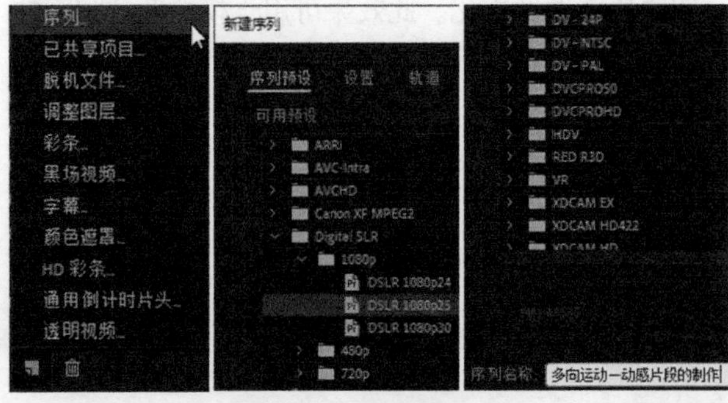

图10.19　创建序列（二）

步骤2　导入素材

找到“课程素材”>“图片”>“Unsplash”>“多向运动”素材文件夹，直接将其拖曳至“项目”窗口中，导入素材，如图10.20所示。

步骤3　裁剪素材

将3张白色的背景图片分别拖曳至V1、V2和V3轨道中。激活“时间轴”窗口，按“=”键放大显示比例，按住Shift键并滚动鼠标滚轮，增加轨道高度，如图10.21所示。

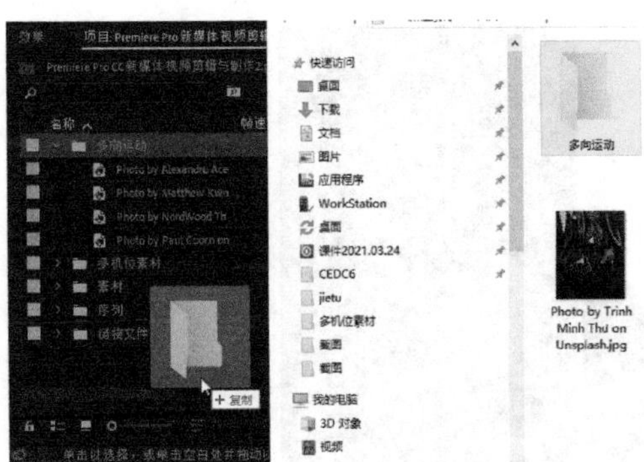

图10.20 导入素材（一）

图10.21 增加轨道高度

找到“效果”窗口中的“视频效果”>“变换”>“裁剪”效果，将其拖曳至V3轨道中的素材上。选择此素材，打开“效果控件”窗口，单击“视频效果”窗口中的“裁剪”下拉按钮，将“左侧”数值改为43%，“右侧”数值改为31%。展开“运动”属性，将“位置”的x轴数值改为170。

同理，拖曳“裁剪”效果至V2轨道中的素材上。选择此素材，打开“效果控件”窗口，展开“裁剪”属性，将“左侧”改为52%，“右侧”改为14%。展开“运动”属性，将“位置”的x轴数值改为598。

再次拖曳“裁剪”效果至V1轨道中的素材上。选择此素材，打开“效果控件”窗口，展开“裁剪”属性，将“左侧”数值改为64%，“右侧”数值改为5%。展开“运动”属性，将“位置”的x轴数值改为1020。以上三步中三张图片的裁剪效果和参数，如图10.22所示。

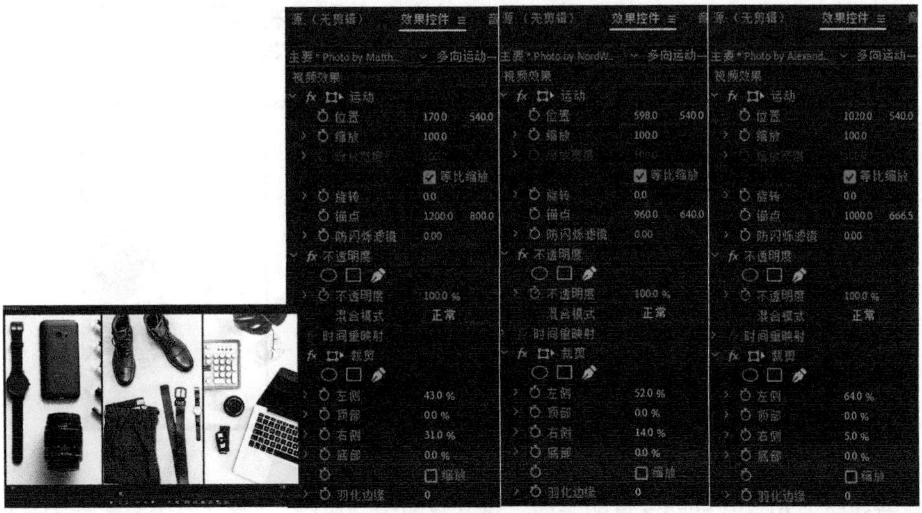

图10.22 裁剪效果和参数

步骤4 创建字幕

在工具栏中选择“垂直文字工具”，在“节目”窗口中单击并输入“时尚”，切换至“选择工具”。打开“基本图形”窗口>“编辑”标签，将字体改为“AliHYAiHei”，字距改为150，填充颜色改为白色，描边颜色改为红色（R138，G36，B19），描边宽度改为10，最后单击“垂直居中对齐”和“水平居中对齐”按钮，如图10.23所示。

在轨道名称上单击鼠标右键，选择“添加单个轨道”选项，新建一个视频轨道。然后，在字幕“时尚”上单击鼠标右键，单击选择“编辑”>“复制”选项。取消V1轨道的目标轨道标记，再激活新建的V4轨道的目标轨道标记，最后单击选择“编辑”>“粘贴”选项，将字幕复制到新轨道上，如图10.24所示。

图10.23　创建字幕

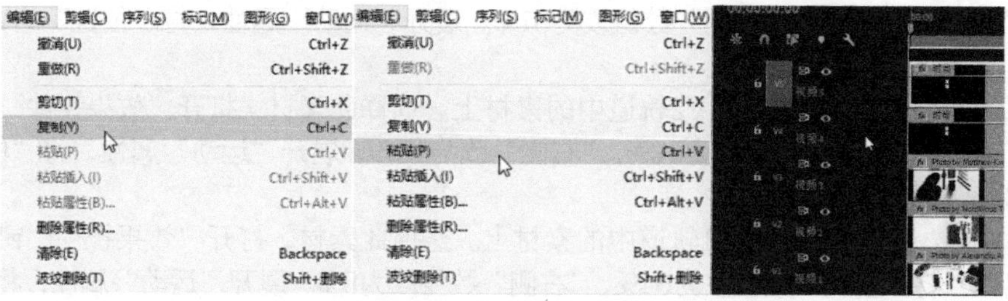

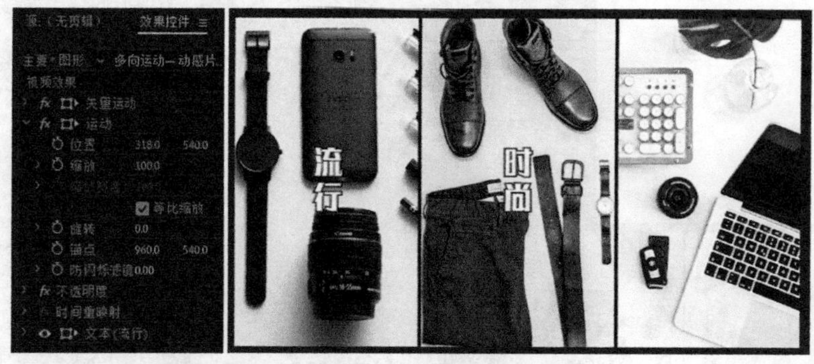

图10.24　复制和粘贴字幕

使用“选择工具”双击“节目”窗口中复制的“时尚”，将其改为“流行”。将“视频效果”>“运动”>“位置”属性的x轴数值改为318.0，纵轴数值不变，如图10.25所示。

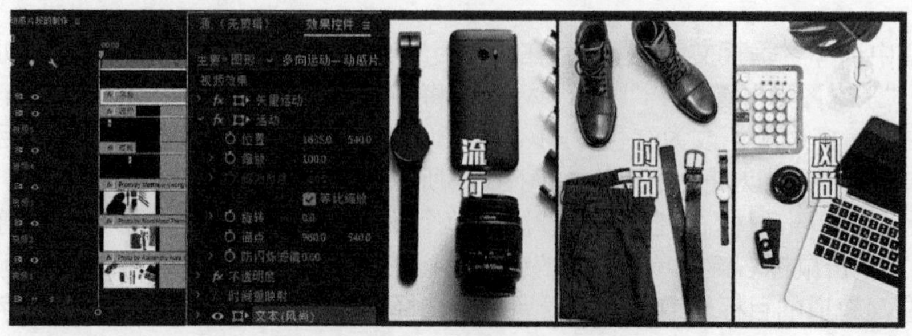

图10.25　修改“位置”属性（一）

重复新建轨道和复制粘贴字幕的操作，将文字改为“风尚”，将“位置”属性的x轴数值改为1635.0，纵轴数值不变，如图10.26所示。

图10.26　修改“位置”属性（二）

如果有兴趣的话，可以改变文字的颜色，更改颜色时可以吸取画面中已有的颜色，这样看起来更协调，如图10.27所示。

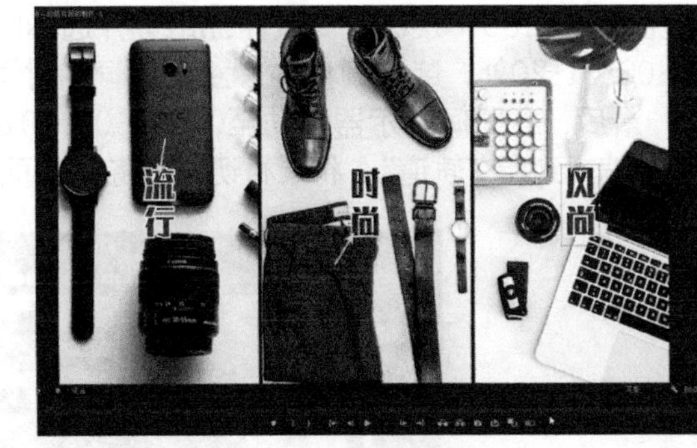

图10.27　修改颜色

步骤5　设定动画

首先，制作中间的图片和字幕。单击“时间轴”窗口中的服装图片，找到“效果控件”窗口里的“位置”，激活其关键帧动画开关。在00:00:00:00处建立第一个关键帧，将其y轴数值改为1722.0。在00:00:01:00处建立第二个关键帧，将其y轴数值改为934.0。在00:00:04:24处建立第三个关键帧，将其y轴数值改为640.0。单击“时间轴”窗口中的字幕“时尚”，激活其“效果控件”窗口里的“位置”的关键帧动画开关。在00:00:00:00处建立第一个关键帧，将其y轴数值改为-102.0。在00:00:01:00处建立第二个关键帧，将其y轴数值改为460.0。在00:00:04:24处建立第三个关键帧，将其y轴数值改为536.0。如果字幕或图片做往复运动，可将关键帧的空间插值类型改为“线性”。

然后，制作最左边的图片和字幕。选择“时间轴”窗口中的手机图片，找到“效果控件”窗口里的“位置”，激活其关键帧动画开关。在00:00:00:00处建立第一个关键帧，将其y轴数值改为-801.0。在00:00:01:00处建立第二个关键帧，将其y轴数值改为384.0。在00:00:04:24处建立第三个关键帧，将其y轴数值改为581.0。单击“时间轴”窗口中的字幕“流行”，激活其“效果控件”窗口里“位置”的关键帧动画开关。在00:00:00:00处建立第一个关键帧，将其y轴数值改为1203.0。在00:00:01:00处建立第二个关键帧，将其y轴数值改为580.0。在00:00:04:24处建立第三个关键帧，将其y轴数值改为536.0。

接着，制作最右边的图片和字幕。单击“时间轴”窗口中的电脑图片，找到“效果控件”窗口里的“位置”，激活其关键帧动画开关。在00:00:00:00处建立第一个关键帧，将其y轴数值改为-801.0。在00:00:01:00处建立第二个关键帧，将其y轴数值改为298.0。在00:00:04:24处建立第三个关键帧，将其y轴数值改为416.0。单击“时间轴”窗口中的字幕“风尚”，激活其“效果控件”里“位置”的关键帧动画开关。在00:00:00:00处建立第一个关键帧，将其y轴数值改为1203.0。在00:00:01:00处建立第二个关键帧，将其y轴数值改为580.0。在00:00:04:24处建立第三个关键帧，将其y轴数值改为536.0，如图10.28所示。

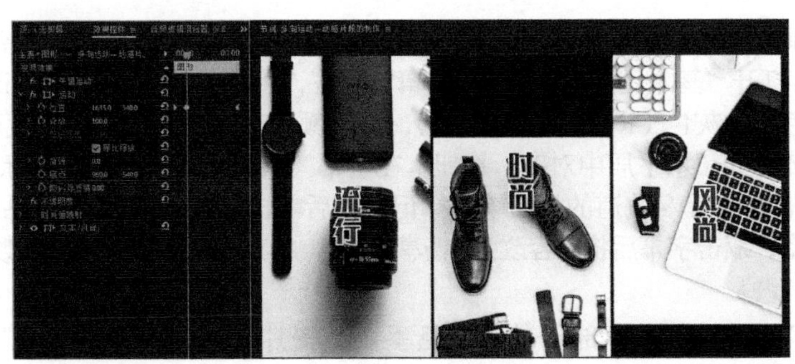

图10.28　设定动画

步骤6　增加随机性变化

为了增强元素变化的随机性，可以调整每幅图片和文字的入点时间，增大时间差，使之更具动感。

单击“时间轴”窗口中的时间码，将其改为00:00:01:00，时间指示器将跳转到00:00:01:00处。中间那幅图片和文字先出现，所以按住Shift键并逐一选择除了服装图片和“时尚”字幕外的所有素材，将这些素材的入点对齐到时间指示器。将时间码改为00:00:01:20，时间指示器将跳转到00:00:01:20处。按住Shift键并选择电脑图片和“风尚”字幕，将它们的入点对齐至00:00:01:20处，这样3个素材就会在不同的时间点出现。

最后，将时间指示器移动至00:00:05:00处，即第一个素材的出点位置，单击“序列” > “添加编辑到所有轨道”，将素材切开并将此时间点后的所有素材删除，如图10.29所示。

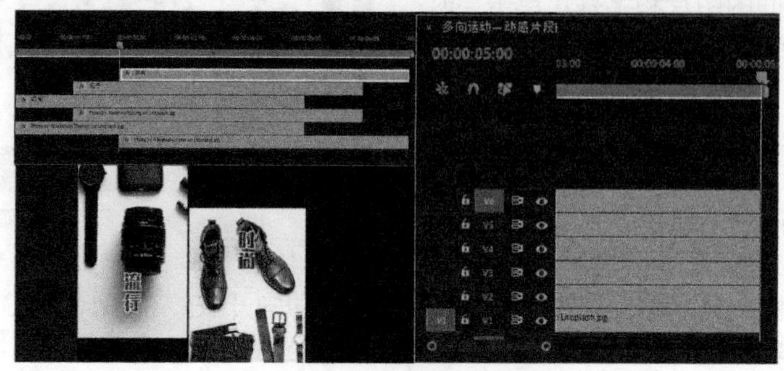

图10.29　增加随机性变化

步骤7　增加素材与字幕

首先，将“黑色手表”图片素材导入两次，将它们分别拖曳至V1和V2轨道中。找到“效果”窗口 中的“视频效果” > “变换” > “裁剪”效果，将其拖曳至V2轨道中的素材上。选择此素材，打开“效果控件”窗口，展开“裁剪”属性，将“底部”数值改为40。同理，拖曳“裁剪”效果至V1轨道中的素材上。选择此素材，打开“效果控件”窗口，展开“裁剪”属性，将“顶部”数值改为61.0，素材摆放如图10.30所示。

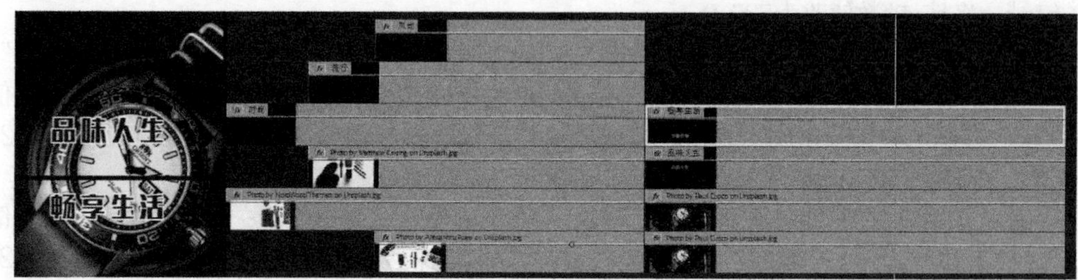

图10.30　增加镜头

然后，在工具栏中选择“水平文字工具”，在“节目”窗口中单击并输入“品味人生”，切换至“选择工具”。打开“基本图形”窗口>“编辑”标签，将字体改为“AliHYAiHei”，字距改为150.0，填充颜色改为灰色（R40，G45，B51），描边颜色改为白色，描边宽度改为10，最后单击“垂直居中对齐”和“水平居中对齐”按钮。在字幕“品味人生”上单击鼠标右键，单击“编辑” > “复制”。然后激活V4轨道的目标轨道标记，最后单击选择“编辑” > “粘贴”选项，将字幕复制到V4轨道上，双击字幕后将内容改为“畅享生活”，将其“位置”属性的y轴数值改为820.0。

步骤8　制作动画

首先，选择V2轨道中上半部分的“黑色手表”图片，找到“效果控件”窗口里的“位置”属性，激活其关键帧动画开关。在00:00:05:00处建立第一个关键帧，将其x轴数值改为-1200.0。在00:00:06:00处建立第二个关键帧，将其x轴数值改为510.0。在00:00:09:24处建立第三个关键帧，将其x轴数值改为960.0。再选择V1轨道中下半部分的“黑色手表”图片，找到“效果控件”窗口里的“位置”属性，激活其关键帧动画开关。在00:00:05:00处建立第一个关键帧，将其x轴数值改为3120.0。在00:00:06:00处建立第二个关键帧，将其x轴数值改为1405.0。在00:00:09:24处建立第三个关键帧，将其x轴数值改为960.0。如果字幕或图片做往复运动，可将关键帧的空间插值类型改为“线性”。

其次，选择“时间轴”窗口中的字幕“品味人生”，激活其“效果控件”窗口里的“位置”

属性的关键帧动画开关。在00:00:05:00处建立第一个关键帧，将其x轴数值改为3120.0。在00:00:06:00处建立第二个关键帧，将其x轴数值改为1405.0。在00:00:09:24处建立第三个关键帧，将其x轴数值改为960.0。选择“时间轴”窗口中的字幕“畅享生活”，激活其“效果控件”里的“位置”属性的关键帧动画开关，如图10.31所示。在00:00:05:00处建立第一个关键帧，将其x轴数值改为-218.0。在00:00:06:00处建立第二个关键帧，将其x轴数值改为830.0。在00:00:09:24处建立第三个关键帧，将其x轴数值改为960.0。

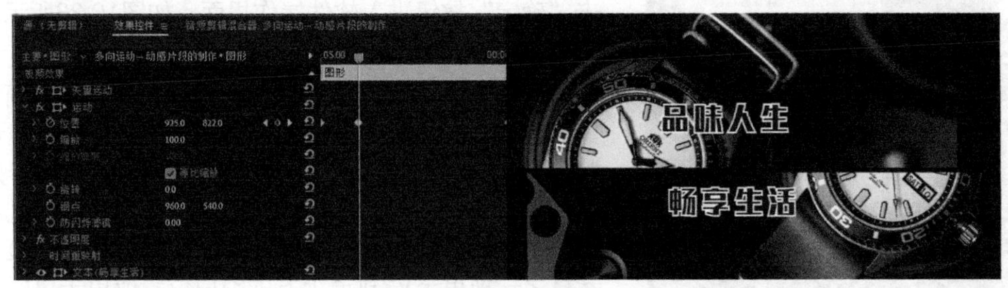

图10.31 制作位移动画

步骤9 导出视频

首先，确保“时间轴”窗口中显示出了工作区域，如果没有显示，则在“时间轴”窗口菜单中选择“工作区域栏”选项。

其次，将工作区域的右侧标记（出点）移至轨道素材中的最后一帧处。

单击“时间轴”窗口，使其成为当前操作窗口，然后单击“文件”>“导出”>“媒体”，弹出“导出设置”对话框，在右侧的“导出设置”里找到“格式”，选择H.264；在“预设”里选择“匹配源-高比特率”，“输出名称”里选择存储的地址和文件格式，设置完成后单击“导出设置”对话框底部的“导出”按钮，完成导出操作，如图10.32所示。本案例制作完成。

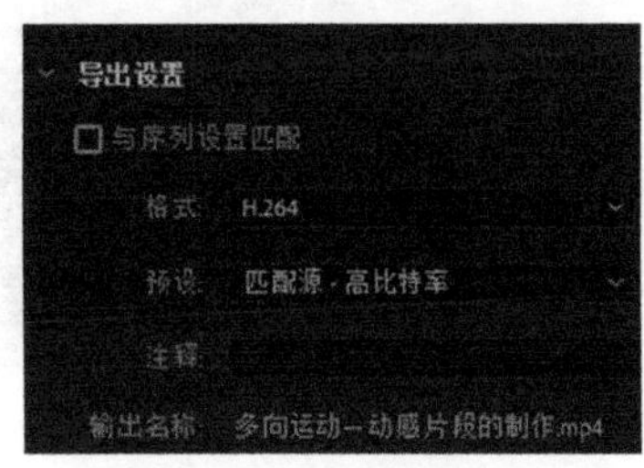

图10.32 导出设置（二）

10.4.2 案例二：画中画——多画面效果制作

为了强化图片、照片等静态元素的动态变化，可以通过对图片设置“视频控件”中“运动”的五大属性来设置运动画面。但无论是静态素材，还是动态素材都要有多层次、连续性的变化，这时我们可以将多个画面同时呈现。接下来，将使用画面分屏技术制作一个具有画中画效果的片段。

微课视频

目标

（1）练习使用“视频效果”，并能够熟练掌握视频效果的参数设置方法。

（2）尝试使用关键帧动画使静态图像素材或视频素材的画面更具层次感。

（3）逐渐了解运动元素的制作方法并积累经验。

重点与难点

（1）如何营造画面的层次感。

（2）熟练设置视频效果的各个属性。

（3）提高制作关键帧动画的熟练程度。

（4）运用逆向思维克服制作难点。

制作步骤

步骤1　创建序列

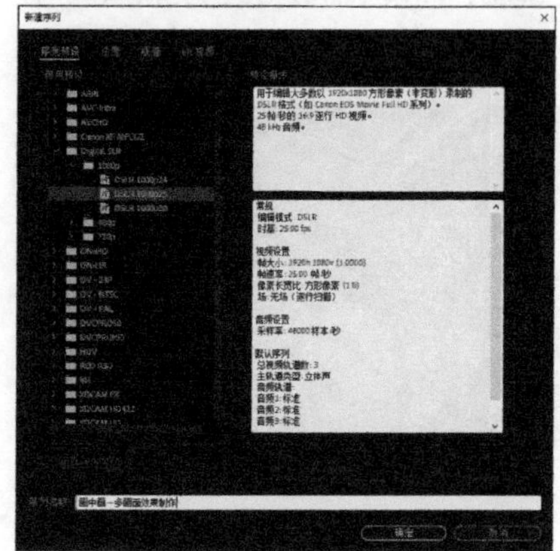

图10.33　创建序列（三）

单击“新建项”按钮，弹出“新建序列”对话框，将“序列名称”改为“画中画—多画面效果制作”，单击“确定”按钮进入软件操作界面，如图10.33所示。

步骤2　导入素材

找到并导入“课程素材”>“图片”>“画中画”文件夹中的5个素材，在“导入分层文件”对话框中选择“合并所有图层”选项，并将4张JPG格式的图片分别导入V1、V2、V3和V4轨道中，素材在水平方向上过窄，按“=”键放大显示比例。如果没有V4轨道，可以直接将素材之一拖曳至V3轨道上方的空白位置或单击鼠标右键并选择“添加单个轨道”选项。选择所有素材，单击鼠标右键后选择“速度/持续时间”选项，将“持续时间”修改为00:00:06:00，如图10.34所示。

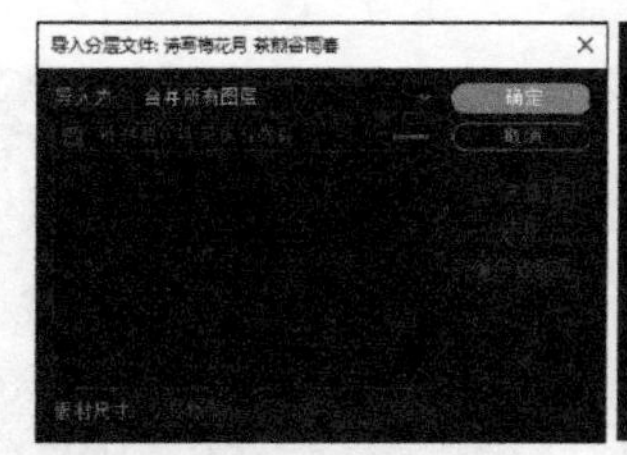

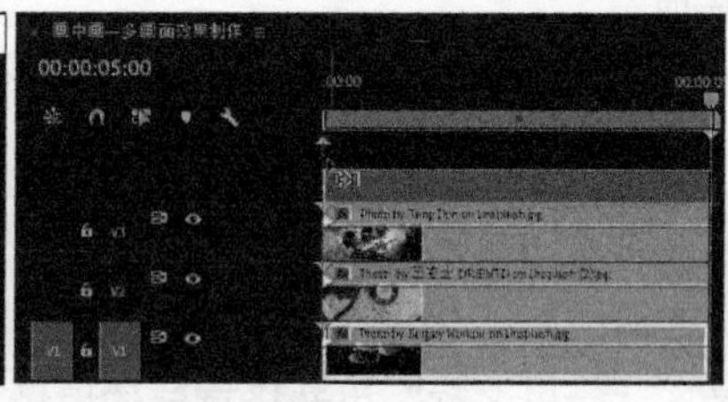

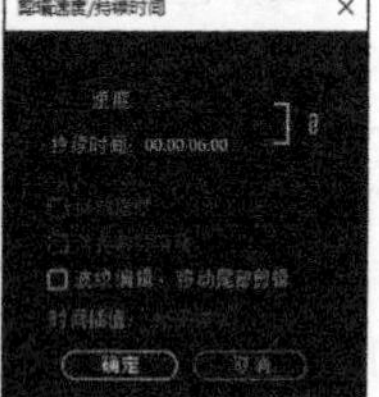

图10.34　导入素材（二）

步骤3　制作动画

分别选择每张图片，并修改其“视频效果”>“缩放”属性的数值为75。

将第1张图片“运动”中的“位置”属性的x轴数值修改为480.0，y轴数值修改为271.0。

将第2张图片“运动”中的“位置”属性的x轴数值修改为1440.0，y轴数值修改为271.0。

将第3张图片“运动”中的“位置”属性的x轴数值修改为480.0，y轴数值修改为810.0。

将第4张图片“运动”中的“位置”属性的x轴数值修改为1440.0，y轴数值修改为810.0，如图10.35所示。

图10.35　制作动画（一）

选择第1张图片，将时间指示器移至00:00:00:00处，激活“位置”属性的关键帧动画开关。

在00:00:00:00处建立第一个关键帧，将其x轴数值改为-480.0，y轴数值改为-265.0。

在00:00:01:00处建立第二个关键帧，将其x轴数值改为-480.0，y轴数值改为-271.0，如图10.36所示。

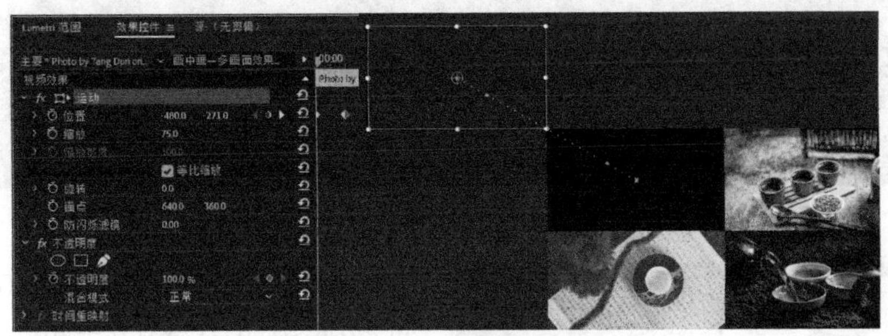

图10.36 制作动画（二）

选择第2张图片，将时间指示器移至00:00:00:00处，激活“位置”属性的关键帧动画开关。

在00:00:00:00处建立第一个关键帧，将其x轴数值改为2408.0，y轴数值改为-271.0，如图10.37所示。

在00:00:01:00处建立第二个关键帧，将其x轴数值改为1440.0，y轴数值改为271.0。

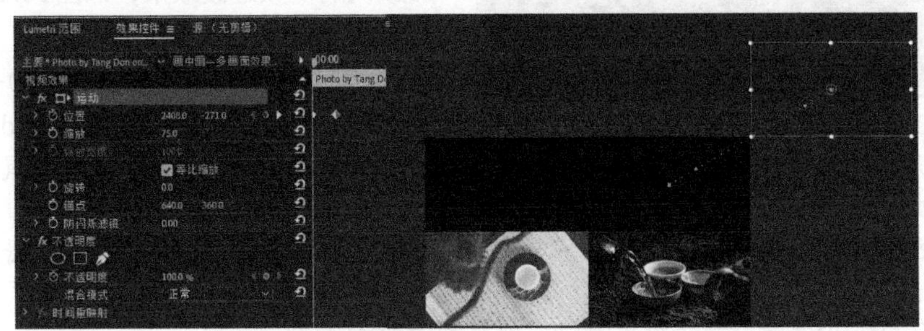

图10.37 制作动画（三）

选择第3张图片，将时间指示器移至00:00:00:00处，激活“位置”属性的关键帧动画开关。

在00:00:00:00处建立第一个关键帧，将其x轴数值改为-480.0，y轴数值改为1358.0，如图10.38所示。

在00:00:01:00处建立第二个关键帧，将其x轴数值改为480.0，y轴数值改为810.0。

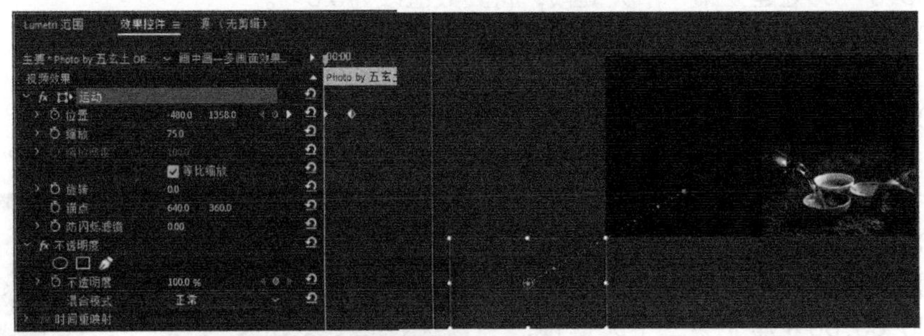

图10.38 制作动画（四）

选择第4张图片，将时间指示器移至00:00:00:00处，激活“位置”属性的关键帧动画开关。

在00:00:00:00处建立第一个关键帧，将其x轴数值改为2402.0，y轴数值改为1358.0，如图10.39所示。

在00:00:01:00处建立第二个关键帧，将其x轴数值改为1440.0，y轴数值改为810.0。

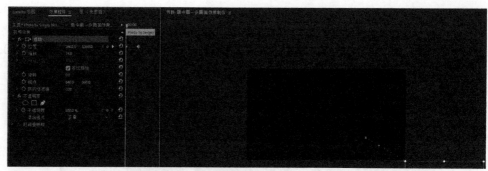

图10.39　制作动画（五）

图10.40　添加过渡效果

将时间指示器移动到00:00:01:00处，将第2张图片的入点对齐至此。

将时间指示器移动到00:00:02:00处，将第3张图片的入点对齐至此。

将时间指示器移动到00:00:03:00处，将第4张图片的入点对齐至此。

选择所有素材，按组合键Ctrl+D为其添加默认的视频过渡效果，如图10.40所示。

步骤4　添加标题动画

将时间指示器移动到00:00:04:00处，将“诗写梅花月，茶煎谷雨春.psd”文件拖曳至V4轨道上方的空白处，建立V5轨道，并使其入点对齐至00:00:04:00处。单击鼠标右键，选择“缩放为帧大小”选项。

打开“效果控件”窗口，将时间指示器移至00:00:04:00处，激活“缩放”属性的关键帧动画开关。

在00:00:04:00处建立第一个关键帧，将其数值改为0.0%。

在00:00:05:00处建立第二个关键帧，将其数值改为100.0%。

在00:00:08:00处建立第三个关键帧，将其数值改为110.0%。

在00:00:08:24处建立第四个关键帧，将其数值改为300.0%。

打开“效果控件”窗口，将时间指示器移至00:00:04:00处，激活“旋转”属性的关键帧动画开关。

在00:00:04:00处建立第一个关键帧，将其数值改为0.0°。

在00:00:05:00处建立第二个关键帧，将其数值改为360.0°。

在00:00:08:00处建立第三个关键帧，将其数值改为360.0°。

在00:00:08:24处建立第四个关键帧，将其数值改为0.0°。

打开“效果控件”窗口，将时间指示器移至00:00:04:00处，激活“不透明度”属性的关键帧动画开关。

在00:00:04:00处建立第一个关键帧，将其数值改为0.0%。

在00:00:05:00处建立第二个关键帧，将其数值改为100.0%。

在00:00:08:00处建立第三个关键帧，将其数值改为100.0%。

在00:00:08:24处建立第四个关键帧，将其数值改为0.0%，如图10.41所示。

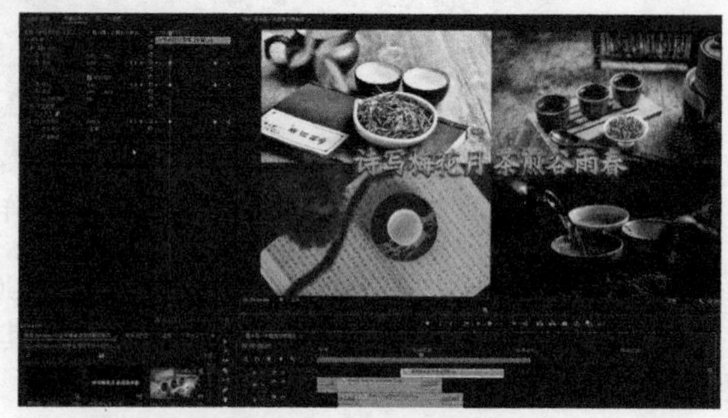

图10.41　添加标题动画

步骤5 添加音频

导入"课程素材" > "音频" > "中国传统风格"素材，将其拖曳至A1轨道中，如图10.42所示。

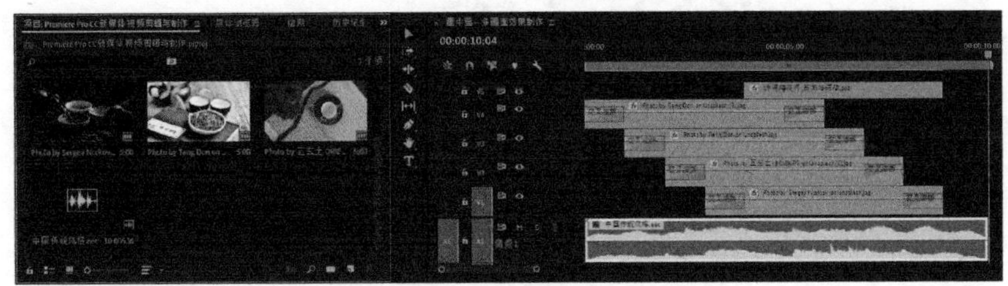

图10.42 添加音频

步骤6 导出视频

首先，确保"时间轴"窗口中显示出了工作区域，如果没有显示，则在"时间轴"窗口菜单中选择"工作区域栏"选项。接下来将工作区域的右侧标记（出点）移至轨道中素材的最后一帧处。

单击"时间轴"窗口，使其成为当前操作窗口，然后单击"文件" > "导出" > "媒体"，弹出"导出设置"对话框，在右侧的"导出设置"里找到"格式"，选择H.264；在"预设"里选择"匹配源-高比特率"，"输出名称"里选择存储的地址和文件格式，设置完成后单击"导出设置"对话框底部的"导出"按钮，完成导出操作，如图10.43所示。本案例制作完成。

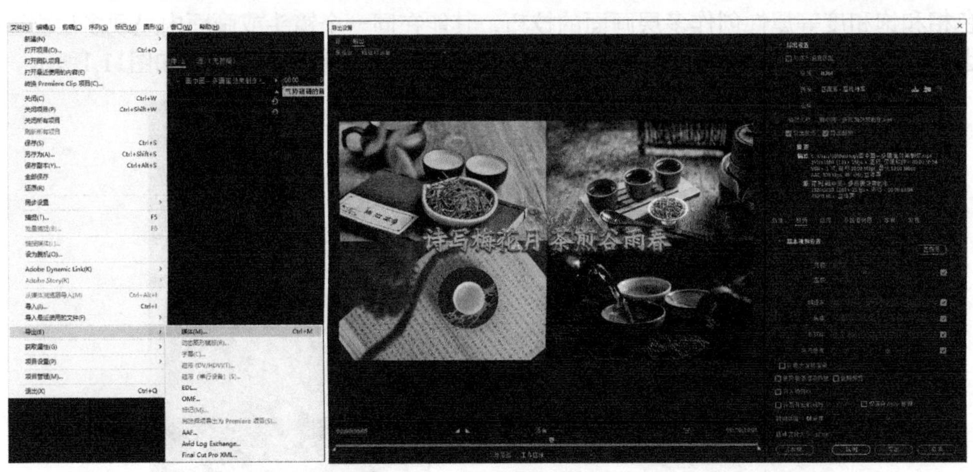

图10.43 导出设置（三）

10.5 课后练习

（1）制作一个横穿屏幕的文字的水平运动动画。文字从屏幕左侧的画面外进入，并在屏幕中间停留2秒，再从屏幕右侧运动出画面外。

（2）导入一张图片，将其缩放至屏幕的一半大小，为图片设置动画，使其沿屏幕外轮廓运动一圈。

第11章 初级合成技巧——画面叠加技术

11.1 画面叠加

如今，人们对图像和视频的识别和读取能力越来越强。现代人对图像和视频的画面层次和光影变化有着独特的感受，太过简单的画面无法满足人们日益增长的审美需求，所以多层次、具有复杂光感的画面成为优秀影像的必备内容。

如果只是单纯地把不同图像或其局部放在同一画面中，上方图像就会遮挡下方的图像，即使上方的图像较小，也会显得画面内容杂乱无章，画面不协调。画面叠加就是使用图像的明度、色相和饱和度等属性创作多层画面的技巧，其能在同一个镜头或画面内呈现多层画面的内容，也可以理解为将多个图像或多个图像的局部结合成为一个整体的画面，如图11.1所示。

图11.1 平面作品（一）

画面叠加只是图像合成中的一小部分，涉及合成的画面或镜头不胜枚举。相信大家在影视作品中看到过把生硬的字母用草皮和鲜花包裹成可爱的造型，合成技术为我们创造出耳目一新的神奇景象，这些栩栩如生的形象让我们深切地体会到科技和艺术结合所带来的惊喜，这就是合成的魅力，它将我们的想象具象化，如图11.2所示。

图11.2 平面作品（二）

11.2 4种叠加技巧

11.2.1 使用不透明度

通过不透明度可以控制图像或视频的不透明程度，增强其画面的通透性，还可以使多个画面的内容同时显示在一个画面中，使得画面中的信息量增多，包括文字、色彩、形状等，以展现出更多的含义。

使用方法如下。

（1）选择素材，通常是上方轨道中的素材。

（2）打开“效果控件”窗口中的“视频效果”>“不透明度”属性。

（3）将其数值降低到合适的值。

默认状态下不透明度的动画开关处于打开状态，所以我们可以直拉制作关键帧动画，配合关键帧可以在轨道上控制透明度，制作淡入淡出等动画效果。

控制不透明度是最简单、最直观的画面叠加方法，但也较为固定、机械化，因为它只能控制画面整体的不透明度，而无法进行局部调节。可以通过“不透明度”属性中的“蒙版”选项来实现对画面局部的控制。

把3幅图片分别放置在3个视频轨道上，3幅图片的“不透明度”数值依次是27%、19%和100%，如图11.3所示。

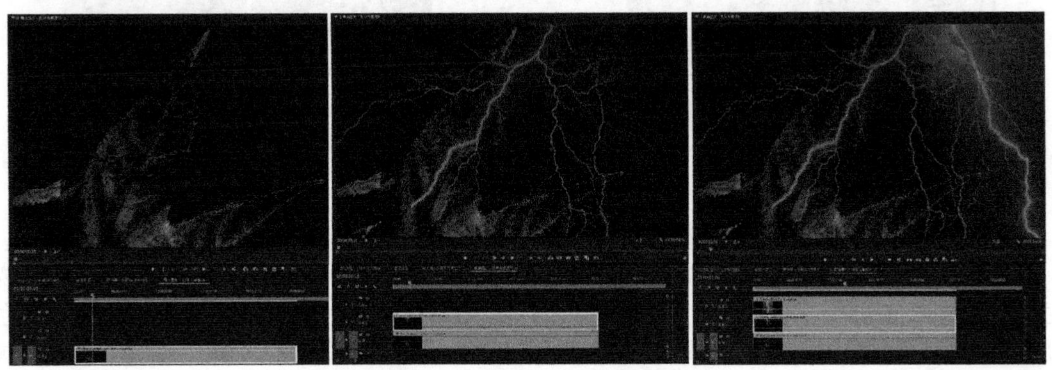

图11.3 “不透明度”数值的变化

11.2.2 使用混合模式

混合模式的主要功能是使用不同算法将上下两个相邻图层或更多相邻图层中的图像的亮度和颜色等结合并得到混合后的图像内容。将一种混合模式应用于某一对象时，在此对象所在的图层或组下方的任何对象上都可以看到混合模式的效果，此方式也可用于整体控制画面，但也可能使画面局部发生变化。

使用方法如下。

（1）将剪辑置于另一个剪辑所在轨道上方的一个轨道中。Premiere Pro CC 会将上方轨道中的剪辑叠加（混合）在下方轨道中的剪辑上。

（2）选择上方轨道中的剪辑并单击“效果控件”窗口以将其激活。

（3）在“效果控件”窗口中单击“不透明度”下拉按钮。

（4）向左拖动“不透明度”值，将其设置为小于100%的值。

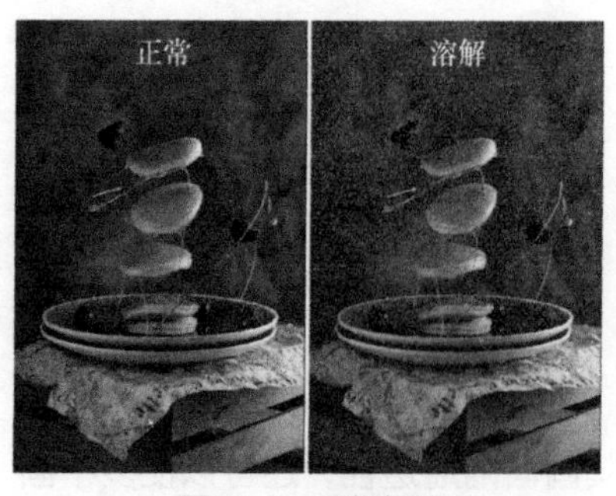

图11.4　正常类别

（5）单击“混合模式”下拉按钮，从下拉列表中选择一种混合模式。

混合模式列表中根据混合结果将混合模式分为6类，具体如下。

1. 正常类别

此类别包括“正常”“溶解”混合模式。“溶解”混合模式在目标图层的不透明度小于100%时才能生效，它会将源图层的一些像素变成透明状态，对应效果如图11.4所示。

正常：结果颜色为源颜色，此模式是默认的混合模式。

溶解：每个像素的结果颜色均为源颜色或基础颜色。结果颜色为源颜色的概率取决于源颜色的不透明度。如果源颜色的不透明度为 100%，则结果颜色为源颜色；如果源颜色的不透明度为0，则结果颜色为基础颜色。

2. 减色类别

此类别包括“变暗”“相乘”“颜色加深”“线性加深”“深色”混合模式。当用这几种模式进行运算时，将隐藏画面中较亮区域的像素，使得混合后的画面偏暗，甚至可以用于去除黑色背景。“颜色加深”混合模式的混合程度最深，依次向两边减弱，对应效果如图11.5所示。

图11.5　减色类别

变暗：结果颜色的通道值是源颜色通道值和相应基础颜色通道值之间的较小值（较暗的一个）。

相乘：对于每个颜色通道，将源颜色通道值与基础颜色通道值相乘，并根据项目的颜色深度除以 8 bpc、16 bpc 或 32 bpc 像素的最大值。结果颜色不会比源颜色亮。如果任意输入颜色为黑色，则结果颜色为黑色；如果任意输入颜色为白色，则结果颜色为其他输入颜色。此混合模式与使用多个标记笔在纸上绘图或在光源前放置多个滤光板的效果相似。当与黑色或白色以外的某种颜色混合时，应用了此混合模式的每个图层会产生更暗的颜色。

颜色加深：结果颜色比源颜色暗，以提高对比度的方式反映出基础颜色。源图层中的白色不会改变基础颜色。

线性加深：结果颜色比源颜色暗，以反映出基础颜色。白色不发生变化。

深色：结果像素的颜色为源颜色与相应基础颜色之间的较暗者。“深色”混合模式与“变暗”混合模式相似，但“深色”混合模式对单个颜色通道不起作用。

3. 加色类别

该类别包括“变亮”“滤色”“颜色减淡”“线性减淡（添加）”“浅色”混合模式。当用这几种模式进行运算时，将隐藏画面中较暗区域的像素，使得混合后的画面偏亮，甚至可以用于去除白色背景，对应效果如图11.6所示。

变亮：结果颜色的通道值为源颜色通道值与相应基础颜色通道值之间的较高者（较亮者）。

滤色：将通道值的补色相乘，然后获取结果的补色。结果颜色不会比任意输入颜色暗。其效果类似于将多个幻灯片同时投影到单个屏幕上。

颜色减淡：结果颜色比源颜色亮，以降低对比度的方式反映出基础颜色。如果源颜色为黑色，则结果颜色为基础颜色。

线性减淡（添加）：结果颜色比源颜色亮，以增加亮度的方式反映出基础颜色。如果源颜色为黑色，则结果颜色为基础颜色。

浅色：结果颜色为源颜色与相应基础颜色之间的较亮者。“浅色”混合模式的效果类似于“变亮”混合模式，但“浅色”混合模式对单个颜色通道不起作用。

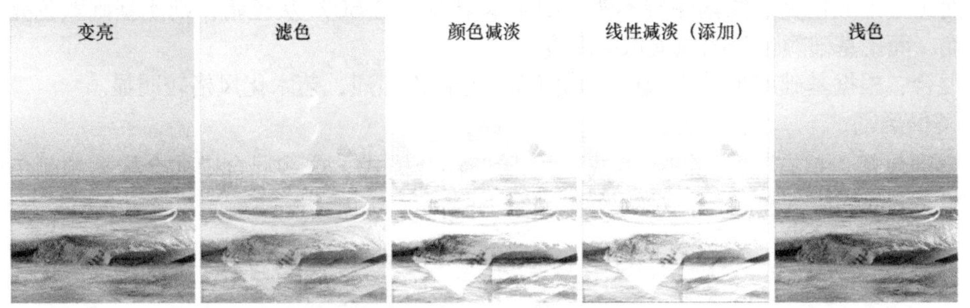

图11.6　加色类别

4. 复杂类别

该类别包括“叠加”“柔光”“强光”“亮光”“线性光”“点光”“强混合”混合模式。这些混合模式会根据某种颜色是否比50%灰色亮，对源颜色和基础颜色执行不同的操作，对应效果如图11.7所示。

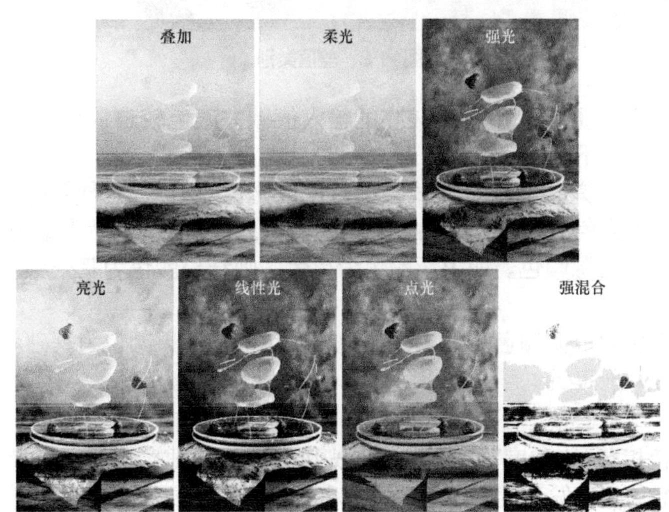

图11.7　复杂类别

叠加：根据基础颜色是否比 50% 灰色亮，对输入颜色的通道值进行相乘或滤色处理，结果保留基础图层中的高光和阴影。

柔光：根据源颜色，使基础图层的颜色变暗或变亮，其结果类似于将漫射聚光灯照在基础图层上。如果源颜色比50%灰色亮，则结果颜色比基础颜色亮，就像被减淡了一样。如果源颜色比 50% 灰色暗，则结果颜色比基础颜色暗，就像被加深了一样。具有黑色或白色的图层会明显变暗或变亮，但不会变成纯黑色或纯白色。

强光：根据源颜色，对输入颜色的通道值进行相乘或滤色处理，结果类似于将耀眼的聚光灯照在图层上。对于每个颜色通道值，如果基础颜色比 50% 灰色亮，则图层将变亮，就像滤色后的效果。如果基础颜色比 50% 灰色暗，则图层将变暗，就像被相乘后的效果。此模式适用于在图层上创建阴影外观。

亮光：根据基础颜色提高或降低对比度，以使颜色加深或减淡。如果基础颜色比 50% 灰色亮，则图层将变亮，因为对比度降低了。如果基础颜色比 50% 灰色暗，则图层将变暗，因为对比度提高了。

线性光：根据基础颜色降低或提高亮度，以使颜色加深或减淡。如果基础颜色比 50% 灰色亮，则图层将变亮，因为亮度提高了。如果基础颜色比 50% 灰色暗，则图层将变暗，因为亮度降低了。

点光：根据基础颜色替换颜色。如果基础颜色比 50% 灰色亮，则比基础颜色暗的像素将被替换，而比基础颜色亮的像素保持不变。如果基础颜色比 50% 灰色暗，则比基础颜色亮的像素将被替换，而比基础颜色暗的像素保持不变。

强混合：根据基础颜色减少颜色。此模式对比效果强烈，艺术化风格较明显。

5. 差值类别

此类别包括“差值”“排除”“相减”“相除”混合模式。这些混合模式会根据源颜色值和基础颜色值之间的差值创建颜色，对应效果如图11.8所示。

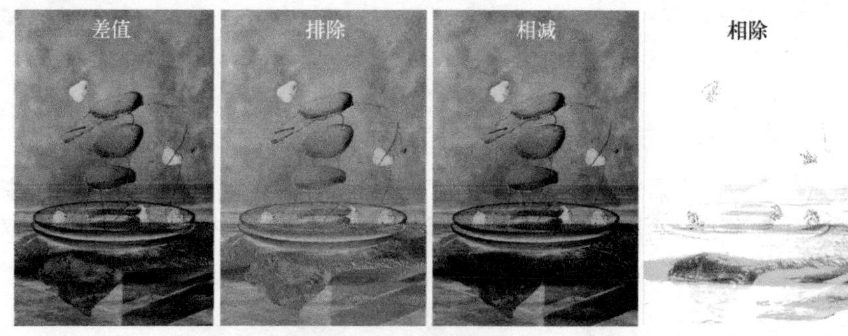

图11.8 差值类别

差值：对于每个颜色通道，用颜色较亮的输入值减去颜色较暗的输入值。用白色绘画可反转背景颜色，用黑色绘画不会发生变化。

排除：结果类似于“差值”混合模式，但对比度比“差值”混合模式低。如果源颜色为白色，则结果颜色为基础颜色的补色。如果源颜色为黑色，则结果颜色为基础颜色。

相减：从底色中减去源颜色。如果源颜色为黑色，则结果颜色为基础颜色。在 32 bpc 项目中，结果颜色值可小于 0。

相除：用基础颜色除以源颜色。如果源颜色为白色，则结果颜色为基础颜色。在 32 bpc 项目中，结果颜色值可大于 1.0。

6. HSL 类别

该类别包括“色相”“饱和度”“颜色”“发光度”混合模式。这些混合模式会将颜色的HSL表示形式（色相、饱和度和发光度）中的一个或多个分量从基础颜色转换为结果颜色，对应效果如图11.9所示。

图11.9 HSL类别

色相：结果颜色具有基础颜色的发光度和饱和度，以及源颜色的色相。

饱和度：结果颜色具有基础颜色的发光度和色相，以及源颜色的饱和度。

颜色：结果颜色具有基础颜色的发光度，以及源颜色的色相和饱和度。此混合模式会保留基础颜色的灰色阶，适用于给灰度图像上色及给彩色图像着色。

发光度：结果颜色具有基础颜色的色相和饱和度，以及源颜色的发光度。此混合模式与“颜色”混合模式正好相反。

11.2.3 使用键控

键控就是抠像，当输入某个值时，所有具有相似颜色或亮度值的像素都将变为透明状态。键控可以轻松地将颜色或亮度一致的背景去除并用其他图像替换，在画面内容过于复杂而无法添加蒙版时非常有用，可用于控制局部画面。

理论上来说，拍摄时可以使用任何纯色作为背景，但蓝色或绿色作为背景时后期制作效果最佳，这也是电影行业目前的普遍标准。

操作方法如下。

（1）将素材按顺序拖曳至时间轴中。

（2）在“沙漠”图片上添加“颜色键”效果，使用吸管工具吸取沙漠边缘处的黄绿色，调整“颜色容差”值为88，“边缘细化”值为1，这样就可以将沙漠边缘处的背景去除。

（3）再次添加“颜色键”效果，使用吸管工具吸取绿色区域下沿处的绿色，调整“颜色容差”值为128，“边缘细化”值为0，如图11.10所示。

图11.10　键控效果

11.2.4 使用蒙版

蒙版是利用黑、白、灰3种颜色来控制图像显示的一种方式，它将不同的灰度色值转换为不同的透明度，并作用到它所在的图层，使图层不同部位的透明度产生相应的变化。黑色区域为完全透明，白色区域为完全不透明，而灰色区域为半透明，越接近黑色透明程度越大，越接近白色透明程度越小，并且可以反转黑色与白色所在的区域，形成透明和不透明区域互换的效果，此方法可用于控制局部画面。

使用Premiere Pro CC的蒙版工具可以将效果应用于素材中的某一帧的某个特定部分。利用蒙版可在素材的局部区域中使用模糊、锐化等效果或校正颜色。可以创建椭圆形或矩形的蒙版，也可以使用“钢笔工具”建立由节点连接而成的自由形状的蒙版区域。按住Ctrl键+鼠标左键可以删除节点，按住Alt键+鼠标左键可以调整节点处的曲度，如图11.11所示。

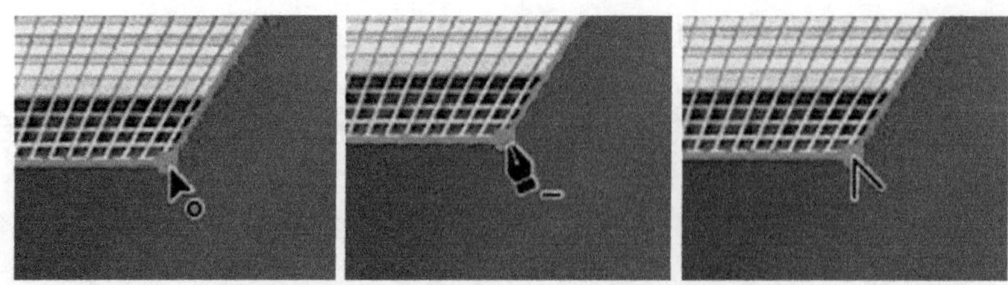

图11.11　选择工具、按住Ctrl键和按住Alt键

使用“不透明度”属性中的蒙版创建叠加效果的方法如下。

（1）将素材按顺序拖曳至时间轴中。

（2）选择“大厦”图片，然后打开其“效果控件”窗口中的“不透明度”属性。使用“钢笔工具”沿着大厦的边缘建立节点，并首尾相连，形成闭合的路径，如图11.12所示。

图11.12　闭合路径

可以配合Ctrl键删除多余节点，松开即还原至原始工具。也可以配合Alt键调整节点处的曲度。

如果调整曲度后松开鼠标左键，则再次调整时就可以单独控制一侧的手柄。

如果想锁定另一手柄的方向，则需再次按住Alt键。

如果需要还原到该节点的初始状态，则需按住Alt键并单击该节点，如图11.13所示。

图11.13　删除节点、调节曲度、单向调节、锁定单向调节和还原节点状态示例

还可以羽化蒙版区域、扩展蒙版区域和翻转蒙版区域，如图11.14所示。

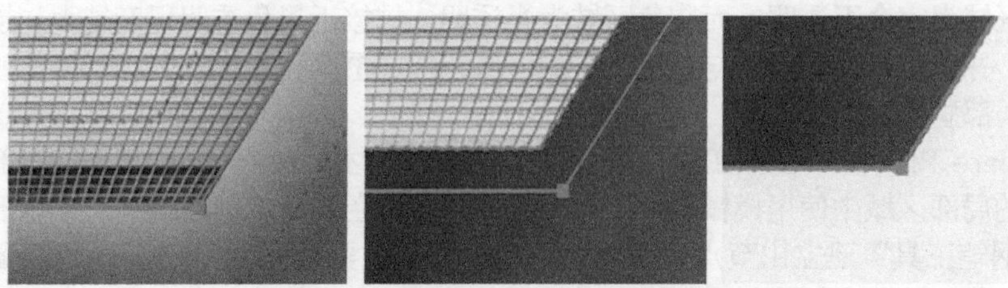

图11.14　蒙版羽化、蒙版扩展和反转蒙版的效果

如果是动态图像可让蒙版路径自动跟随对象移动，可向后◀和向前▶逐帧跟踪，也可全自动跟踪。单击扳手图标🔧可修改跟踪蒙版的方式。

最终效果如图11.15所示。

图11.15　蒙版效果

11.3 案例：日出日落——制作光斑特效

电影和广告等影视作品中的影视特效通常是为了呈现出更美的镜头，表现出摄像机无法直接拍摄出来的画面，本案例将用视频效果制作一个自然的有光线变化的延时摄影镜头。

为了使镜头中的画面更真实，在使用“镜头光晕”效果时，要呈现出不同时间段光照的强弱变化及景物的亮暗变化，同时还要注意在这个环境下的物体也会受到环境光的色彩和亮度的影响。要保证真实感，还应选择合适的光晕类型，让整个画面展现出自然的光感和光线变化。

目标

（1）练习使用视频效果，并能够熟练掌握视频效果的参数的设置方法。

（2）尝试使用关键帧动画使静态图像素材或视频素材更具动感。

（3）逐渐了解视频效果的应用场景并积累使用经验，制作一个完整的视频片段。

重点与难点

（1）如何提升画面的美感和动感。

（2）尝试理解视频效果的应用途径。

（3）提高制作关键帧动画的熟练程度。

制作步骤

步骤1　创建序列

单击“新建项”按钮，弹出“新建序列”对话框，将“序列名称”改为“日出日落——制作光斑特效”，单击“确定”按钮进入软件操作界面，如图11.16所示。

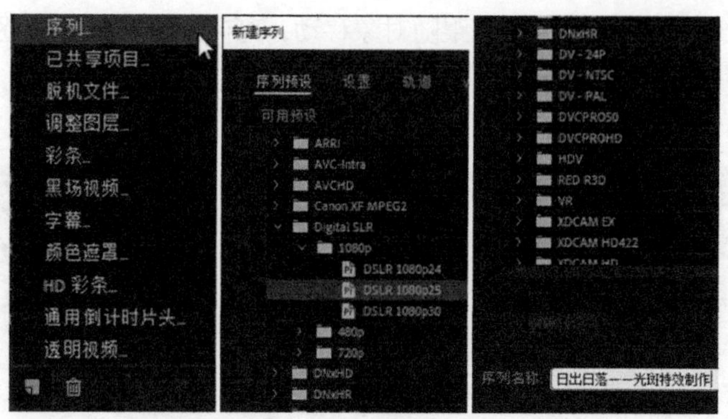

图11.16　创建序列

步骤2　导入素材

找到“课程素材”>“视频”>“VIDEO_Clouds (5).mp4”，直接将其拖曳至V1轨道上，在弹出的“剪辑不匹配警告”对话框中单击“保持现有设置”按钮。找到“课程素材”>“图片”>“防洪纪念塔.psd”，直接将其拖曳至V2轨道上，在“导入分层文件”对话框中选择“合并所有图层”选项，如图11.17所示。

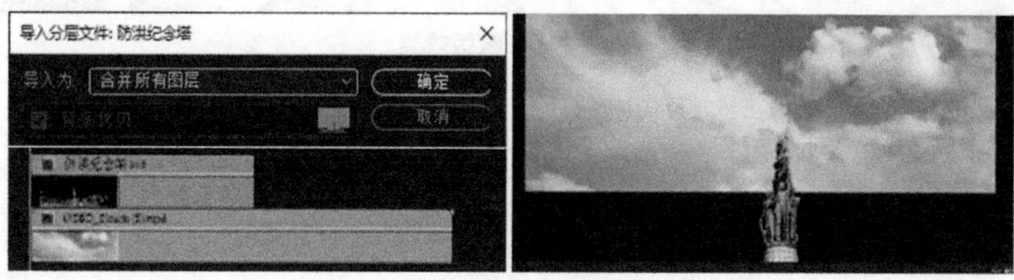

图11.17　导入素材

步骤3　调整素材

同时选择两个素材，然后单击鼠标右键，选择“缩放为帧大小”选项。再选择“VIDEO_Clouds (5).mp4”素材，将其“缩放”属性的数值改为103。让时间指示器跳转至00:00:08:00处，使用“剃刀工具”或组合键Ctrl+K，将视频素材截取至00:00:08:00处，再将剩余部分删除。

选择“防洪纪念塔.psd”素材，打开“效果控件”窗口，找到“缩放”属性，将其数值改为134.0，将其“位置”属性的*y*轴数值改为442.0，将其出点对齐至视频素材的出点，如图11.18所示。

图11.18　调整素材

步骤4　颜色校正

调整两个素材的色彩，使之更鲜艳、更协调。

打开“效果”窗口，将“视频效果”>“颜色校正”>“Lumetri颜色”效果添加至“VIDEO_Clouds (5).mp4”素材上，单击“窗口”>“Lumetri颜色”，调整相关属性，将“曝光”设置为0.4，“阴影”设置为-100.0，“饱和度”设置为172.2。

再次添加“Lumetri颜色”效果至“防洪纪念塔.psd”素材上，单击“窗口”>“Lumetri颜色”，调整相关属性，将“曝光”设置为-0.6，“对比度”设置为-35.5，“高光”设置为16.8，“阴影”设置为-29.4，“白色”设置为-9.9，“黑色”设置为5.6，“饱和度”设置为100.0，如图11.19所示。

图11.19　颜色校正

步骤5　稳定画面

“VIDEO_Clouds (5).mp4”素材的画面有些抖动，可以使用“变形稳定器”效果进行调整，但由于此素材的大小与源序列不同，因此需要先将视频素材进行嵌套，才能应用“变形稳定器”效果。

在“VIDEO_Clouds (5).mp4”素材上单击鼠标右键，选择“嵌套”选项，在弹出的“嵌套序列名称”对话框中将“名称”改为“嵌套修复”，单击“确定”按钮。双击“嵌套修复”序列，找到“效果控件”窗口中的“Lumetri颜色”和“变形稳定器”效果，选择两个效果并剪切效果。然后，回到“日出日落——制作光斑特效”序列中，选择“嵌套修复”序列，在其“效果控件”窗口中粘贴两个效果。

在“变形稳定器”效果中单击“分析”按钮或“变形稳定器”右侧的“重置效果”按钮，等待Premiere Pro CC自动分析并应用效果，分析完成后，单击空格键播放动画，可见画面稳定后的效果，如图11.20所示。

图11.20　稳定画面

步骤6　制作动画

首先，在“项目”窗口中新建一个黑场视频。将其拖曳至V3轨道上，使用“选择工具”将其出点对齐到00:00:08:00处。找到并添加“视频效果”>“生成”>“镜头光晕”效果至黑场视频上，调整其“视频效果”>“不透明度”>“混合模式”为“滤色”，以去除黑色背景，如图11.21所示。

图11.21　去除黑色背景

将“镜头光晕”中的“镜头类型”改为“105毫米定焦”。将时间指示器移至00:00:00:00处，找到“光晕中心”属性，激活其关键帧动画开关。

在00:00:00:00处建立第一个关键帧，将其x轴数值改为-264.0，y轴数值改为1078.0。

在00:00:04:00处建立第二个关键帧，将其x轴数值改为978.0，y轴数值改为70.0。

在00:00:07:24处建立第三个关键帧，将其x轴数值改为2132.0，y轴数值改为1078.0。

将时间指示器移至00:00:00:00处，找到“光晕亮度”属性，激活其关键帧动画开关。

在00:00:00:00处建立第一个关键帧，将其亮度值改为0。

在00:00:01:15处建立第二个关键帧，将其亮度值改为70%。

在00:00:04:00处建立第三个关键帧，将其亮度值改为140%。

在00:00:06:15处建立第四个关键帧，将其亮度值改为70%。

在00:00:07:24处建立第五个关键帧，将其亮度值改为0，如图11.22所示。

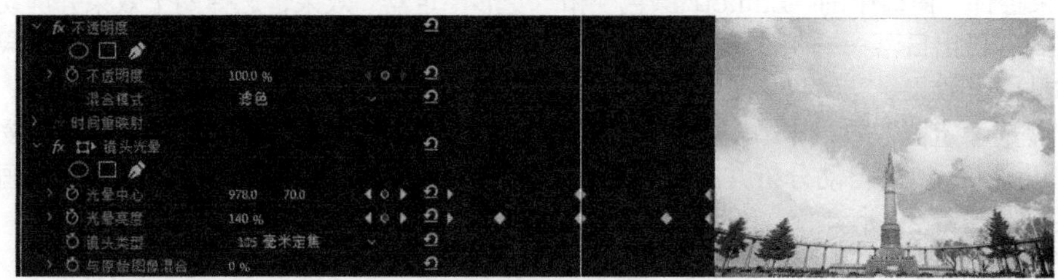

图11.22　关键帧展示

步骤7　匹配画面亮度

由于光亮的变化会带来所处环境的亮度发生变化，因此要将亮度较低时的图像的明度降低，以匹配环境亮度。首先，在“项目”窗口右下角的“新建项”按钮菜单中选择“调整图层”选项，在“调整图层”对话框中设定相关属性，单击“确定”按钮，将调整图层拖曳至V3轨道上方的空白处，会自动新建一个视频轨道“V4”。

找到并添加“视频效果”>“颜色校正”>“Lumetri颜色”效果至调整图层上。在“效果控件”窗口中找到“Lumetri颜色”并展开“基本校正”>“色调”属性。将时间指示器移至00:00:00:00处，找到“曝光”属性，激活其关键帧动画开关。

在00:00:00:00处建立第一个关键帧，将其曝光值改为-5.0。

在00:00:01:15处建立第二个关键帧，将其曝光值改为0.0。

在00:00:04:00处建立第三个关键帧，将其曝光值改为1.0。

在00:00:06:15处建立第四个关键帧，将其曝光值改为0.0。

在00:00:07:24处建立第五个关键帧，将其曝光值改为-5.0，如图11.23所示。

图11.23 调整曝光

步骤8 导出视频

单击“时间轴”窗口，使其成为当前操作窗口，然后单击“文件”>“导出”>“媒体”，弹出“导出设置”对话框，在右侧的“导出设置”里找到“格式”，选择H.264；在“预设”里选择“匹配源-高比特率”，“输出名称”里选择存储的地址和文件格式，设置完成后单击“导出设置”底部的“导出”按钮，完成视频导出操作，如图11.24所示。本案例制作完成。

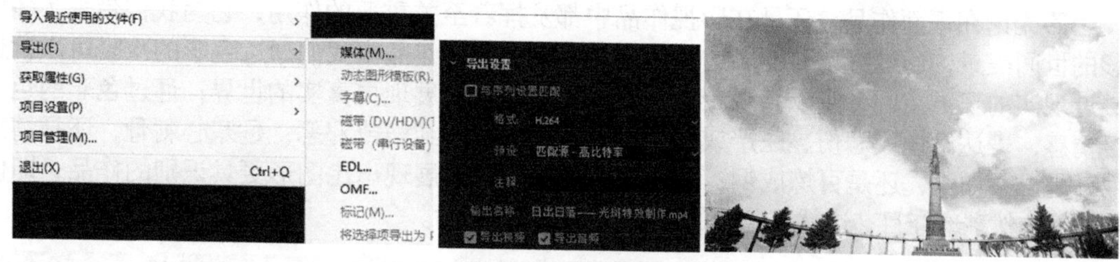

图11.24 导出视频

11.4 课后练习

（1）选择3~5个素材（图片和视频都有），使用画面叠加技术，将多个素材合成为一个镜头并将其输出成视频。

（2）找一个有人物的视频，为其添加“马赛克”效果，尝试使用蒙版控制效果，让其只遮挡人物的脸部。

第12章 色调和氛围的营造——色彩校正

12.1 色彩及其属性

色彩无论在平面作品，还是在影视作品中都发挥着至关重要的作用，它为我们带来了多姿多彩的世间美景，通过颜色更能表达我们的情感。在绘画作品中我们通过色彩的冷暖可以营造更接近现实的三维空间，可以表现企业的产品类型，可以展现更真实的世界；通过色彩的色调链接情感，表达喜悦或悲伤、庄严或冷漠、活泼或颓废、纯洁或邪恶；是寒心刺骨，还是情意绵绵；是温柔如水，还是百炼成钢；通过色彩的纯度可以展现出比图形更具识别的作品，即使距离很远依然璀璨夺目，这就是色彩的魅力，如图12.1所示。

图12.1　合理运用色彩的案例

12.1.1 色彩的三大属性

色相、明度、饱和度是色彩的三大属性，它们是构成色彩的基础，是色彩变化的依据，也是人们感知色彩的基础。

1. 色相

色相是指色彩的相貌，被用来区分颜色。根据波长的不同，光被分为红、橙、黄、绿、青、蓝、紫7种可见光波，如图12.2所示。可见光照射到物体上，反射出的光波进入我们的眼中，就呈现出了我们所看到的颜色，其他光波则被物体吸收。紫色光的波长最短；红色光的波长最长，传播距离远，穿透性强，适用于救援、警告和预警等场景。

图12.2　色相

2. 明度

明度也称为亮度，物体表面反射光的程度不同，色彩的明暗程度就会不同，这种色彩的明暗程度被称为光的明度。黑色的绝对明度被定义为0（理想黑），而白色的绝对明度被定义为100（理想白）；可见光中，明度最高的颜色是黄色，而明度最低的颜色是紫色，如图12.3所示。

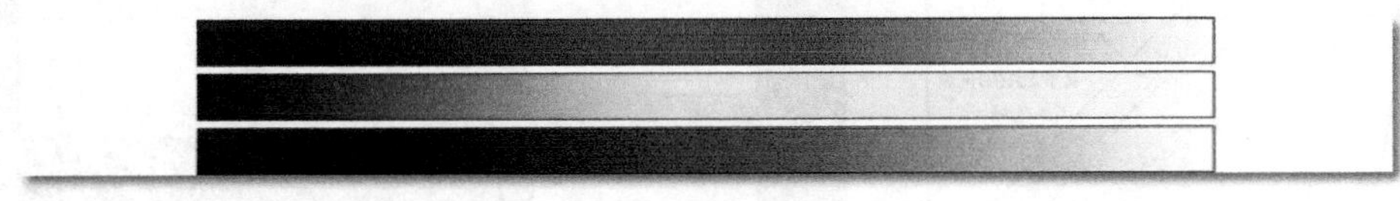

图12.3　明度

3. 饱和度

饱和度也称为纯度，即色彩的鲜艳程度。纯度越高，色彩越鲜艳，杂色越少；纯度越低，色彩越暗淡，杂色越多，原色的饱和度最高，如图12.4所示。

图12.4　饱和度

无彩色是指黑、白、灰3种颜色。黑、白、灰不在可见光谱中，故不能被称为色彩。因无明显的色偏，所以它们又被称为中性色，它们能起到缓冲或调和的作用。无论是在设计中，还是在心理学中，它们都能起到非常重要的作用，在色彩搭配中被称为万能色，如图12.5所示。

图12.5　无彩色

12.1.2 色彩模式

色彩模式是数字世界中表示颜色的一种算法。在数字世界中，为了表示各种颜色，人们通常将颜色划分为若干分量。由于成色原理的不同，显示器、投影仪、扫描仪这类靠色光直接合成颜色的设备和打印机、印刷机这类使用颜料的印刷设备在生成颜色的方式上有所区别。

常用的色彩模式有RGB模式、CMYK模式、Lab模式等，如图12.6所示。

这些模式中，CMYK模式主要应用在包装印刷行业中，其色彩范围比其他几种模式小，所以印刷前需将其他模式转换为CMYK模式，以保证印刷的效果。Lab模式的色彩范围最广，主要应用在数码图像和照片的处理中，即可以先将图像或照片转换成Lab模式，处理完成后再转换成其他模式，这样可以尽量避免色彩损失。

而RGB色彩模式使用R（红）、G（绿）、B（蓝）3种颜色的加法原理混合颜色，每种颜色有256，即2^8级，通过排列组合可以呈现出256×256×256=16777216种颜色，它是用途最广的色彩模式，也是视频制作、Web设计、电子屏幕、数码摄像机等使用的色彩模式。

每种RGB颜色都有256级，用数字0~255表示。如红色的色值为255，0，0；黑色的色值为0，0，0；白色的色值为255，255，255；灰色的色值为50，50，50，如图12.7所示。

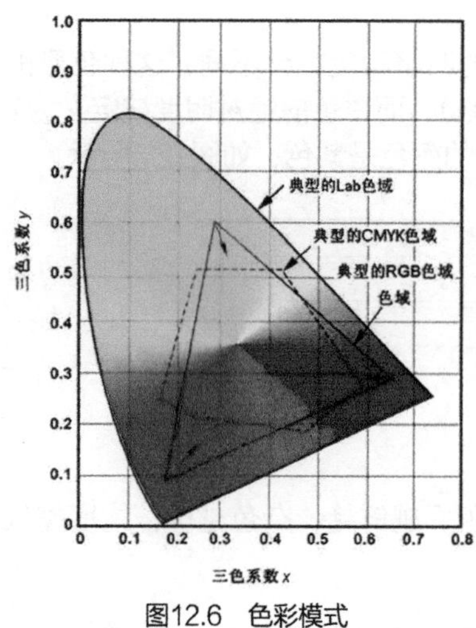

图12.6　色彩模式

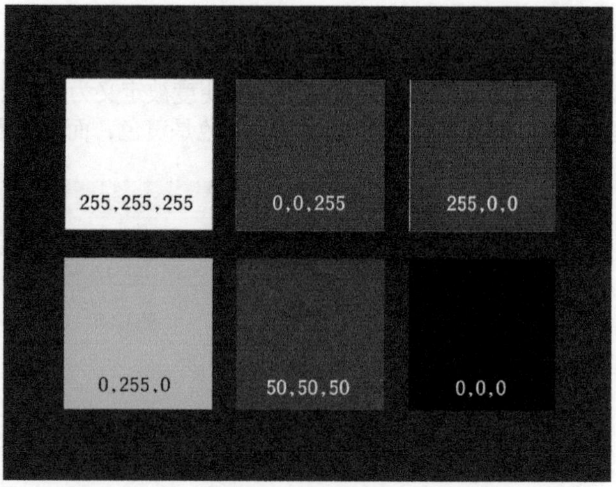

255,255,255　0,0,255　255,0,0

0,255,0　50,50,50　0,0,0

图12.7　色值示例

12.1.3 原色、间色和补色

可见光是由红、橙、黄、绿、青、蓝、紫这7种单色光组成的，而有些单色光可以由其他单色光混合而成，那些无法被混合生成的单色被称为“原色”（基色），如红、绿和蓝，这3种颜色合称为“三原色”。由两种原色混合成的颜色称为间色，而补色一般是指在色相环上成180°角的两种颜色，如图12.8所示。

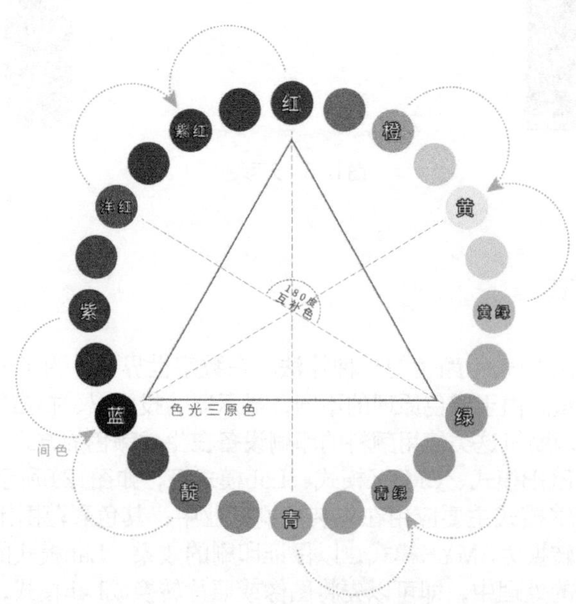

图12.8　原色、间色和补色

12.1.4 色温

色温是指色彩带给人们的感受。高色温光源照射下，亮度不高会给人们带来一种阴森的感觉；低色温光源照射下，亮度过高会给人们带来一种闷热的感觉。冷暖色彩的对比差异较大，可以在画面中形成色彩的对比并有效建立空间层次。不同色彩的波长不同，在视网膜上的成像位置也不同，这会给人带来一种暖色在前，而冷色在后的感觉，所以很多人在绘画时会将冷色调的物体摆放在后面，而将暖色调的物体放在前面，这样更有利于强化三维空间的立体感，不同色温的光源示例如图12.9所示。

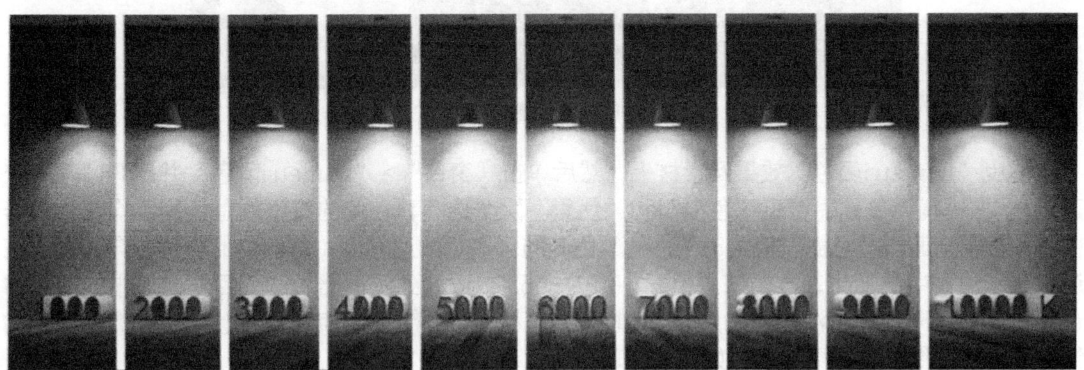

图12.9　不同色温的光源示例

12.2 校色

色彩调整一般分为校色和调色两部分。

先来介绍校色，这个部分的主要作用就是校正错误，需要根据一些具有科学依据的专业标准将素材中出现错误的色彩信息校正为正确的，如调整色温与偏色、统一亮度等，这是后期制作流程中必不可少的重要环节。

那么，校正色彩时根据什么来调整呢？校正的基本原则是校正时以中性灰为依据，确定黑场和白场，以中间调为主体，以保留暗部的细节为基础。

大家可以参照这个原则，但也可以根据素材的实际情况确定自己的校正方法。另外，无论使用什么校正方法，都应该使用标准的校正工具——示波器。下面我们结合具体案例来学习使用示波器与色彩校正命令进行色彩校正的方法。

12.2.1 Lumetri颜色

1. 偏色校正

导入“课程素材”>“图片”>“色彩校正”>“色温不准（1）.jpg”素材，单击“窗口”>“Lumetri范围”，然后在“Lumetri范围”窗口中单击鼠标右键并选择“矢量示波器YUV”选项，通过此窗口可以监控所选素材的饱和度情况，越接近中心交点处，饱和度越低，越接近六边形顶点和边框，其饱和度越高，而中间的过渡地带表示不同程度的饱和度，饱和度调整前后对比效果如图12.10所示。

从第二张图中可以看出，图像的颜色绝大部分偏向红、蓝绿两个方向，完全脱离中心，可以判断图像中这两种颜色的占比较大，接下来尝试使用“视频效果”>“颜色校正”>“Lumetri颜色”效果校正图像。

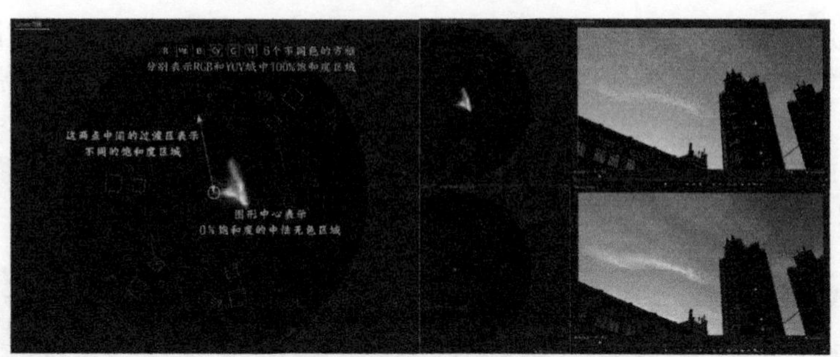

图12.10　矢量示波器

拖曳“Lumetri颜色”效果到素材上，然后单击“窗口”>“Lumetri颜色”并展开“基本校正”>“白平衡”属性，可见“色温”和“色彩”两个选项，色偏的调整就是让颜色均在示波器中心。接下来调整“色温”值为31.4，将颜色调向了偏色的反方向，即偏色的补色方向，边调整边观察示波器中的变化；再调整“色彩”值为-55.4，可看到示波器和“节目”窗口中的图像的色彩变化。这时发现示波器中的颜色饱和度过低，所以再将“饱和度”值改为126，提高图像的饱和度，使图像看起来更鲜艳，如图12.11所示。

图12.11　偏色校正

2. 亮度校正

接下来调整亮度，在“Lumetri范围”窗口的视图中单击鼠标右键并选择“波形（亮度）”选项，打开波形（亮度）工具。调整亮度基本上就是调整黑、白、灰三色，这三者可用于调整画面的明暗关系。工具栏的两边有IRE亮度刻度标尺，需要将图像的亮度控制在0~100IRE范围内。

图像中的三大调子即高光、中间调和阴影。高光区最亮，面积也最小；中间调区的面积最大，也是画面调整的主体区域；阴影区也就是暗部，是画面中亮度最低的区域，但是需要看到不同层次的暗部细节，暗部不能是一片黑色，没有层次。

波形（亮度）工具窗口中，白色内容对应图像区域内的像素的亮度分布情况，黄色框对应的亮度范围为32~57IRE，也就是说，画面曝光不足，但分析图像时还要看图像的具体情况，此照片的拍摄时间是傍晚，照度较低，而且画面主体是天空，所以调节时要以天空为准，如图12.12所示。

展开“基本校正”>“色调”属性，将“白色”数值改为70.3，“黑色”数值改为-29.1，“曝光”数值改为0.5，“对比度”数值改为-6.3，“高光”数值改为-100.0，“阴影”数值改为9.7，如图12.13所示。

图12.12　亮度校正前

图12.13　亮度校正后

3. 局部校正

我们不但要全局调整图像的内容，还应在需要时考虑图像局部的校正，接下来调整画面局部。在视图中单击鼠标右键并取消选择“波形（亮度）”选项，激活分量（RGB）工具，它是表示视频信号中的明亮度和色差通道级别的波形，主要的调整方式是使3种色彩均匀分布。

一般来说，工具视图中的3种颜色应该较为均衡地分布于0～100这一范围内，并且3种颜色的布局应相近，如图12.14所示。

图12.14　局部校正前

首先，展开“Lumetri颜色”>“曲线”>“RGB曲线”属性。从图12.14中分析得出蓝色的高光和阴影部分缺失，单击蓝色圆形图标，切换到图像的“蓝色”通道，曲线呈蓝色，降低蓝色阴影区的曲线、提高蓝色高光区的曲线，如图12.15所示。

图12.15　局部校正后（蓝色）

其次，单击红色圆形图标，切换到图像的“红色”通道，曲线呈红色。通过分析波形图可知，应提高红色阴影区的曲线，降低红色高光区的曲线，如图12.16所示。

图12.16　局部校正后（红色）

本例只简单地介绍了几个调整要点，大家可以对比一下效果，如图12.17所示。

图12.17　调整前后对比图

12.2.2 色阶

“色阶”命令是一个功能强大、使用简单的色彩校正命令。色阶既可以调整画面的亮度，又可以调整画面的色彩。它通过设定“输入黑色阶”定义画面中的黑色和“输入白色阶”定义画面中的白色这两个属性来调整画面的亮度信息。还可以通过这两个属性单独调整R、G、B这3个通道中的白色、黑色和灰度来调整画面的色彩信息。

1. 亮度调整

找到并添加“视频效果”>“调整”>“色阶”效果，单击效果名称右侧的设置按钮，弹出图形调整窗口，打开波形（亮度）工具，按图12.18所示的参数进行调整。

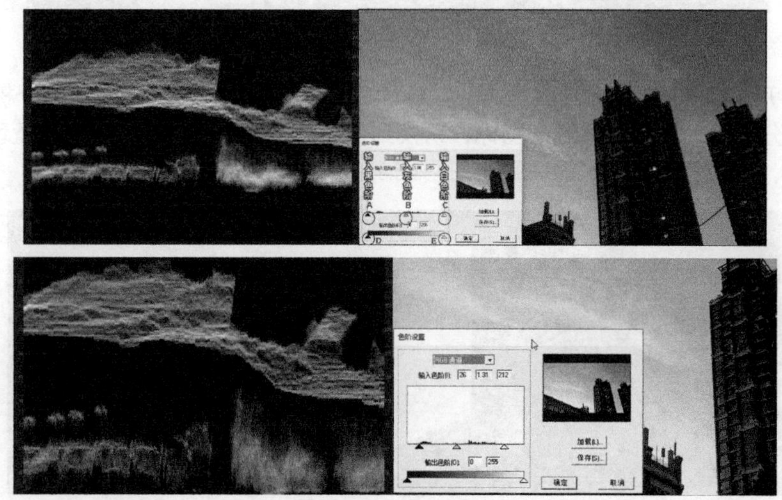

图12.18　亮度调整

2. 色调调整

切换为分量RGB工具，按图12.19所示的参数进行调整。

图12.19 色调调整

12.2.3 颜色平衡

“颜色平衡”命令根据画面中高光、中间调和阴影3个不同亮度区域的红、绿、蓝3种颜色来调整画面的色彩，但它无法有效调整画面的亮度，所以可以勾选“保持发光度”复选框，以保证画面的亮度合适，不至于使画面局部过暗，如图12.20所示。

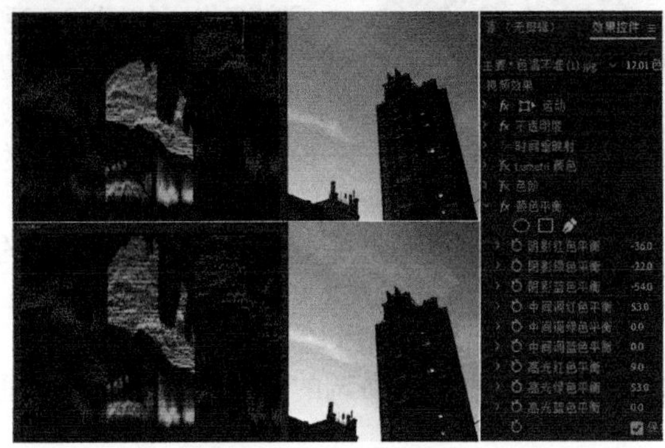

图12.20 颜色平衡调整

可以使用“亮度与对比度”选项或亮度曲线调整画面的亮度，并配合使用波形（亮度）工具，如图12.21所示。

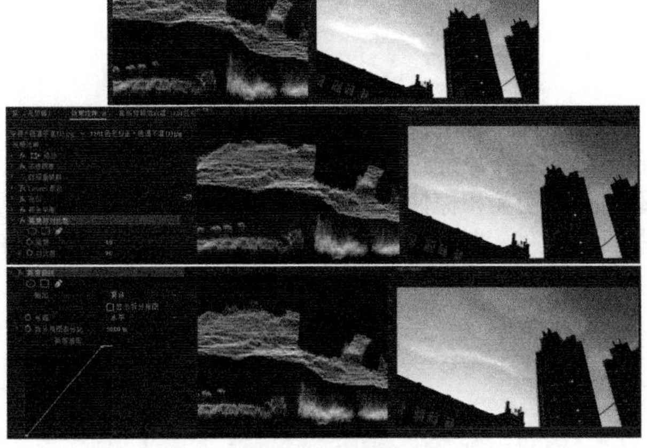

图12.21 亮度与对比度调整和亮度曲线调整

以上就是画面中的色相、饱和度和明度的基本校正方法，如果大家对自己设计的画面的颜色不满意或者需要修改画面颜色，可以从饱和度和明度入手，它们的调整流程和方法是相似的。也可以尝试使用其他的工具或方法校正画面颜色，但应根据不同素材自身的特点灵活运用这些校色工具和方法。

12.3 调色

调色是色彩调整的另一重要方面，其目的是形成画面风格，烘托作品主题。调色形成的艺术风格和效果是个人审美水平的客观呈现，这是在全面了解作品主题或故事内容后，表达思想情感的一种重要手段。

调色是指对特定的色调进行调节。调色效果是最难把握的，可能花费了大量的时间和精力却依然得不到满意的效果，为了更好地完成调色，我们需要向专家和高手学习，经常临摹优秀的作品，多看、多分析，并不断应用与实践。有一种快速完成调色的方法——使用LUT（检查表）文件，应用并通过LUT输出文件时，图像就会呈现出不同的色彩。网络上有很多制作完成的LUT文件，只要在“Lumetri颜色”窗口中的“创意”中载入LUT文件就可以让画面的色彩千变万化，如图12.22所示。

图12.22 载入LUT文件后的效果

调色的过程虽然复杂，但也有很强的规律性，主要涉及色彩构成理论、色彩模式转换理论、通道理论，使用的工具与命令主要涉及色阶、曲线、色彩平衡、色相/饱和度等。

无论使用什么样的工具与命令，色彩本身都是最重要的，请记住以下参考建议。

（1）饱和度不要过高。

（2）尝试进行颜色搭配，存储一些配色协调的参考图，然后提取里面的颜色，将其作为自己的备用方案。

（3）用明度值高的颜色来突出主体。

（4）用不同的色调去讲述不同风格的故事。

12.4 课后练习

（1）总结自己在调色时的工作流程并制作成PPT。

（2）尝试临摹科幻类、魔幻类和惊悚类3种类型影片的经典镜头的色调。

（3）尝试下载一些LUT文件，然后载入Premiere Pro CC中，并尝试在自己的镜头上应用不同的LUT文件。

第13章 最后一步——导出媒体文件

13.1 导出视频

导出是整个视频制作流程的最后一环。当我们将所有需要制作的内容都制作完成后，就需要进行最后一步——导出视频。

这一步是将时间轴和序列中零散的素材片段、字幕、效果等使用编码器编译成一个能够使用视频播放器播放的视频文件的过程，也是一个平衡文件量和画质的过程，使视频文件能在不同的显示设备和传播载体中播放与传播，导出的视频文件是交给客户的最终文件。

这一步很简单，但也很重要。如果我们费尽心力制作的作品呈现的效果不理想，不适合现在的传播途径，出现错误无法渲染，出现马赛克和画质不清等问题，就无法得到客户的肯定，也就不能算是制作完成。

13.1.1 导出的基本流程

导出视频的基本操作流程如下。

（1）在时间轴上使用工作区域或入点与出点确定要导出的视频的时间长度，激活导出的序列或“节目”窗口，使其处于当前应用状态（有蓝色边框）。

（2）单击“文件”>“导出”>“媒体”，Premiere Pro CC会打开“导出设置”对话框。在“导出设置”对话框中指定要导出的序列或剪辑的“源范围”。拖动工作区域上的手柄，然后单击“设置入点”按钮和“设置出点”按钮。

（3）选择导出的文件格式、预设，设置输出文件的名称与存储路径；要自动从 Premiere Pro CC 序列中导出设置与该序列设置完全匹配的文件，请在“导出设置”对话框中选择“匹配源”；要预设导出选项，请单击某一标签，如“视频”“音频”并选择相应的选项；单击文件名称，可选择新的存储地址和文件格式等。

（4）单击“导出”按钮，Premiere Pro CC会使用内置编码器进行文件的导出。

单击“队列”按钮，会打开Adobe Media Encoder添加到其队列中并渲染和导出相应的项目。

13.1.2 导出的时间和速度

在导出时，有两点是我们最关心的：一个是编码的画质，另一个就是导出所用的时间。我们都想用最短的时间导出画质最好的视频。但实际上这两点有着不可调和的关系，要想画质好，文件的编码时间必定长，而编码速度快，画质就无法保证，所以导出环节实际上就是在平衡画质与时间的关系——在最短的时间内得到最优的画质。

时间轴上的颜色是有意义的，在 Premiere Pro CC中，如果线条为黄色，则表示对应的内容会被 Mercury Playback Engine（软件和 GPU 技术的组合）加速；如果线条为红色，则 Premiere Pro CC 仅使用 CPU 对其进行处理；如果线条为绿色，则表示已经为此部分序列生成了预览，绿色线条越多，导出时的速度越快，如图13.1所示。

图13.1 时间轴上颜色的意义

可以使用以下3种方式进行导出。

（1）使用Premiere Pro CC内置的程序进行编码导出，但此时Premiere Pro CC会全力计算，无法做其他事情。

（2）使用外置的Adobe Media Encoder（需单独安装）程序导出，它是独立的编解码程序，不依赖于Premiere Pro CC，只要导入项目或素材后就可独立使用，而且Media Encoder还可以批量化渲染，无须人工值守。

（3）使用第三方插件渲染，如AfterCodecs，该方法可在一定程度上提升渲染速度和质量，但需使用Premiere Pro CC进行渲染。

13.2 导出媒体文件的基本方法

在Premiere Pro CC中导出媒体文件时有3种常用的媒体类型：视频、音频和图片。下面以常用的媒体类型为例，介绍导出媒体文件的基本方法。

13.2.1 导出的重要属性

导出媒体文件的基本流程可以分为确定格式、选择预设和输出名称3部分。无论导出哪种格式的媒体文件，只需要确定导出设置中的这3个选项，就基本可以保证视频正确导出。

（1）格式（编码格式）：“格式”选项的主要作用是选择导出的视频格式。

这里说的格式不是媒体文件的具体格式，虽然它可以决定导出文件的具体封装格式，但它其实是编码格式，用于确定使用哪种方式进行媒体文件的编码，也可以简单理解为选择合适的容器打包媒体，如图13.2所示。

（2）预设：“预设”选项的主要作用是选择视频的画面尺寸、清晰度和文件量，还可以更改帧速率、场序、像素长宽比等。

“预设”中有很多不同的选项，用户可以根据自己的需要选择预设文件，不同的预设文件有不同的画面尺寸、数据比特率和文件量等，可以决定媒体文件的清晰度等，如图13.3所示。

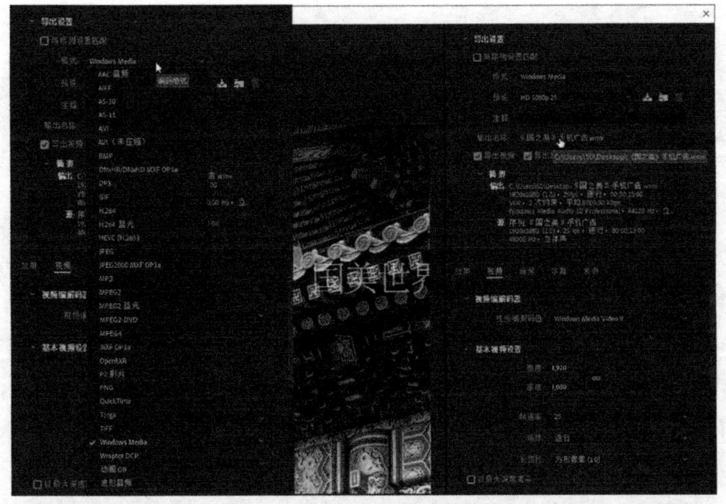

图13.2　编码格式

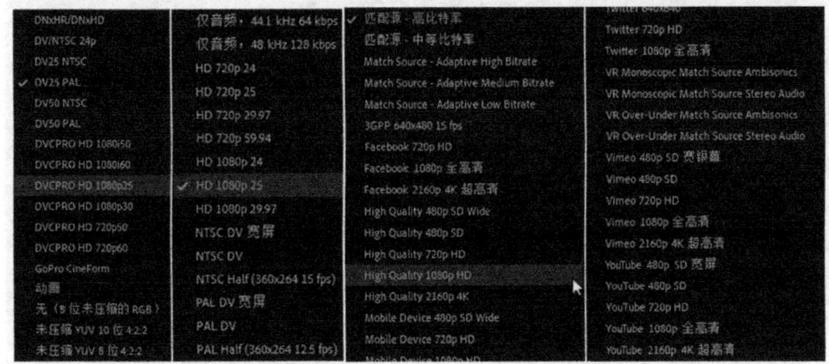

图13.3　.mov、.wmv和.mp4格式的预设

（3）输出名称：“输出名称”选项的主要作用是确定导出文件的名称和存储地址，如图13.4所示。

图13.4　输出文件的名称和存储地址

13.2.2 常用的媒体类型

1. 导出视频

下面以.avi、.mp4、.mpg、.mov和.wmv等常用视频格式的导出为例，介绍视频格式的导出设置。当然预设的具体内容可以进行调节，只不过一旦手动调整，“预设”选项将以“自定义”的方式呈现，如图13.5所示。

在这5种视频格式中，.mp4格式最常用，是在视频传输中使用得最普遍的视频格式，最适合作为成片的格式。.mov格式的兼容性更佳，Windows和macOS平台的支持效果都较好，使用“动画”编码方式还可以存储带有Alpha通道的视频文件。.wmv格式的压缩比较大，画质也较高。

2. 导出音频

下面以.mp3、.wav、.aac和.aiff等常用音频格式的导出为例，介绍音频格式的导出设置。当然预设的具体内容还可以进行调节，只不过一旦手动调整，“预设”选项将以“自定义”的方式呈现，如图13.6所示。

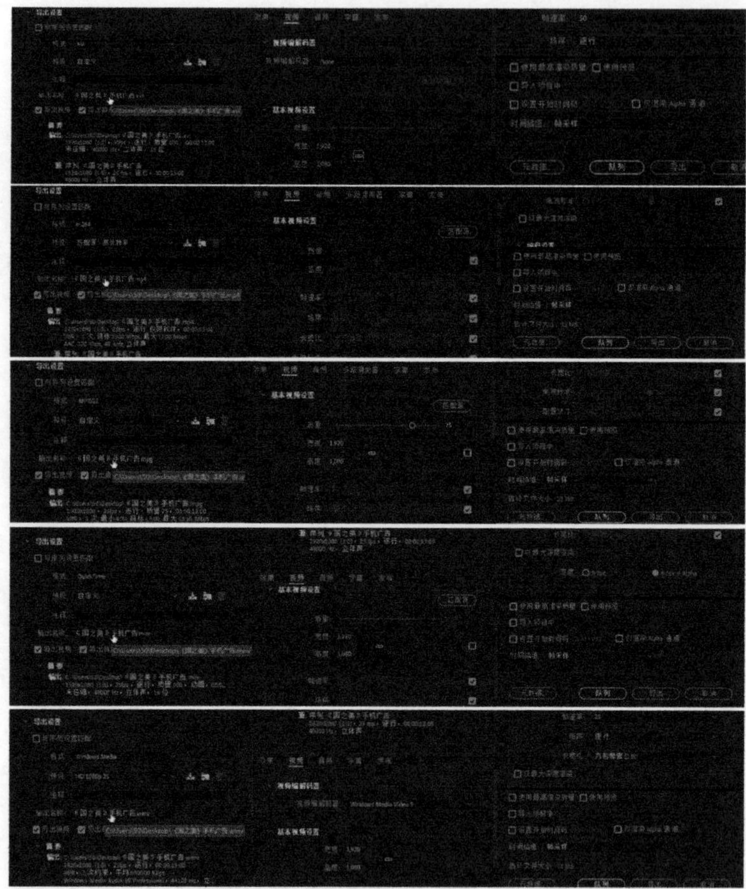

图13.5 .avi、.mp4、.mpg、.mov和.wmv格式的导出设置

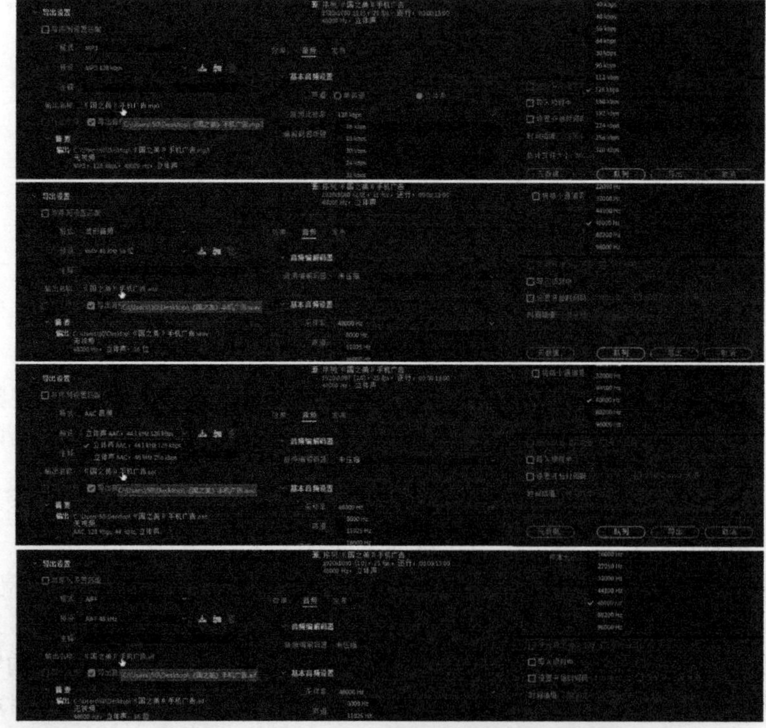

图13.6 .mp3、.wav、.aac和.aiff格式的导出设置

在这4种常用的音频格式中，.mp3格式是在音频传输中使用得最普遍的格式，其压缩比较高，文件量较小，较适合在网络传输中使用。而.wav格式是在Windows系统中使用的音质较高的，接近于无损压缩的一种音频格式，音质好，但文件量较大。

而在macOS平台中，.aac格式有相当于.mp3格式的音质，文件量较小。.aiff格式的音质较好，类似于.wav格式，所以更适用于标准较高的场合。

3. 导出图片

下面以.jpg和.png等常用图片格式的导出为例，介绍图片格式的导出设置。.jpg格式的画质较好，文件量较小，而.png格式可以存储带有Alpha通道的文件，所以使用频率较高，如图13.7所示。

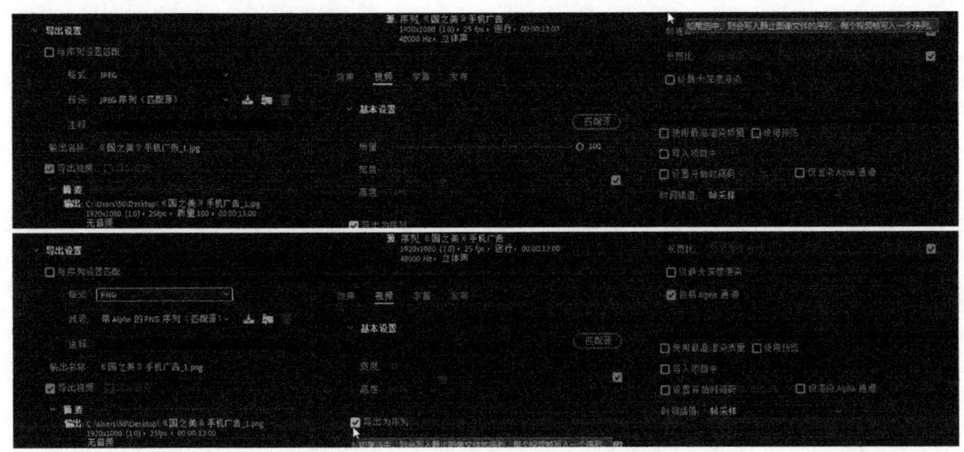

图13.7 .jpg和.png格式的导出设置

在导出图片时有一个重要的复选框——“导出为序列”，勾选这个复选框时导出的是带有连续序号的序列帧形式的图片，如图13.8所示。

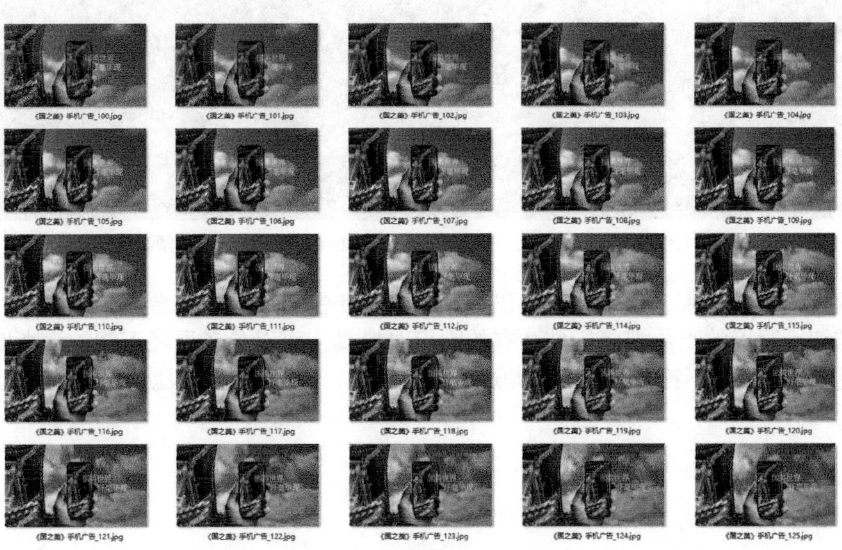

图13.8 序列帧形式的图片

在导出图片时还可以选择.tga和.tif格式，在这两种格式中，.tga格式较适用于后期合成时的序列帧文件的导出，而且可以存储带有Alpha通道的图片文件；而.tif格式是一种无损压缩图片格式，画质非常高，更适用于杂志印刷。文件量大是这两种图片格式的共同特点，所以它们在视频中的使用率不是特别高。

13.3 导出适合在互联网中传播的视频

在如今网络流媒体视频流行的趋势下，适合在网络中传播的视频更受大众的喜爱，适合在网络中传输的视频文件量小且画质高。那么我们在导出视频时该如何选择，才能为网络平台的传播提供最佳品质的视频呢？

我们应该先了解目标受众的数据速率，现在的数据传输速率一般在百兆左右，随着5G网络的逐步发展，网络可以承载更大数据容量的视频流，所以选择适当的帧速率进行回放已经不是什么技术难题了，可选的方案非常多，如图13.9所示。

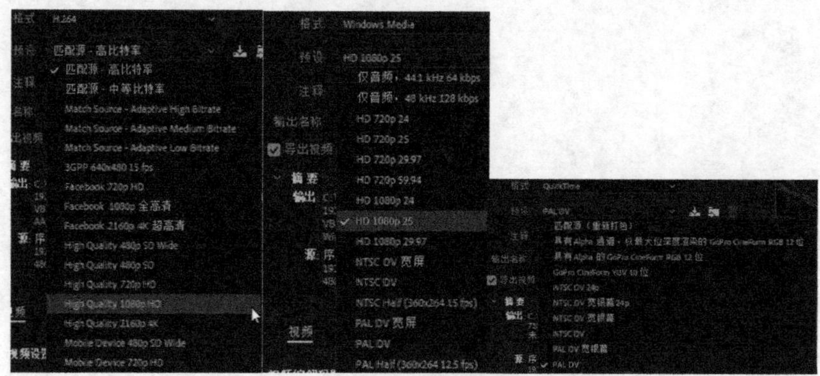

图13.9　适合在网络中传输的视频预设

每个视频网站的视频压缩标准各有不同。比如在1080P全高清这个标准下，YouTube、Facebook、Vimeo等视频平台的视频压缩标准不同，如图13.10所示。

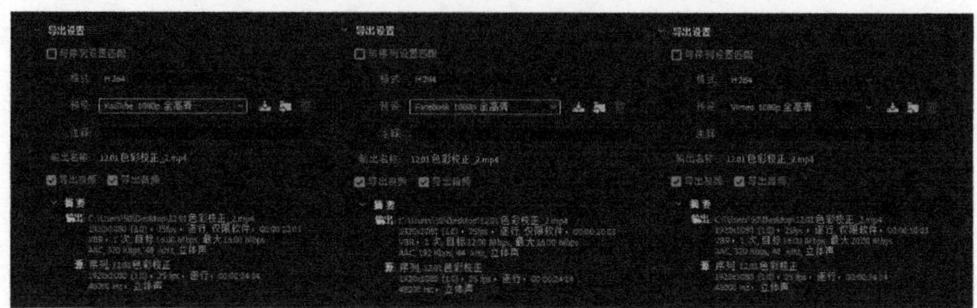

图13.10　YouTube、Facebook、Vimeo视频平台的导出预设

而像国内的哔哩哔哩、爱奇艺、腾讯视频、抖音和快手等众多平台的标准也不尽相同，有的平台有详细、明确的上传视频标准，有的则相对模糊，可以参考已经下载的清晰度较高的视频，只要能避免平台对不符合标准的视频进行二次编码，视频质量一般就可以得到保证。

13.4 导出至移动设备

导出到移动设备时需要注意的是分辨率和设备支持的格式，一般来说现在的手机、平板电脑的拍摄分辨率为1080P，但需要额外注意的是不同设备的屏幕分辨率不同，要想欣赏全屏画面或指定长宽比的画面，就需要在建立序列时设定好相关参数。还要注意的是要使用移动设备支持的视频格式和编码格式，如果编码解码器的通用性不高，那么在使用时就会出现一些不可预料的

问题。图13.11所示为一些常用移动设备的屏幕分辨率，供大家参考，制作时还要按照目标设备的具体属性进行设置。

序号	类型	格式	水平像素×垂直像素	宽高比	扫描方式	帧速率（帧/秒）
1	标清（SD）DV PAL/SECAM	D1/DV-PAL	720px x 576px	4:3	隔行（下场优先）	25
2		D2/DV-PAL宽屏	720px x 576px	16:9	隔行（下场优先）	25
3	标清（SD）DV NTSC	D1/DV-NTSC	720px x 480px	4:3	隔行（下场优先）	30
4		D1/DV-NTSC宽屏	720px x 480px	16:9	隔行（下场优先）	30
5	高清（HDTV）	720P	1280px x 720px	16:9	逐行（无场）	24/25/30/50/60
6	全高清（Full HDTV）	1080P	1920px x 1080px	16:9	逐行（无场）	24/25/30/50/60
7	超高清（Ultra HDTV）	4K UHD	3840px × 2160px	16:9	逐行（无场）	30/50/60
8		8K UHD	7680px × 4320px	16:9	逐行（无场）	30/50/60
9	iPhone XR/11		1792px　x 828px（屏幕）	2.16:1	逐行（无场）	24/30/60
10	iPhone 12/12 Pro		2532px x 1170px（屏幕）	2.16:1	逐行（无场）	24/30/60
11	iPad Pro 11 英寸		2388px x 1668px（屏幕）	1.43:1	逐行（无场）	24/30/60
12	iPad Pro 12.9 英寸		2732px x 2048px（屏幕）	1.33:1	逐行（无场）	24/30/60
13	小米11 Pro/11/11 Ultra		3200px x 1440px（屏幕）	2.22:1	逐行（无场）	25/30/60
14	华为 Mate 40 Pro/Pro+		2772px × 1344px（屏幕）	2.06:1	逐行（无场）	25/30/60
15	华为 P40 Pro		2640px × 1200px（屏幕）	2.20:1	逐行（无场）	25/30/60
16	华为 nova 8 Pro		2676px x 1236px（屏幕）	2.16:1	逐行（无场）	25/30/60

图13.11　常用移动设备的屏幕分辨率

13.5 Adobe Media Encoder队列导出方式

Adobe Media Encoder是一个用于转码和渲染的应用程序，可让用户以各种格式转换和渲染音视频文件。Adobe Media Encoder可用作Premiere Pro CC、After Effects CC的编码工具，也可用作独立的编解码程序，如图13.12所示。

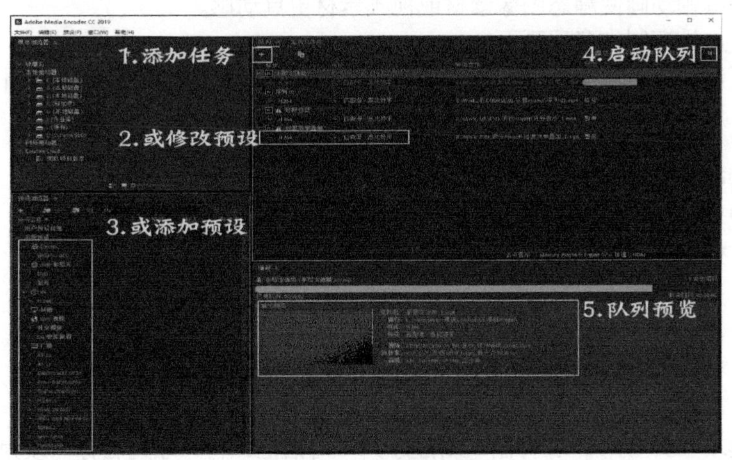

图13.12　队列导出窗口

13.6 课后练习

（1）总结自己在导出时常用的媒体格式及选择的原因，并制作成PPT。

（2）尝试使用Adobe Media Encoder将MP4格式的文件依次转换为MPG、MOV和WMV格式的文件并对比它们的渲染时间与画面质量。

第14章 千锤百炼造就高手——综合案例制作

14.1 综合案例一：末世浩劫

本案例制作的片段类似灾难片《后天》中的片段。在本案例中我们使用“色彩平衡（HLS）”效果和“亮度与饱和度”效果来制作变色的天空，使用多层画面叠加的技巧增强画面的层次感，使用“运动”效果制作动态变化的字幕效果。遵守画面统一性原则，保证画面中所有元素的亮度与色彩统一，将之前学过的知识点综合起来，制作一个完整的视频片段。

接下来，让我们一起来完成这个案例的制作吧！

目的

（1）综合使用视频效果，并能够熟练掌握关键帧的设置方法。

（2）使用关键帧动画使静态图像素材或视频素材更具动感。

（3）使用叠加技巧制作多层画面。

（4）逐渐了解并积累视频效果的应用场景和使用经验，制作一个完整的视频片段。

重点与难点

（1）如何增强画面的真实感。

（2）了解视频效果的应用途径。

（3）如何有效提高素材的整合能力。

制作步骤

步骤1　创建序列

单击“新建项”>“序列”，弹出“新建序列”对话框，将“序列名称”改为“末世浩劫”，单击“确定”按钮进入软件操作界面，如图14.1所示。

步骤2　导入素材

打开“课程素材”>“综合案例”>“末世浩劫”文件夹，将其中的素材导入Premiere Pro CC。

将“云动.mp4”素材拖曳至V1轨道，打开“效果控制”窗口，将“视频效果”>“运动”>“缩放”数值改为120。拖曳Photo by Jonatan Pie on Unsplash图片至V3轨道，拖曳图片的出点，使之与视频素材等长。将“视频效果”>“运动”>“位置”y轴数值改为1300。将“视频效果”>“运动”>“缩放”数值改为55。单击激活其动画开关，在00:00:00:00处建立第一个关键帧，数值设为55。在00:00:09:02处建立第二个关键帧，将其数值设为60，如图14.2所示。

步骤3　创建字幕及动画

使用“文字工具”在“节目”窗口中单击，输入“末世浩劫”，打开“基本图形”窗口，单击“编辑”标签。选中文字，将字体改为“Source Han Sans CN思源黑体”，字体样式改为“AliHYAiHei”，字体大小改为480，单击“水平居中对齐”按钮，然后将字幕出点与下方素材对齐。保持选中文字的状态，将“视频效果”>“运动”>“缩放”数值改为230，将“视频效果”>“运动”>“位置”的y轴数值改为660，将“不透明度”>“混合模式”改为“柔光”，将字幕入出点与下方的素材对齐，如图14.3所示。

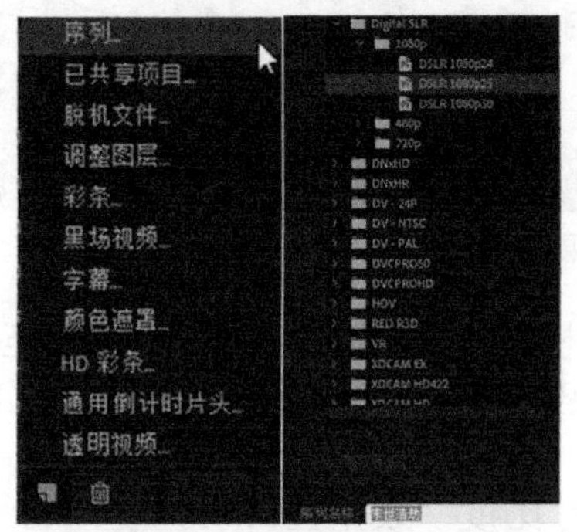

图14.1　创建序列（一）

图14.2　导入素材（一）

图14.3　创建字幕

步骤4　制作字幕动画

选择字幕，找到“视频效果”>“运动”>“位置”，激活其关键帧动画开关。

在00:00:00:00处建立第一个关键帧，将其x轴数值改为3800，y轴数值改为660。

在00:00:09:02处建立第二个关键帧，将其x轴数值改为-310，y轴数值改为660，如图14.4所示。

图14.4　制作字幕动画

步骤5　添加效果

添加“视频效果”>“颜色校正”>“颜色平衡（HLS）”效果至“云动.mp4”素材上，修改其“色相”数值为130.0°，“亮度”数值为-15.0，“饱和度”数值为35.0。

添加“视频效果”>“颜色校正”>“亮度与对比度”效果至“运动.mp4”素材上，修改其“亮度”数值为-22.0，“对比度”数值为35.0，如图14.5所示。

图14.5 添加视频效果（一）

为了统一画面色调，添加“视频效果”>“颜色校正”>“色调（色彩）”效果至Photo by Jonatan Pie on Unsplash.png图片上，修改“将黑色映射到”的颜色值为（R255，G0，B0），“着色量”数值为25.0%。

添加“视频效果”>“颜色校正”>“亮度与对比度”效果至Photo by Jonatan Pie on Unsplash图片上，修改其“亮度”数值为-35.0，“对比度”数值为15.0，如图14.6所示。

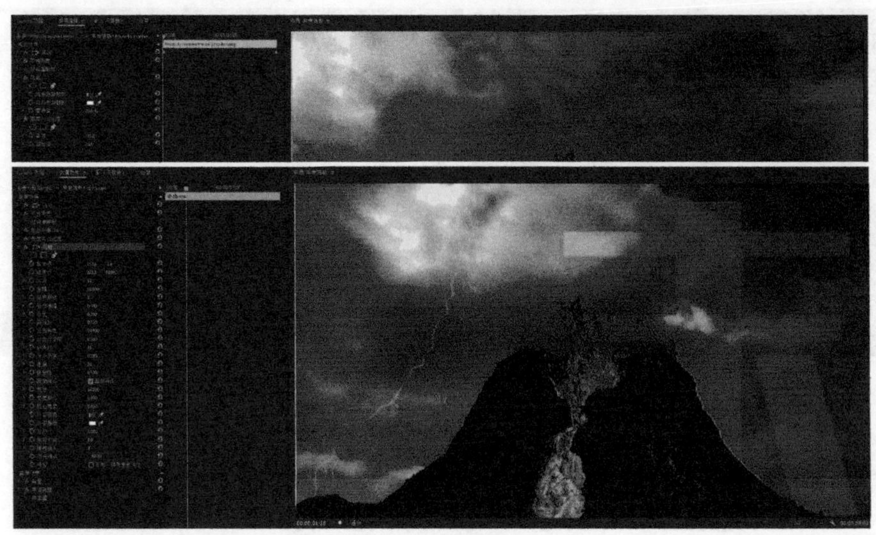

图14.6 添加视频效果（二）

步骤6 添加闪电

添加“视频效果”>“生成”>“闪电”效果至“云动.mp4”素材上，修改其“起始点”的x轴数值为757.6，y轴数值为-1.6，修改“结束点”的x轴数值为201.8，y轴数值为1009.3，修改“分段”数值为12，“再分支”数值为0.3，“分支段”数值为15，如图14.7所示。

图14.7 添加闪电（一）

复制粘贴效果，修改其“起始点”的x轴数值为494.1，y轴数值为51.4，修改“结束点”的x轴数值为1853.2，y轴数值为1009.3，修改“分段”值为15，“再分支”值为0.100，“分支段”值为12，“速度”值为6，如图14.8所示。

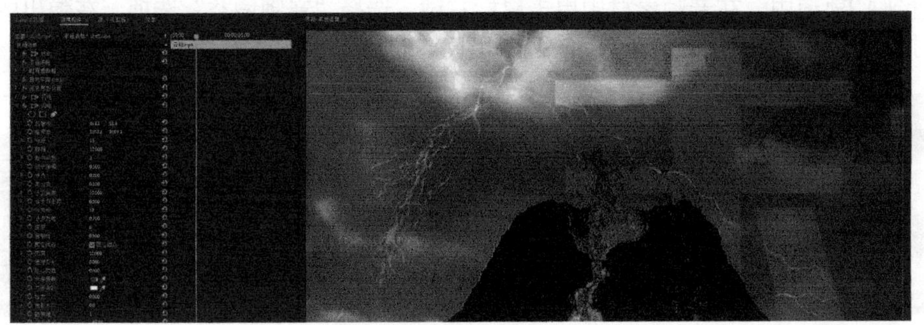

图14.8　添加闪电（二）

再次复制粘贴效果，修改其“起始点”的x轴数值为1136.7，y轴数值为16.7，修改“结束点”的x轴数值为1368.4，y轴数值为985.2，修改“分段”值为15，“再分支”值为0.100，“分支段”值为10，“速度”值为10，如图14.9所示。

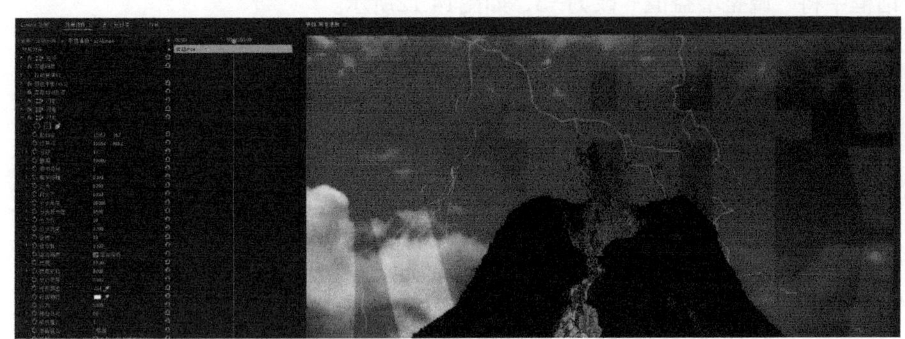

图14.9　添加闪电（三）

按住Ctrl键的同时单击3个闪电，复制效果后粘贴效果至Photo by Jonatan Pie on Unsplash图片上。将3个闪电效果的“起始点”“结束点”“外部颜色”按以下要求更改。

设置第一个闪电“起始点”的x轴数值为1870.0，y轴数值为360.0，修改“结束点”的x轴数值为929.0，y轴数值为2555.0，将“外部颜色”改为（R255，G0，B255）。

设置第二个闪电“起始点”的x轴数值为1870.0，y轴数值为360.0，修改“结束点”的x轴数值为1792.0，y轴数值为3119.0，将“外部颜色”改为（R255，G0，B255）。

设置第三个闪电“起始点”的x轴数值为1870.0，y轴数值为360.0，修改“结束点”的x轴数值为2743.0，y轴数值为2616.0，将“外部颜色”改为（R255，G0，B255），如图14.10所示。

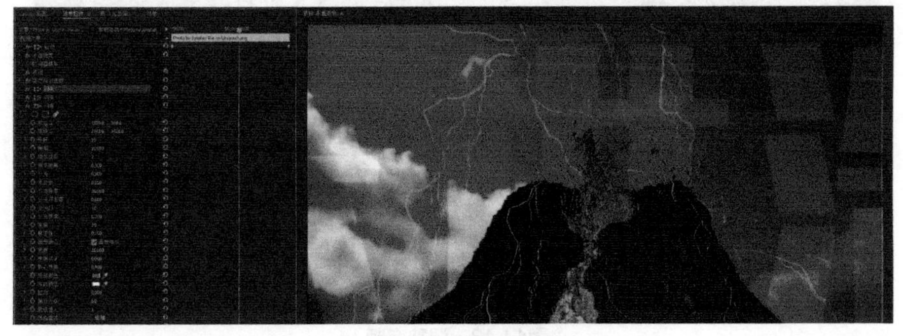

图14.10　设置闪电效果

步骤7　添加音效

双击“项目”窗口中的“紧张气氛.mp3”素材，将此素材载入“源”窗口，移动时间指示器到00:00:07:21处。单击“标记入点”按钮，设置素材的入点，拖曳“仅拖动音频”按钮，将素材放置到A2轨道中。在音频素材中单击鼠标右键，选择“音频增益”选项，在弹出的“音频增益”对话框中将“调整增益值”改为-9，如图14.11所示。

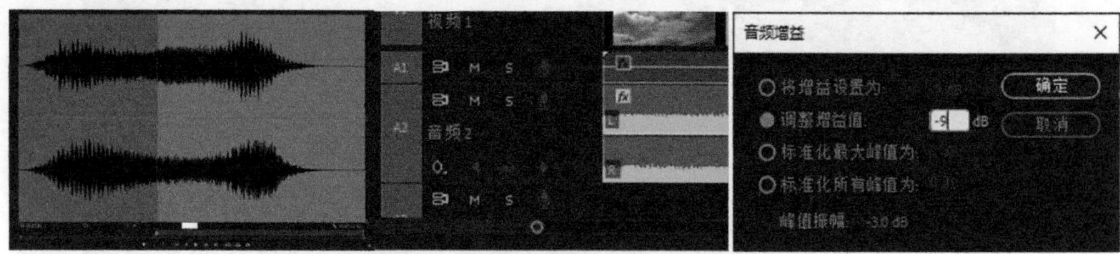

图14.11　调整增益值（一）

双击“项目”窗口中的“04.wav”素材，将此素材载入“源”窗口，移动时间指示器到00:00:06:20 处，单击“标记出点”按钮，设置素材的出点。拖曳“仅拖动音频”按钮，将素材放置到A3轨道中。在音频素材中单击鼠标右键，选择“音频增益”选项，在弹出的“音频增益”对话框中将“调整增益值”改为-3，如图14.12所示。

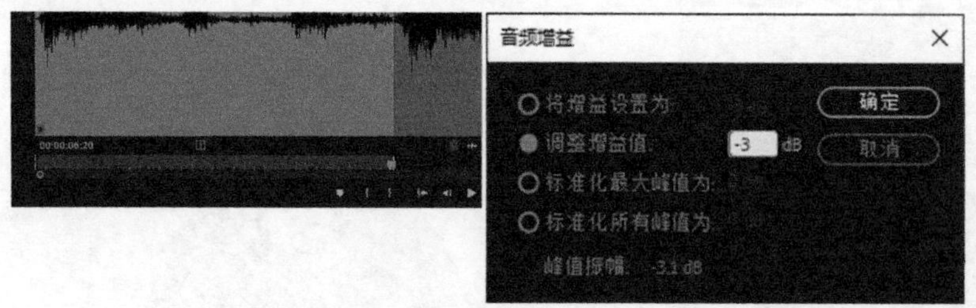

图14.12　调整增益值（二）

双击“项目”窗口中的“03.wav”素材，将此素材载入“源”窗口，移动时间指示器到00:00:00:16处，单击“标记入点”按钮，设置素材的入点。移动时间指示器到00:00:05:20处。单击“标记出点”按钮，设置素材的出点。拖曳“仅拖动音频”按钮，将素材放置到A3轨道下方的空白处，新建A4轨道。在音频素材中单击鼠标右键，选择“音频增益”选项，在弹出的“音频增益”对话框中将“调整增益值”改为-3，使用组合键Shift+Ctrl+D为音频添加默认的过渡效果，如图14.13所示。

图14.13　调整音频

步骤8　添加画面闪烁

选择“项目”窗口中的“末世浩劫”文件夹，然后单击右下角的“新建项”按钮，新建一个颜色遮罩，在“新建颜色遮罩”对话框中单击“确定”按钮，在弹出的“拾色器”对话框中选择白色（R255，G255，B255），单击“确定”按钮，在“选择名称”对话框中将遮罩名称改为“闪电”，单击“确定”按钮，如图14.14所示。

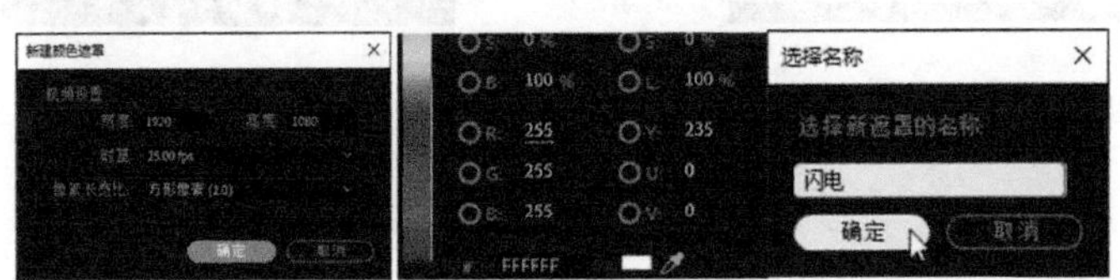

图14.14　建立颜色遮罩

将“闪电”颜色遮罩拖曳至V3轨道上方的空白处，新建V4轨道，并用“剃刀工具”将“闪电”颜色遮罩一分为二，分别在两段颜色遮罩上单击鼠标右键，选择“速度/持续时间”选项，一个素材输入3帧，另一个素材输入6帧并单击“确定”按钮，如图14.15所示。

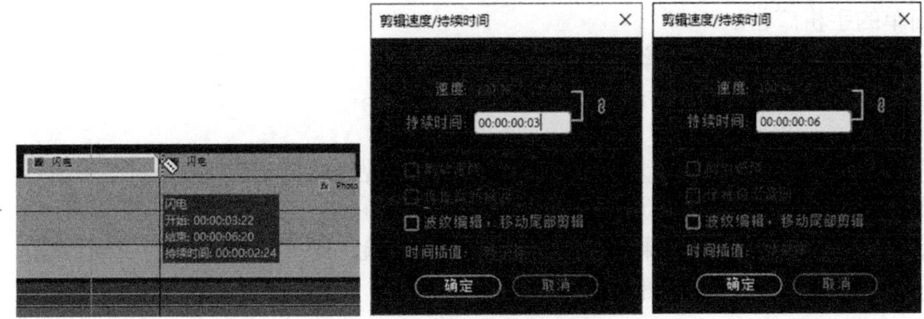

图14.15　调整剪辑速度/持续时间

将目标轨道从V1轨道切换至V4轨道。复制并粘贴短的“闪电”颜色遮罩两次，并使用组合键Ctrl+D为所有“闪电”颜色遮罩添加默认的过渡效果，4个片段的间隔依次为1帧、1帧和4帧，然后选择4个片段，再复制粘贴一次，如图14.16所示。

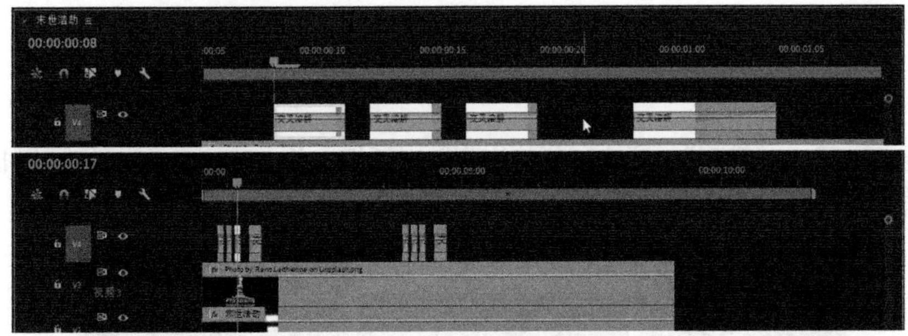

图14.16　调整颜色遮罩

步骤9　导出

单击“时间轴”窗口，使其成为当前操作窗口，将工作区域中的出点移至00:00:09:03处。然后单击“文件”>“导出”>“媒体”，弹出“导出设置”对话框，在右侧的“导出设置”里找到“格式”，选择H.264；在“预设”里选择“匹配源-高比特率”，“输出名称”里选择存储的地址和文件格式，设置完成后单击“导出设置”底部的“导出”按钮，完成导出操作，如图14.17所示。

本案例制作完成。

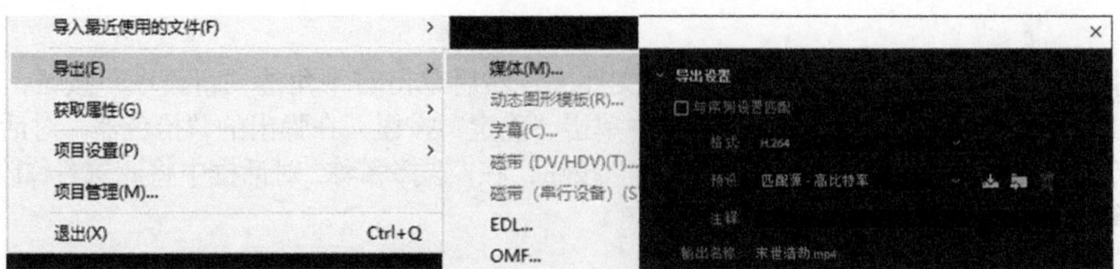

图14.17　导出设置（一）

综合案例二：《国之美》手机广告

在本案例中我们将会使用过渡效果制作建筑物的转场动画，使用特效制作字幕的入场动画，增强画面的动感，使用嵌套技巧制作视差效果和运动效果，将之前学过的知识点综合起来，制作一个简单的手机广告。

下面让我们一起来完成这个案例的制作吧！

目的

（1）使用过渡效果和关键帧动画使静态图像素材或视频素材更具动感。

（2）使用嵌套技巧制作视差动画效果。

（3）逐渐了解并积累视频效果的应用场景和使用经验，制作一个完整的视频片段。

（4）使用相关知识展示中国建筑。

重点与难点

（1）如何使用视差增强画面的层次感。

（2）尝试理解视频效果的应用途径。

（3）如何利用转场和字幕动画增强画面的动感。

制作步骤

步骤1　创建序列

单击“新建项”>“序列”，弹出“新建序列”对话框，将“序列名称”改为“《国之美》手机广告”，单击“确定”按钮进入软件操作界面，如图14.18所示。

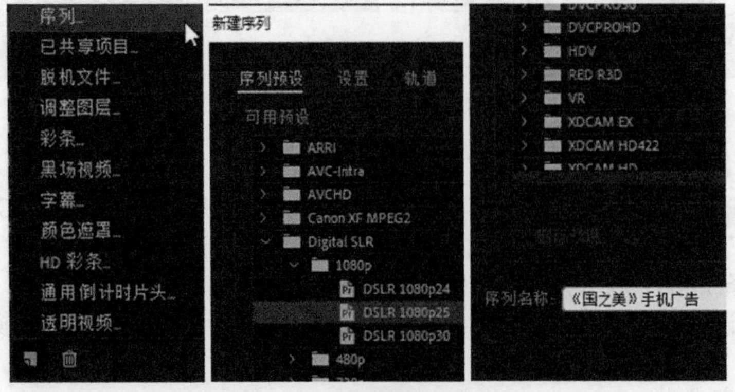

图14.18　创建序列（二）

步骤2　导入素材

打开“课程素材”>“综合案例”>“《国之美》手机广告”文件夹，将所有素材导入Premiere Pro CC。

依次选择素材“Photo by Kirill Sharkovski on Unsplash.jpg”“Photo by Rafik Wahba on Unsplash (2).jpg”“Photo by Yannes Kiefer on Unsplash.jpg”“Photo by Myles Yu on Unsplash.jpg”“Photo by Jason An on Unsplash.jpg”，选择的顺序就是素材在序列中的排列顺序，将这5张图片拖曳至V1轨道，如图14.19所示。

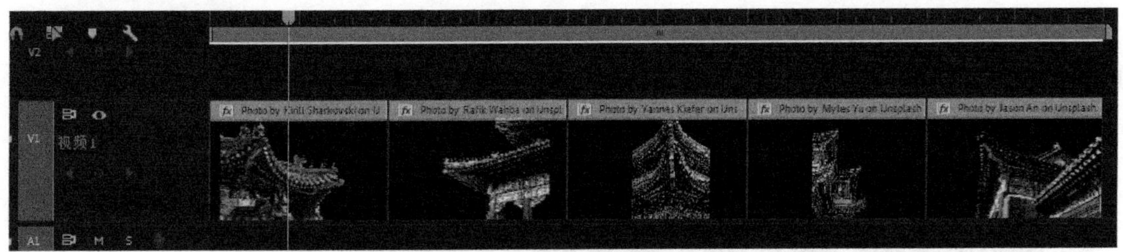

图14.19　导入素材（二）

分别按以下要求修改图片的位置和大小，效果如图14.20所示。

选择第1张图片，打开“效果控制”窗口，将“视频效果”>“运动”>“缩放”数值改为40.0，将“位置”中的x轴数值改为961.6，y轴数值改为659.5。

选择第2张图片，打开“效果控制”窗口，将“视频效果”>“运动”>“缩放”数值改为59.6，将“位置”中的x轴数值改为1074.7，y轴数值改为566.0。

选择第3张图片，打开“效果控制”窗口，将“视频效果”>“运动”>“缩放”数值改为70.0，将“位置”中的x轴数值改为269.1，y轴数值改为1414.8。

选择第4张图片，打开“效果控制”窗口，将“视频效果”>“运动”>“缩放”数值改为50.0，将“位置”中的x轴数值改为898.6，y轴数值改为585.5。

选择第5张图片，打开“效果控制”窗口，将“视频效果”>“运动”>“缩放”数值改为46.0，将“位置”中的x轴数值改为1097.0，y轴数值改为558.4。

图14.20　调整素材的位置和大小

步骤3　添加过渡效果

激活序列窗口，使用组合键Ctrl+A全选序列中的所有素材，在任意素材上单击鼠标右键，选择“速度/持续时间”选项，在弹出的“剪辑速度/持续时间”对话框中，将“持续时间”改为00:00:02:00，这样被选择的所有素材的时间长度都会被改为2秒，如图14.21所示。依次单击图片间的空白处，然后按Delete键删除空白内容。

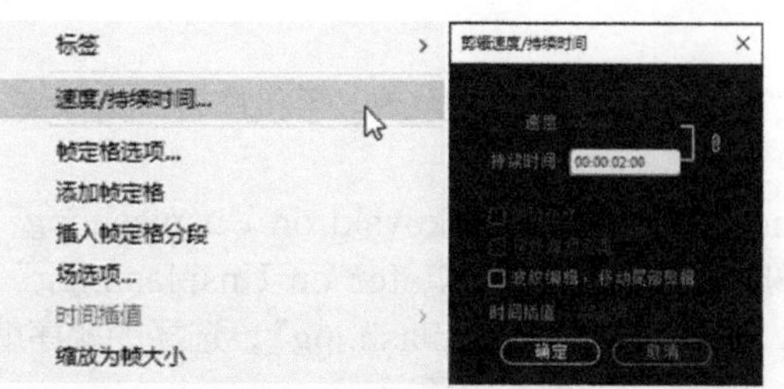

图14.21　调整持续时间

再次使用组合键Ctrl+A全选序列中的所有素材，使用组合键Ctrl+D为所有素材添加默认的过渡效果。依次选择6个过渡效果，并将它们的“持续时间”改为00:00:00:12，如图14.22所示。

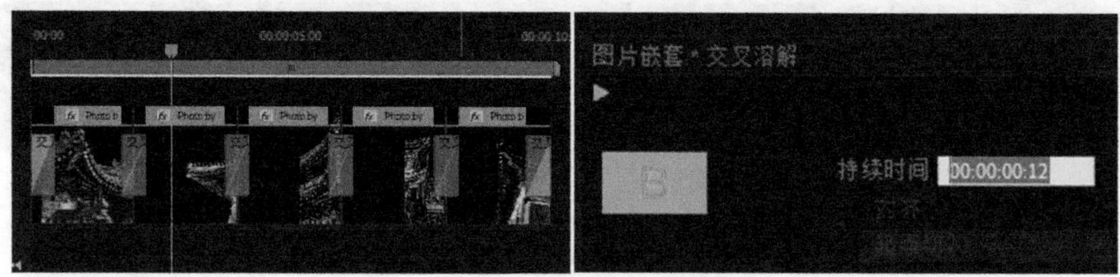

图14.22　添加默认的过渡效果

步骤4　嵌套序列

激活序列窗口，使其成为当前操作窗口，按组合键Ctrl+A全选序列中的所有素材，然后在任意素材上单击鼠标右键并选择“嵌套”选项，将选择的素材嵌套到新的序列中，以便接下来制作建筑和云的时差效果。在弹出的“嵌套序列名称”对话框中修改“名称”为“图片嵌套”，单击“确定”按钮，如图14.23所示。

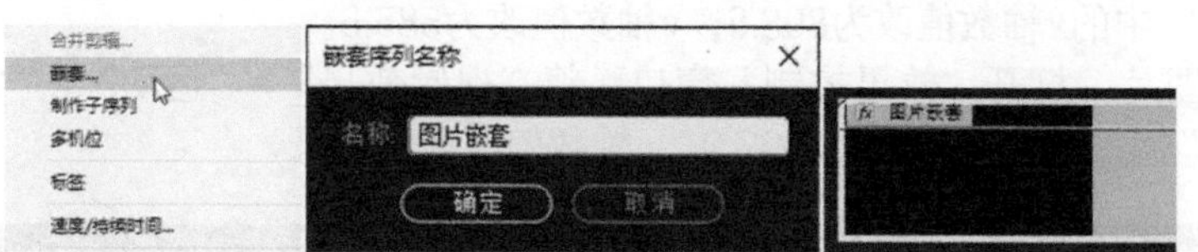

图14.23　嵌套序列

步骤5　制作视差动画效果

将“图片嵌套”移至V2轨道，将“云动.mp4”素材移至V1轨道，再将两个素材的左边缘对齐。打开“效果控制”窗口，将“视频效果”>“运动”>“缩放”数值改为120。

使用“比率拉伸工具”拖曳素材出点并对齐到“图片嵌套”的尾部。选择“图片嵌套”，将时间指示器移至00:00:00:00处，激活“视频效果”>“运动”>“缩放”属性的关键帧动画开关，建立第一个关键帧。将时间指示器移至00:00:09:24处，将“缩放”数值改为115.0，如图14.24所示，建立第二个关键帧，播放动画可见图片缓慢变大，而背景不动。

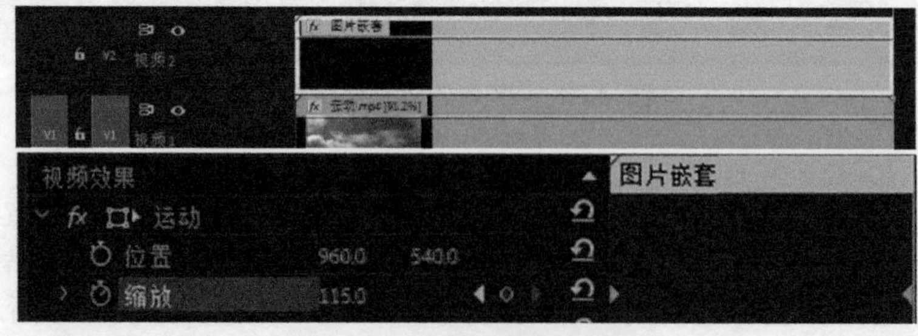

图14.24　设置“缩放”动画

步骤6　再次嵌套

选择“选择工具”，接下来把V1、V2轨道中的内容再嵌入一个新序列，因为要把它们作为手机屏幕里的内容统一制作效果，所以需要把这两个轨道中的内容嵌套为一个整体。

按组合键Ctrl+A全选序列中的所有素材，然后在任意素材上单击鼠标右键并选择“嵌套”选项，将选择的素材嵌套到新的序列中，在弹出的“嵌套序列名称”对话框中修改“名称”为“屏幕嵌套”，单击“确定”按钮；单击序列窗口左上角的“链接选择项”按钮，使其处于灰色状态，单击“屏幕嵌套”的音频部分，按Delete键删除音频，如图14.25所示。

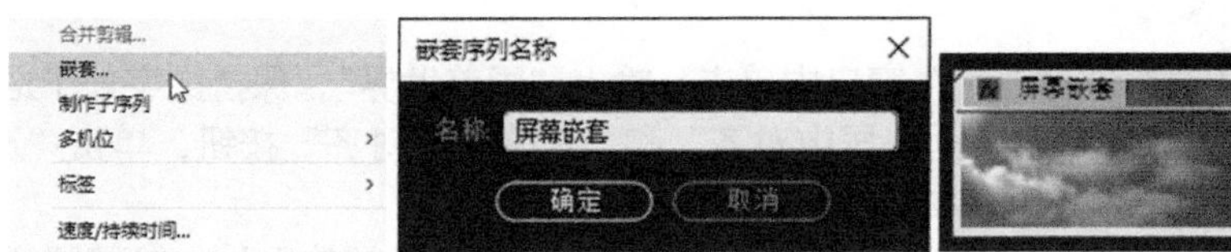

图14.25　创建“屏幕嵌套”

步骤7　嵌入手机屏幕

按住Alt键+鼠标左键移动并复制“屏幕嵌套”至V2轨道。将“Photo by Balázs Kétyi on Unsplash.png”图片拖曳至当前序列的V3轨道中，如图14.26所示，拖曳素材出点至00:00:09:24处。激活“效果控制”窗口，将“视频效果”>“运动”>“缩放”数值改为25.0，调整其“运动”>“位置”属性，设置x轴数值为960.0，y轴数值为640.0。

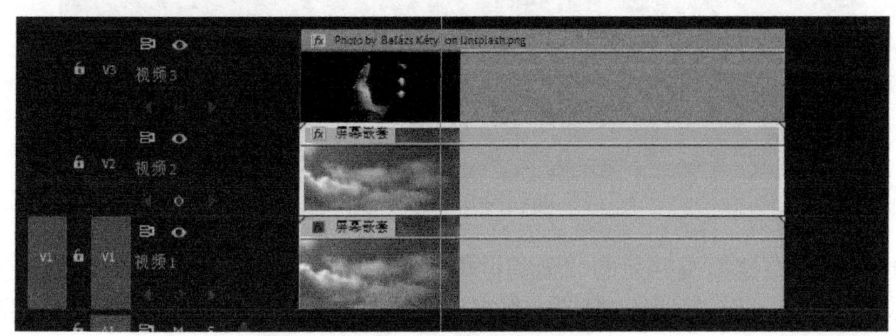

图14.26　调整素材位置和大小

单击V2轨道上的“屏幕嵌套”并修改“视频效果”>“运动”>“缩放”值为56.0，“旋转”值为-0.9。想要让此视频只显示在手机屏幕内，需使用“不透明度”属性中的自由绘制贝塞尔曲线工具，在V2轨道的“屏幕嵌套”素材上沿着手机屏幕外框的内边缘创建一个蒙版，以便只显示屏幕内的画面。将素材移至其参考位置，x轴数值为1388.3，y轴数值为596.0，效果如图14.27所示。

单击V2轨道上的“屏幕嵌套”，选择“视频效果”>“不透明度”中的自由绘制贝塞尔曲线工具沿着手机屏幕创建蒙版时，可按住Alt键调整节点的曲度，按住Ctrl键+鼠标左键删除节点，如图14.28所示。

图14.27　调整“屏幕嵌套”素材

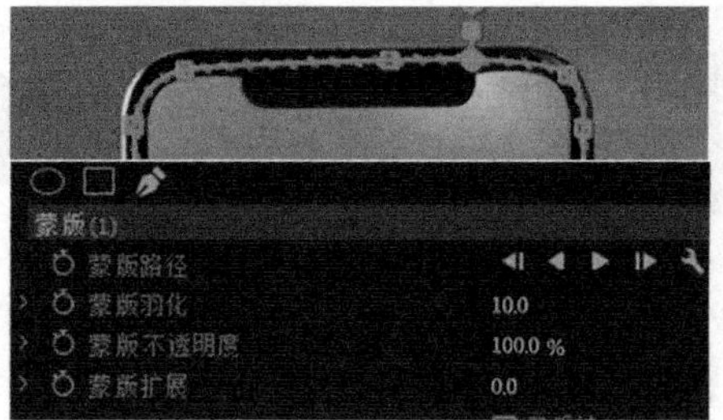

图14.28　创建蒙版

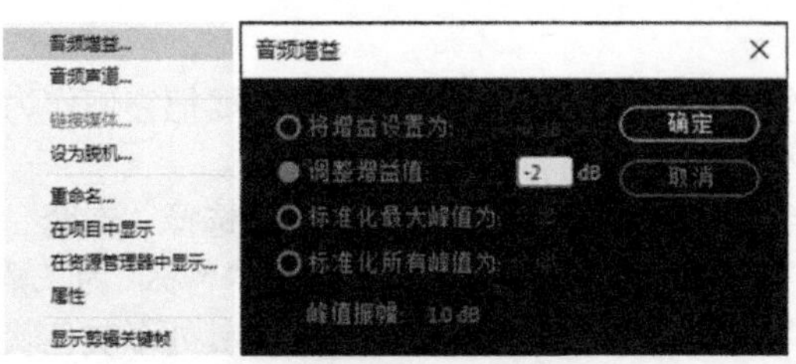

图14.29 调整音频增益值

步骤8 添加音乐

将素材文件夹中的"background_clip.mp3"素材拖曳至A1轨道，将素材的左侧对齐到时间轴起点处。在素材上单击鼠标右键，选择"音频增益"选项，将"调整增益值"改为-2，单击"确定"按钮，如图14.29所示。

步骤9 添加字幕

使用"文字工具"在"节目"窗口中单击，输入"国美世界"，保持文字处于选中状态，将字体改为"MingLiU"，单击"垂直居中对齐"和"水平居中对齐"按钮，单击"选择工具"，将字幕入点对齐至00:00:05:00处。

将时间指示器移至00:00:05:00处，然后单击并激活"视频效果" > "运动" > "位置"的关键帧动画开关，将x轴数值改为2050.0，y轴数值改为540.0，建立第一个关键帧。

将时间指示器移至00:00:06:00处，然后修改"视频效果" > "运动" > "位置"的x轴数值为1270.2，y轴数值为540.0，建立第二个关键帧。

将时间指示器移至00:00:09:24处，然后修改"视频效果" > "运动" > "位置"的x轴数值为960.0，y轴数值为540.0，建立第三个关键帧，如图14.30所示。

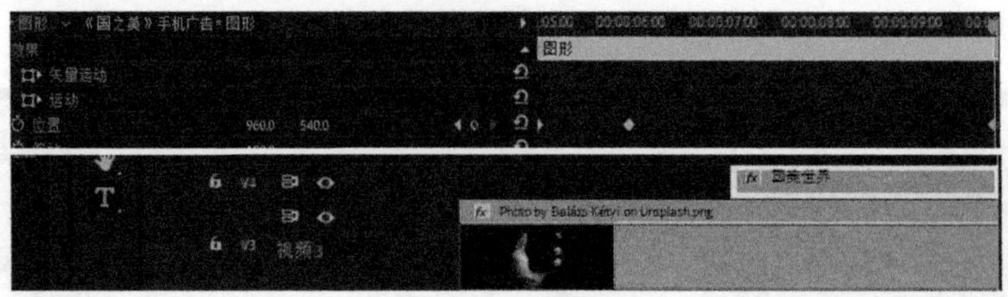

图14.30 添加字幕

按住Alt键+鼠标左键拖曳并复制"国美世界"字幕到V5轨道，然后单击V4轨道上的字幕文件，选择"文字工具"，在"节目"窗口中将字幕内容改为"纤毫毕现"，如区分不出两个字幕文件，可先将V5轨道中的内容隐藏，修改完V4轨道上的内容后，再将其显示出来。

将时间指示器移至00:00:05:00处，然后单击并修改"视频效果" > "运动" > "位置"的x轴数值为-400.0，y轴数值为661.0，建立第一个关键帧。

将时间指示器移至00:00:06:00处，然后修改"视频效果" > "运动" > "位置"的x轴数值为1108.2，y轴数值为661.0，建立第二个关键帧。

将时间指示器移至00:00:09:24处，然后修改"视频效果" > "运动" > "位置"的x轴数值为1460.0，y轴数值为661.0，建立第三个关键帧。

选择两个字幕，按组合键Ctrl+D为它们添加默认的过渡效果，然后使"国美世界"字幕的出点与"纤毫毕现"的出点对齐；也可以将"纤毫毕现"字幕的入点缩进12帧，让两个字幕依次出现，如图14.31所示。

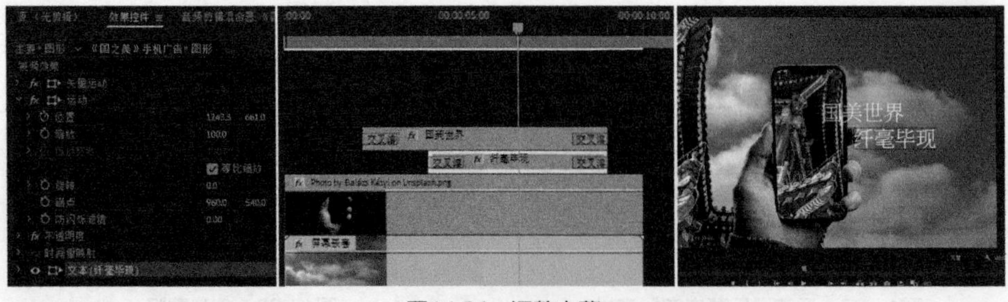

图14.31 调整字幕

按住Alt键+鼠标左键移动并复制“国美世界”至V5轨道，将入点对齐至00:00:09:24处，修改字体大小为60，删除出点和入点处的过渡效果和“位置”属性的所有关键帧，重新建立关键帧。

将时间指示器移至00:00:10:22处，建立第一个关键帧，将x轴数值改为960.0，y轴数值改为540.0。

将时间指示器移至00:00:11:03处，建立第二个关键帧，将x轴数值改为807.0，y轴数值改为540.0。

再次按住Alt键+鼠标左键移动并复制“国美世界”至V4轨道，将入点对齐至00:00:09:24处。

将时间指示器移至00:00:10:22处，建立第一个关键帧，将x轴数值改为1180.0，y轴数值改为540.0。

将时间指示器移至00:00:11:03处，建立第二个关键帧，将x轴数值改为1107.0，y轴数值改为540.0。

将时间指示器移动至00:00:10:22处，使用“剃刀工具”在当前时间指示器的位置分割素材，然后将前面较短的部分删除。双击字幕，在“节目”窗口中将字幕内容改为“中国智造”。

选择最后两个字幕，将它们的出点对其至音频素材的出点，如图14.32所示。

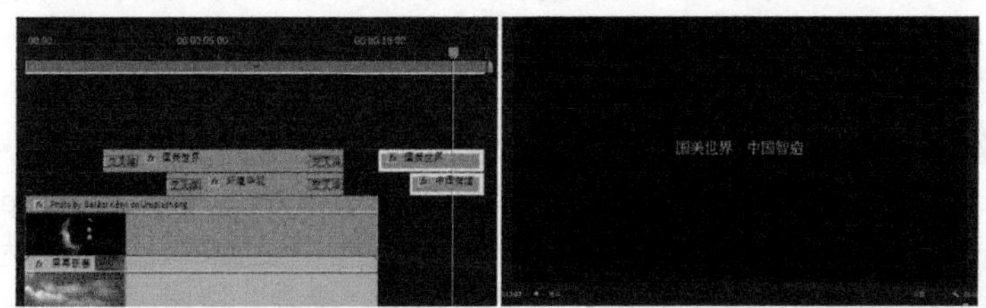

图14.32 调整字幕位置

步骤10 导出

单击“时间轴”窗口，然后单击“文件”>“导出”>“媒体”，弹出“导出设置”对话框，在右侧的“导出设置”里找到“格式”，选择H.264；在“预设”里选择“匹配源-高比特率”，“输出名称”里选择存储的地址和文件格式，设置完成后单击“导出设置”底部的“导出”按钮，完成导出操作，如图14.33所示。

本案例制作完成。

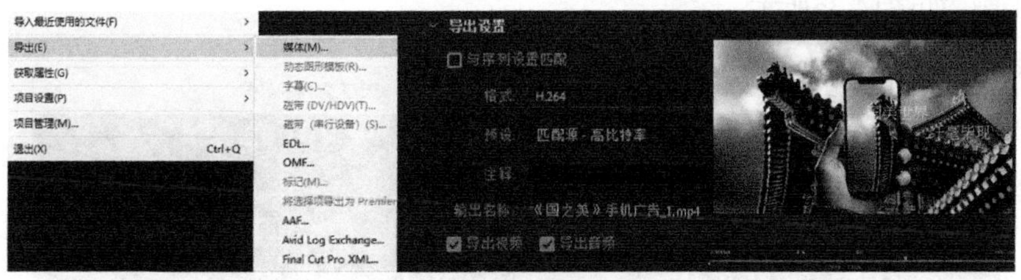

图14.33 导出设置（二）

14.3 综合案例三：《动物世界概览》栏目片头

本案例制作的是电视栏目片头。在本案例中我们使用“运动”效果制作底片素材的转动效果，使用倒放技巧制作元素的运动动画，增强画面的动感，使用嵌套技巧统一素材整体的运动效果，将之前学过的知识点综合起来，完成一个简单的栏目片头的制作。

微课视频

目的

（1）使用“运动”效果制作静态素材的队列式运动效果。

（2）使用多层嵌套技巧修改画面整体的效果。

（3）逐渐了解并积累视频效果的应用场景和使用经验，制作一个完整的视频片段。

（4）通过此案例再次强化关注动物保护的意识。

重点与难点

（1）如何使用多层嵌套技巧实现画面的整体变化。

（2）尝试理解栏目片头的制作理念，并灵活使用各种元素表现主题。

（3）如何增强画面的动感。

制作步骤

步骤1　创建序列

单击“新建项”>“序列”，弹出“新建序列”对话框，将“序列名称”改为“《动物世界概览》栏目片头”，单击“确定”按钮进入软件操作界面，如图14. 34所示。

步骤2　导入素材

打开“课程素材”>“综合案例”>“《动物世界概览》栏目片头”文件夹，将所有素材导入Premiere Pro CC，导入“title.psd”素材时在弹出的对话框中设置“导入为”为“各个图层”，然后单击“确定”按钮。

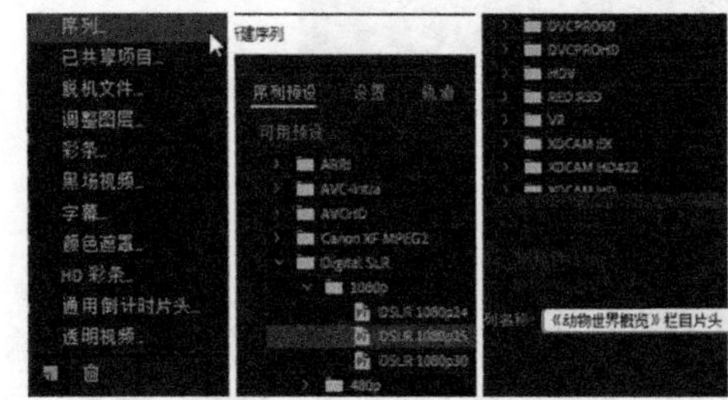

图14.34　创建序列（三）

将“动态背景.mp4”素材拖曳至V1轨道。将“底片.png”素材拖曳至V2轨道，修改“视频效果”>“运动”>“位置”的x轴数值为170，y轴数值为1040，单击鼠标右键，选择“速度/持续时间”选项，将“持续时间”改为00:00:10:22，单击“确定”按钮。

将“A-1.png”至“A-12.png”图片选中（选择素材的顺序就是素材在序列中的排列顺序），拖曳至V3轨道，如图14.35所示。

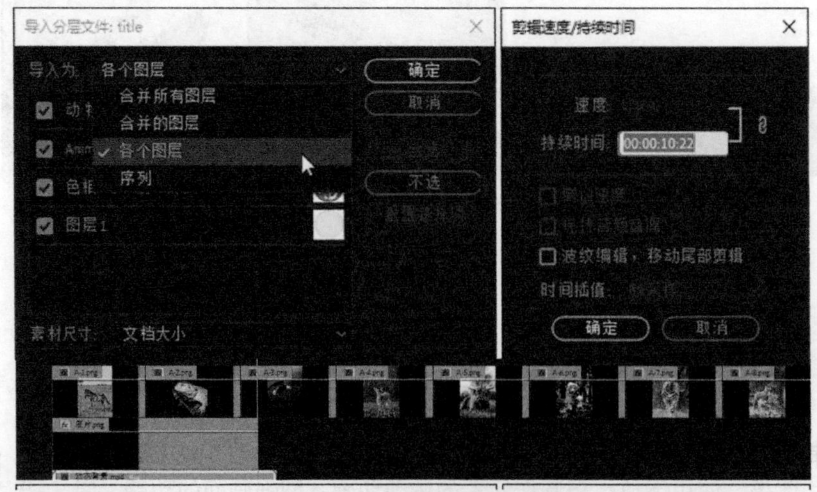

图14.35　导入分层文件并调整持续时间

步骤3　制作动画

选择“底片.png”，激活“视频效果”>“运动”>“位置”的关键帧动画开关。

在00:00:00:00处建立第一个关键帧，将y轴数值改为1040.0。

在00:00:10:21处建立第二个关键帧，将y轴数值改为441.0，制作其运动动画。

选择“A-1.png”，激活“视频效果”>“运动”>“位置”的关键帧动画开关。

在00:00:00:00处建立第一个关键帧，将x轴数值改为170.0，y轴数值改为1225.0。

在00:00:04:24处建立第二个关键帧，将x轴数值改为170.0，y轴数值改为-144.0。

在“A-1.png”上单击鼠标右键并选择“复制”选项，选择“A-2.png”至“A-12.png”图片，在任意图片上单击鼠标右键并选择“粘贴属性”选项，此时所有图片都具有了“A-1.png”的动画效果。然后将图片按照先后顺序依次移动到最上方的轨道上方的空白处，每移动一张图片就会新建一个轨道，如图14.36所示。

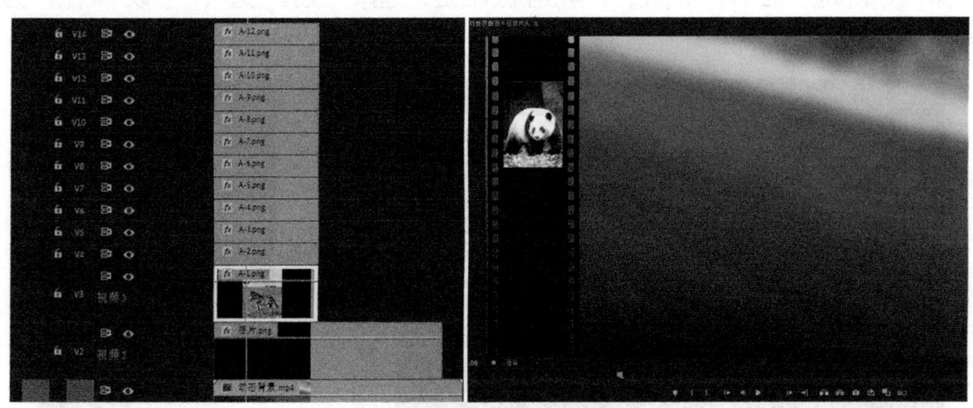

图14.36　复制并移动素材

将时间指示器移至00:00:01:03处，选择“A-2.png”至“A-12.png”，将入点对齐至时间指示器。

将时间指示器移至00:00:02:06处，选择“A-3.png”至“A-12.png”，将入点对齐至时间指示器。

将时间指示器移至00:00:03:09处，选择“A-4.png”至“A-12.png”，将入点对齐至时间指示器。

将时间指示器移至00:00:04:12处，选择“A-5.png”至“A-12.png”，将入点对齐至时间指示器。

将时间指示器移至00:00:05:15处，选择“A-6.png”至“A-12.png”，将入点对齐至时间指示器。

将时间指示器移至00:00:06:18处，选择“A-7.png”至“A-12.png”，将入点对齐至时间指示器。

将时间指示器移至00:00:07:21处，选择“A-8.png”至“A-12.png”，将入点对齐至时间指示器。

将时间指示器移至00:00:08:24处，选择“A-9.png”至“A-12.png”，将入点对齐至时间指示器。

将时间指示器移至00:00:10:02处，选择“A-10.png”至“A-12.png”，将入点对齐至时间指示器。

将时间指示器移至00:00:11:05处，选择“A-11.png”至“A-12.png”，将入点对齐至时间指示器。

将时间指示器移至00:00:12:08处，选择“A-12.png”，将入点对齐至时间指示器，效果如图14.37所示。

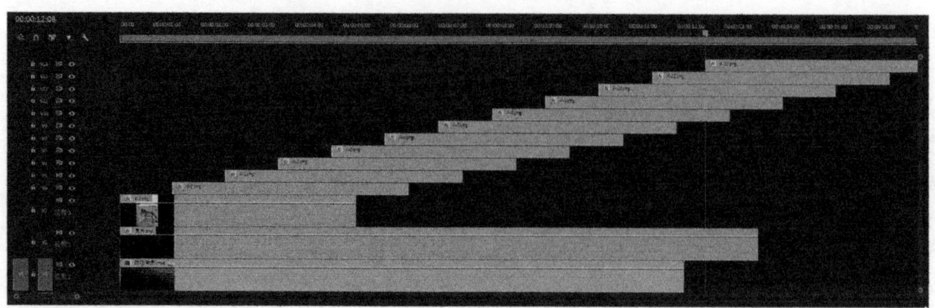

图14.37　排列素材

步骤4　嵌套素材与序列

选择“A-1.png”至“A-12.png”，单击鼠标右键，选择“嵌套”选项，修改“名称”为“图片嵌套”，如图14.38所示。

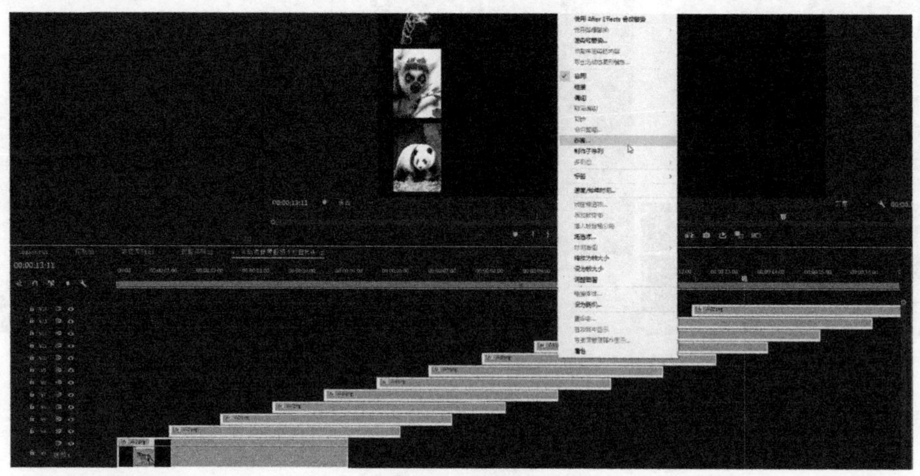

图14.38　嵌套素材

按住Alt键的同时拖曳“图片嵌套”至V4轨道，单击鼠标右键后选择“嵌套”选项，修改“名称”为“运动嵌套”，如图14.39所示。

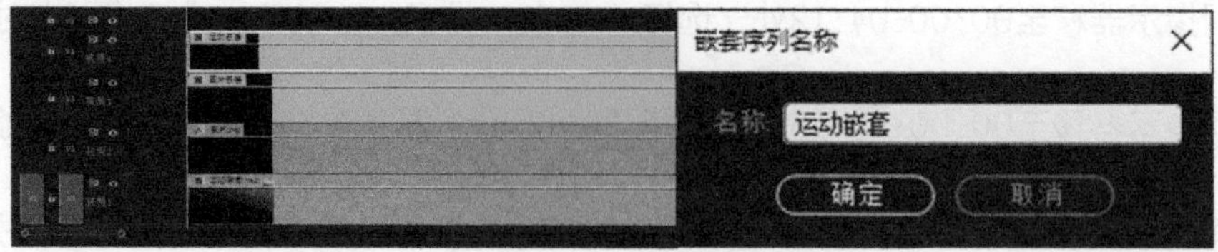

图14.39　嵌套序列

使用组合键Ctrl+C复制“底片.png”，双击打开“运动嵌套”，使用组合键Ctrl+V粘贴“底片.png”，如图14.40所示。

图14.40　复制粘贴“底片.png”

步骤5　倒放动画

单击“《动物世界概览》栏目片头”序列标签返回该序列。选择“运动嵌套”，将“视频效果”>“运动”>“缩放”的数值改为145.0。用鼠标右键单击“运动嵌套”后选择“速度/持续时间”选项，勾选“倒放速度”复选框，单击“确定”按钮。

将时间指示器移动至00:00:06:11处，这时底片刚好能显示出来，将素材的入点修改至此；将时间指示器移动至00:00:03:22处，使“运动嵌套”的入点对齐到此处。修改其“视频效果”>“运动”>“位置”的x轴数值为2803.0，y轴数值为441.0，效果如图14.41所示。

图14.41　倒放动画

步骤6　添加音频

将“background.aac”素材拖曳至A1轨道并与其他素材的左边缘对齐。

根据音乐节奏，使用“剃刀工具”在00:00:10:22处分割视频素材并将后面的部分删除，如图14.42所示。

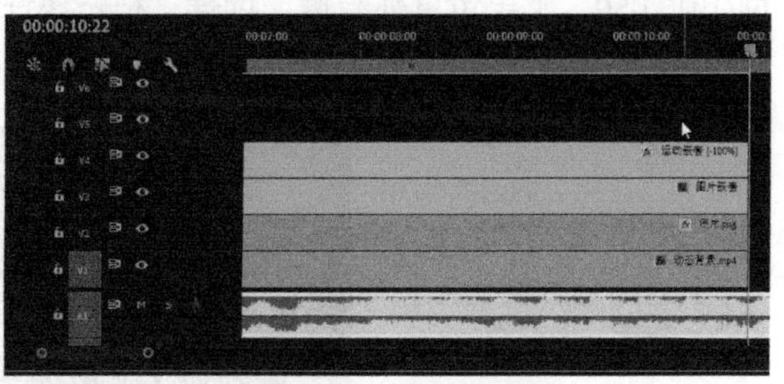

图14.42　分割音频素材

步骤7　添加Logo及背景

将“title”文件夹中的4个素材按照“图层1”“色相/饱和度3拷贝”“Animals world”“动物世界博览”的顺序依次摆放在V2～V5轨道上，如图14.43所示。

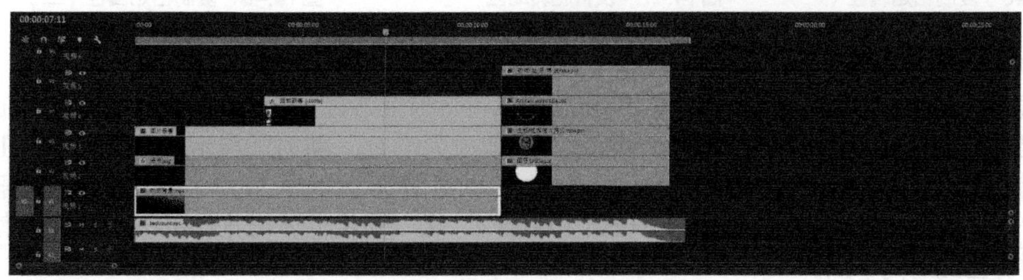

图14.43　添加Logo素材

按住Alt键的同时拖曳并复制“动态背景.mp4”至V1轨道的右侧，双击该素材，在“源”窗口中设置素材的入点为00:00:05:22，出点为00:00:10:21，拖曳“仅拖动视频”按钮，将视频拖曳至V1轨道的00:00:10:22处，并与其他素材对齐。在视频素材上单击鼠标右键，选择“速度/持续时间”选项，勾选“倒放速度”复选框，单击“确定”按钮，如图14.44所示。

步骤8　制作Logo动画

首先，选择“图层1.psd”，激活“视频效果”>“运动”>“缩放”的关键帧动画开关。

在00:00:10:22处建立第一个关键帧，将数值改为0.0。

在00:00:11:05处建立第二个关键帧，将数值改为65.0。

在00:00:11:09处建立第三个关键帧，将数值改为60.0。

在00:00:11:13处建立第四个关键帧，将数值改为62.0，如图14.45所示。

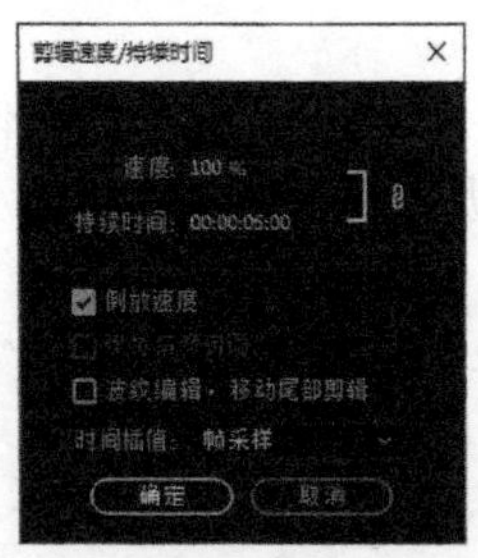

图14.44　勾选“倒放速度”复选框

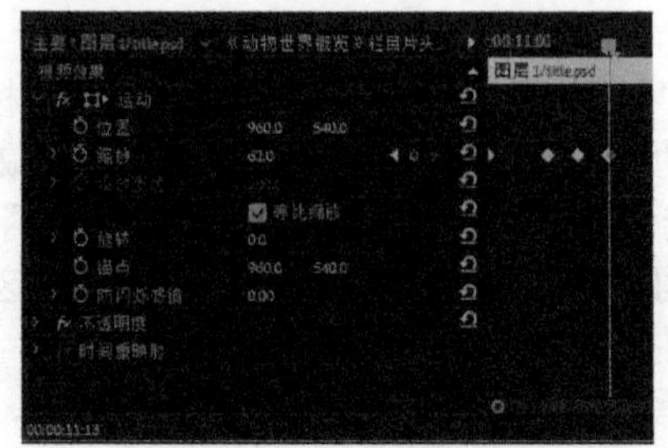

图14.45　制作缩放动画

在“图层1/title.psd”上单击鼠标右键后选择“复制”选项，然后用鼠标右键单击“色相/饱和度3拷贝/title.psd”并选择“粘贴属性”选项，将“图层1/title.psd”的关键帧粘贴到“色相/饱和度3拷贝/title.psd”上，如图14.46所示。

选择“Animals world/title.psd”，激活“视频效果”>“运动”>“旋转”的关键帧动画开关。

在00:00:10:22处建立第一个关键帧，将数值改为-60.0°。

在00:00:11:05处建立第二个关键帧，将数值改为10.0°。

在00:00:11:09处建立第三个关键帧，将数值改为-5.0°。

在00:00:11:13处建立第四个关键帧，将数值改为0.0°，如图14.47所示。

在“Animals world/title.psd”上单击鼠标右键并选择“复制”选项，然后在“动物世界博览/title.psd”上单击鼠标右键，选择“粘贴属性”选项，将“Animals world/title.psd”的关键帧粘贴到“动物世界博览/title.psd”上，如图14.48所示。

图14.46　复制粘贴属性（一）

图14.47　设置旋转动画

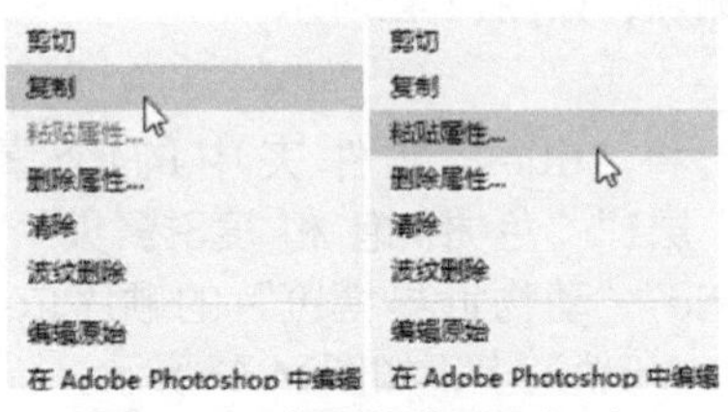

图14.48　复制粘贴属性（二）

步骤9　调整Logo

调整Logo中文字的位置，分别将“Animals world/title.psd”和“动物世界博览/title.psd”两个素材的“视频效果”>“运动”>“缩放”数值改为63.0。将时间指示器移至00:00:11:04处，然后将“色相/饱和度3拷贝/title.psd”的入点对齐至此时间节点。将时间指示器移至00:00:11:17处，然后将“Animals world/title.psd”和“动物世界博览/title.psd”两个素材的入点对齐至此时间节点。

根据音乐节奏，将时间指示器移至00:00:14:20处，使用“剃刀工具”切割素材，效果如图14.49所示。

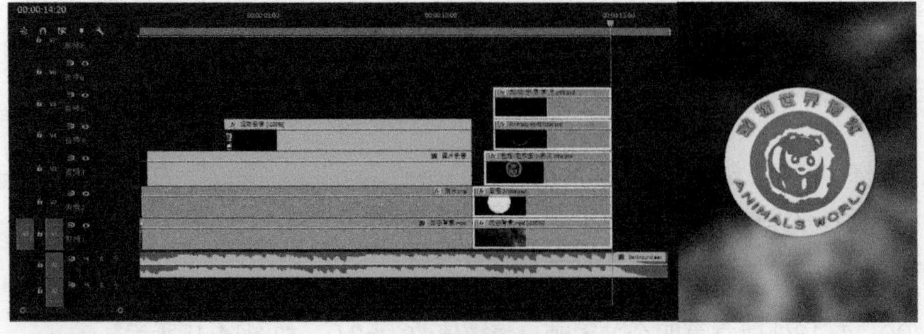

图14.49　调整Logo

步骤10　导出

单击“时间轴”窗口，然后单击“文件”>“导出”>“媒体”，弹出“导出设置”对话框，在右侧的“导出设置”里找到“格式”，选择H.264；在“预设”里选择“匹配源-高比特率”，“输出名称”里选择存储的地址和文件模式，设置完成后单击“导出设置”底部的“导出”按钮，完成导出操作，如图14.50所示。

本案例制作完成。

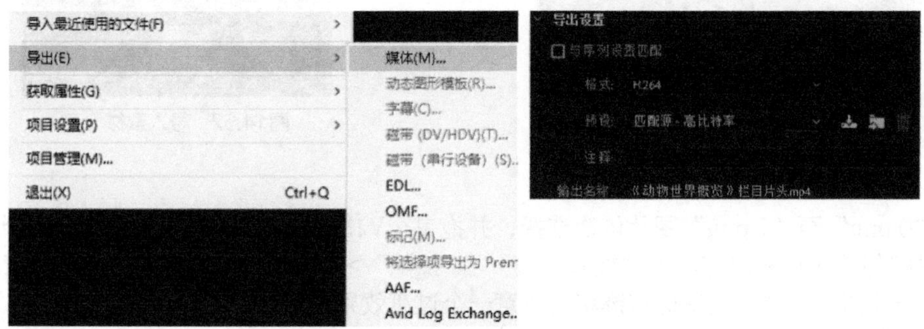

图14.50　导出设置（三）

14.4 综合案例四：笔刷擦除效果

微课视频

本案例制作的片段是类似广告片的视频片段。在本案例中我们使用过渡效果制作笔刷的擦除效果，使用“旋转”属性制作元素的旋转动画，增强画面的动感，使用“镜头光晕”效果制作光斑，最终制作一个完整的视频片段。

目的

（1）使用过渡效果制作静态素材的运动化镜头。

（2）使用“镜头光晕”效果让画面中的视觉效果集中。

（3）逐渐积累视频效果的应用经验。

重点与难点

（1）过渡效果如何巧妙应用于静态素材，使之呈现出动态变化。

（2）熟悉视频片段的制作流程。

（3）如何利用文字和音乐突出画面的内容。

制作步骤

步骤1　创建序列

单击“新建项”>“序列”，弹出“新建序列”对话框，将“序列名称”改为“笔刷擦除效果”，单击“确定”按钮进入软件操作界面，如图14. 51所示。

步骤2　导入素材

打开“课程素材”>“综合案例”>“笔刷擦除效果”文件夹，将所有素材导入Premiere Pro CC。再次导入“课程素材”>“视频”文件夹中的“VIDEO_Flower & Grass (3).mp4”“VIDEO_Flower & Grass (5).mp4”“VIDEO_Flower & Grass (8).mp4”“VIDEO_Clouds (2).mp4”等4个视频素材，如图14.52所示。

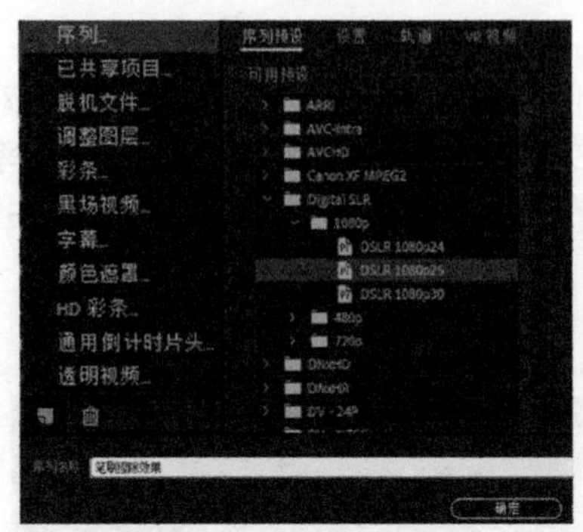

图14.51　创建序列（四）

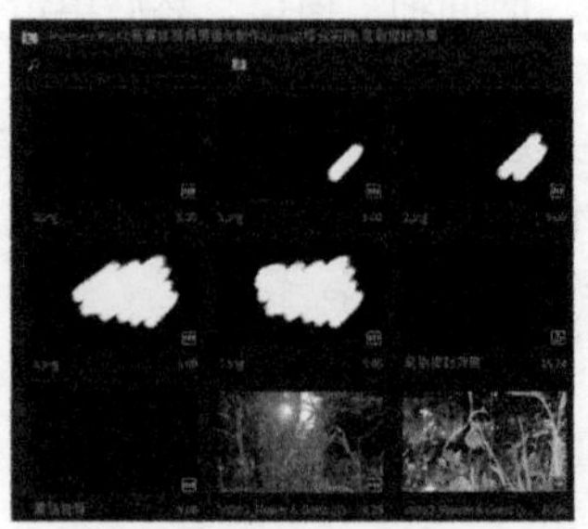

图14.52　导入素材（三）

步骤3　制作擦除效果

将“0.png”至“7.png”图片依次选择，并拖曳至V1轨道中，按“+”键增大显示比例。为每个素材相邻的入点和出点添加“视频过渡”>“擦除”>“划出”过渡效果，按住Shift键的同时单击每一个过渡效果，用鼠标右键单击任意一个过渡效果，选择“设置过渡持续时间”选项，在弹出的对话框中输入“00:00:03:00”，单击“确定”按钮，如图14.53所示。

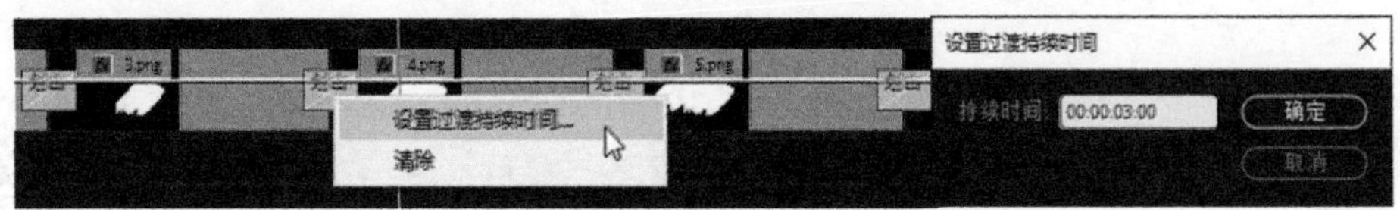

图14.53　设置过渡持续时间

单击左侧的第一个过渡效果，在“效果控件”窗口中，单击“过渡预览”界面中“边缘选择器”上的“自东北向西南”图标，即右上角的三角形图标，使擦除效果自右上角向左下角运动。

单击左侧的第二个过渡效果，在“效果控件”窗口中，单击“过渡预览”界面中“边缘选择器”上的“自西南向东北”图标，即左下角的三角形图标，使擦除效果自左下角向右上角运动。

依次类推，第1、3、5、7个过渡效果是自右上角向左下角擦除，第2、4、6个过渡效果是自左下角向右上角擦除，如图14.54所示。

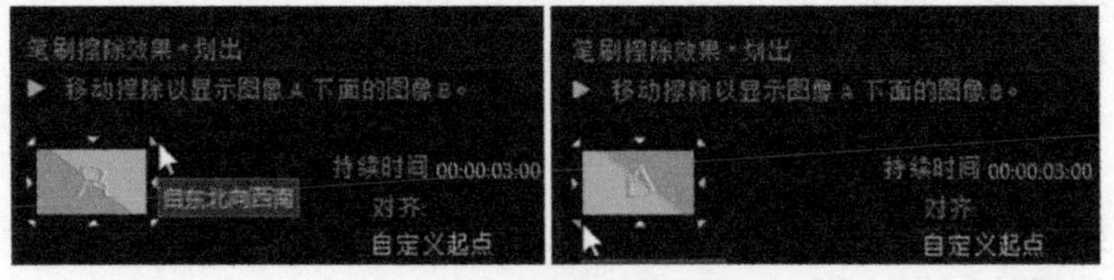

图14.54　设置擦除效果

全选所有素材，单击鼠标右键，选择“嵌套”选项，修改“名称”为“笔刷嵌套”，将此嵌套移至V2轨道中。用鼠标右键单击素材，选择“速度/持续时间”选项，修改“持续时间”为00:00:13:04，如图14.55所示。

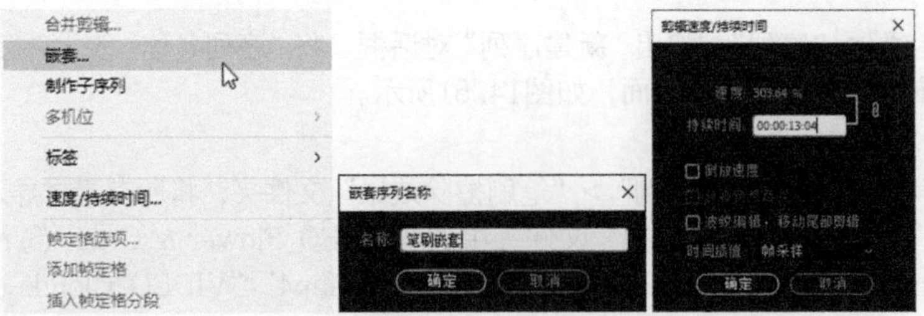

图14.55　嵌套素材并更改持续时间

然后双击4个视频素材中的任意一个，在“源”窗口中使用“标记入点”和“标记出点”按钮设置其入点和出点，将4个视频素材分别截取2个4秒、2个03:10秒长度的片段，排列至V1轨道上，再将它们设置为静音，如图14.56所示。

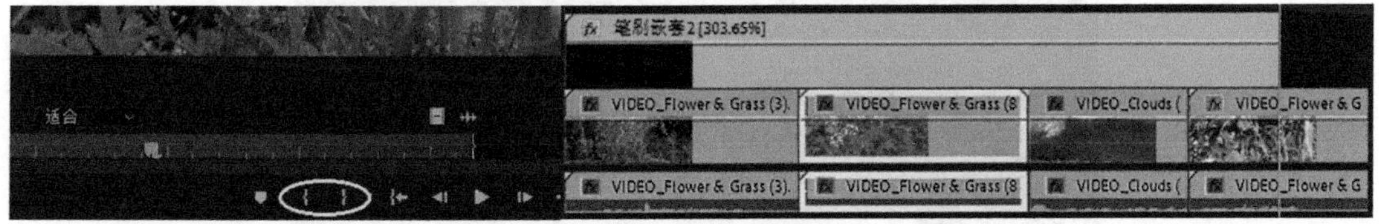

图14.56 调整视频素材

为“笔刷嵌套”添加“视频效果”>“键控”>“颜色键”效果，单击“主要颜色”右侧的吸管工具，吸取“笔刷嵌套”中白色部分的颜色并修改“颜色容差”值为15，“羽化边缘”值为0.5，如图14.57所示。

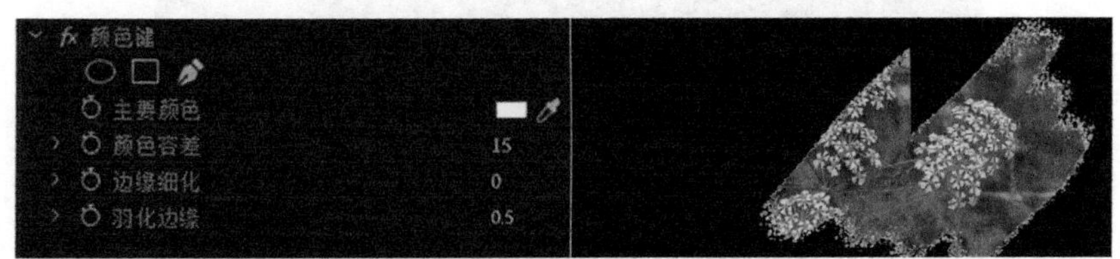

图14.57 调整“颜色键”效果

步骤4 制作文字动画

将时间指示器移至00:00:02:04处，将“文字.ai”素材拖曳至V3轨道，并将其入点对齐至时间指示器。单击鼠标右键，选择“速度/持续时间”选项，将“持续时间”数值修改为00:00:11:00。

单击“文字.ai”，激活“视频效果”>“运动”>“旋转”属性的关键帧动画开关。

在00:00:02:04处建立第一个关键帧，设置“旋转”数值为0.0°。

在00:00:13:04处建立第二个关键帧，设置“旋转”数值为4x0.0°。

关闭“不透明度”属性的关键帧动画开关，将数值改为70.0°，使用组合键Ctrl+D添加默认的过渡效果，如图14.58所示。

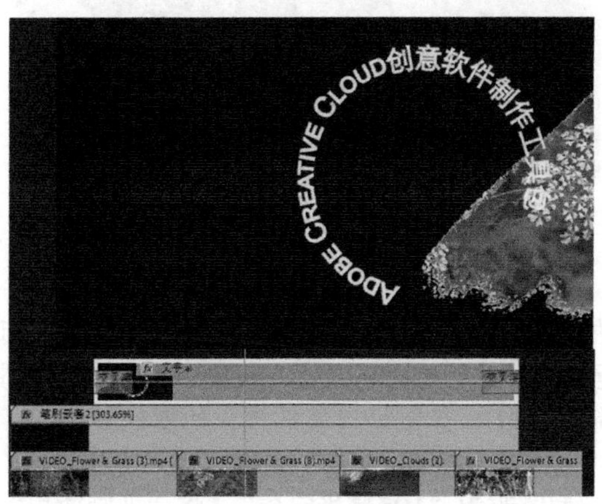

图14.58 设置文字动画

将时间指示器移至00:00:03:04处，按住Alt键的同时拖曳文字素材至V3轨道上方的空白处，新建V4轨道，并将素材入点对齐至时间指示器所在的位置，如图14.59所示。

将“不透明度”值改为40%，“缩放”值改为57.0，修改其“旋转”属性的第二个关键帧的值为-4x0.0° ，使文字逆时针旋转，如图14.60所示。

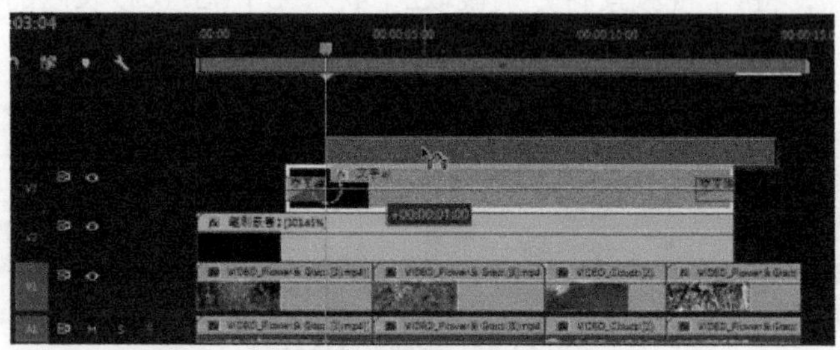

图14.59　复制文字素材

图14.60　设置“旋转”属性动画（一）

再次将时间指示器移至00:00:04:04处，按住Alt键的同时拖曳文字素材至V4轨道上方的空白处，新建V5视频轨道，并将素材入点对齐至时间指示器所在的位置。

将“不透明度”值改为10%，“缩放”值改为23.0，修改其“旋转”属性的第二个关键帧的值为-4x0.0° ，使文字逆时针旋转，如图14.61所示。

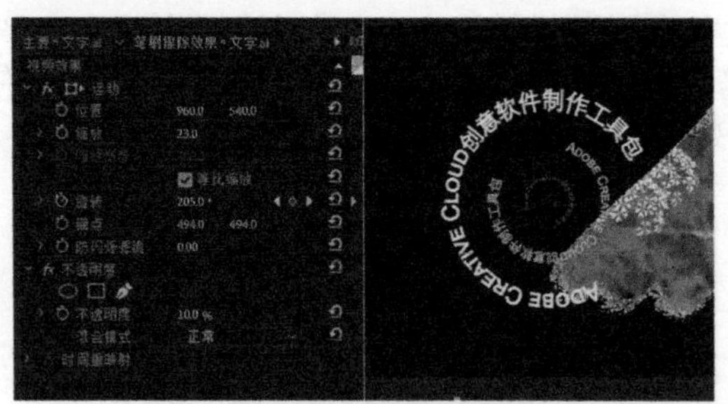

图14.61　设置“旋转”属性动画（二）

步骤5　制作光斑

单击“项目”窗口中的“新建项”>“黑场视频”，弹出“黑场视频”对话框，单击“确定”按钮。将“黑场视频”移至V5轨道上方的空白处，新建V6轨道，并将其对齐到V5轨道上的文字的入、出点处，使用组合键Ctrl+D添加默认过渡效果，如图14.62所示。

添加“视频效果”>“生成”>“镜头光晕”效果，将“光晕中心”的x轴数值改为961.8，y轴数值改为540.0，“镜头类型”改为“105毫米定焦”。将“视频效果”>“运动”>“不透明度”中的“混合模式”改为“滤色”，使用组合键Ctrl+D添加默认的过渡效果，如图14.63所示。

步骤6　添加音乐

双击“1-1.mp3”，在“源”窗口中设置其入点为00:00:05:23，出点为00:00:21:21，拖曳“1-1.mp3”至A1轨道，使用组合键Shift+Ctrl+D为其添加默认的过渡效果，如图14.64所示。

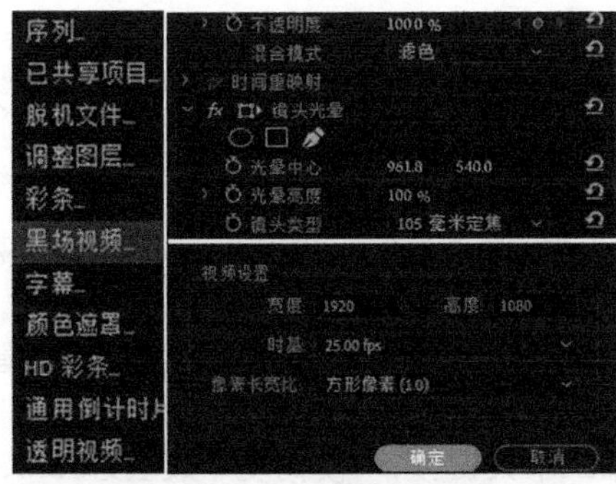

图14.62 新建黑场视频

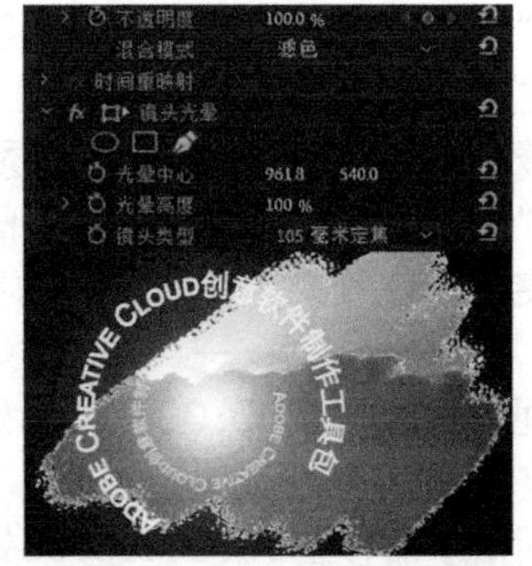

图14.63 设置“镜头光晕”效果

图14.64 设置音频素材

将时间指示器移至00:00:13:04处，使用“剃刀工具”分割素材并删除文字和黑场视频的多余部分，如图14.65所示。

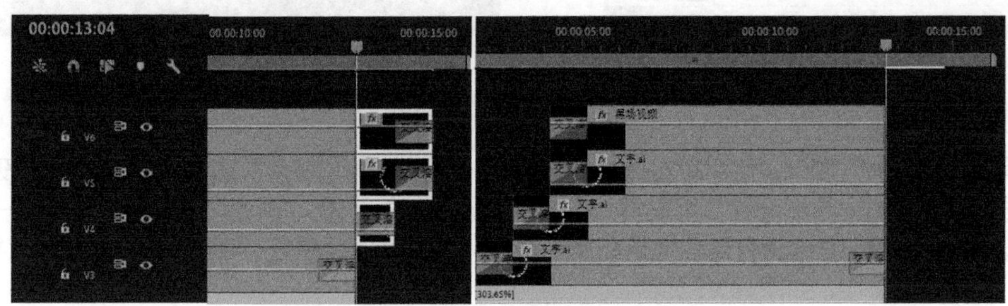

图14.65 分割素材

步骤7 添加Logo

打开“基本图形”窗口，新建“premiere”和“专业级视频剪辑软件”文字图层，它们的属性设置如图14.66所示。

单击“premiere”，将其属性修改为字体“Impact”，大小“205”，单击“仿粗体”和“全部大写字母”按钮，字间距“20”，填充“白色”，描边“绿色”（R50，G87，B29），描边大小“24”，单击“垂直居中对齐”和“水平居中对齐”按钮。

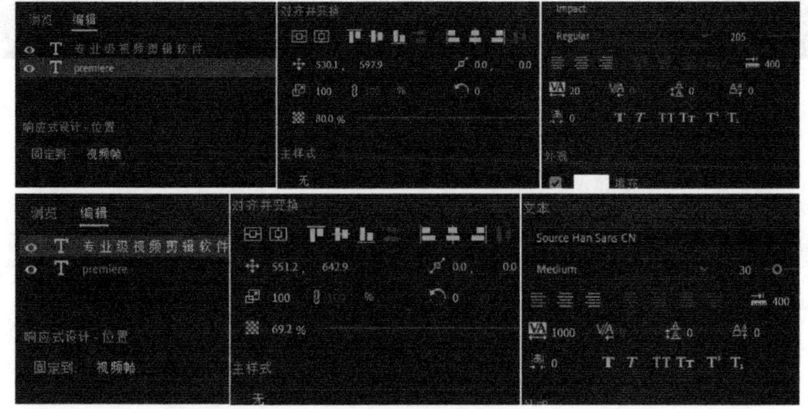

图14.66 新建图层

单击“专业级视频剪辑软件”，将其属性修改为每字中间空一格，字体“Source Han Sans CN”，样式“Medium”，大小“30”，字间距1000，填充“白色”，单击“垂直居中对齐”按钮，“位置”参数为（551.2，663.9），不透明度69.2%。

添加“交叉溶解”过渡效果到字幕入点处，如图14.67所示。

为了突出字幕效果，在其下方的视频中添加“视频效果”>“模糊与锐化”>“高斯模糊”效果。

将时间指示器移至00:00:12:14处，激活“模糊度”属性的关键帧动画开关，建立第一个关键帧，数值为0.0。

将时间指示器移至00:00:13:05处，建立第二个关键帧，“模糊度”数值为50.0，勾选“重复边缘像素”复选框，如图14.68所示。将时间指示器移至00:00:15:24处，将字幕分割开，删除后面的部分。

图14.67　添加过渡效果

图14.68　设置“高斯模糊”效果

步骤8　导出

单击“时间轴”窗口，然后单击选择“文件”>“导出”>“媒体”选项，弹出“导出设置”对话框，在右侧的“导出设置”里找到“格式”，选择H.264；在“预设”里选择“匹配源-高比特率”，“输出名称”里选择存储的地址和文件格式，设置完成后单击“导出设置”底部的“导出”按钮，完成导出操作，如图14.69所示。

本案例制作完成。

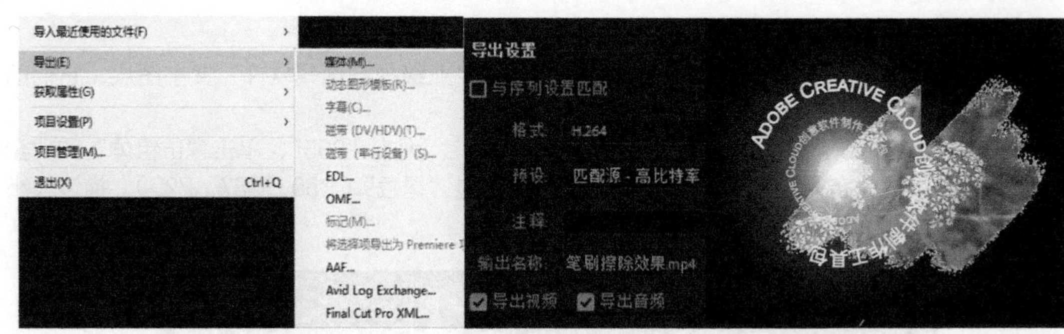

图14.69　导出设置（四）